移动生产力丛书/李易主编

INTERNET PLUS

互联网+

中国步入互联网红利时代

李 易 主 编

张晓峰 副主编

电子工业出版社

Publishing House of Electronics Industry

北京 · BEIJING

内容简介

2015 年 3 月 5 日,国务院总理李克强在全国人大十二届三次会议的《政府工作报告》中提出,制定"互联网+"行动计划,推动移动互联网、云计算、大数据、物联网等与现代制造业结合,促进电子商务、工业互联网和互联网金融健康发展,引导互联网企业拓展国际市场。"互联网+"上升到国家战略的高度,引起全社会各个层面的普遍关注。本书以通俗易懂的语言和新鲜翔实的案例深度解读"互联网+",深入浅出地从"互联网+"的前世今生、"互联网+"可以加什么、"互联网+"对中国意味着什么、"互联网+"的未来思考等四个部分展开,力图以最犀利的视角和最深刻的解读深度探讨"互联网+"。

读者将在一行行充满"科技+人文"情怀的文字中看到一幅幅"现实+想象"、"思考+行动"的生动画面,此书特别适合互联网创业者、研究人员、各级政府主管和企业主管学习参考。

图书在版编目(CIP)数据

互联网+ / 李易主编. —北京:电子工业出版社,2015.6
(移动生产力丛书)
ISBN 978-7-121-25726-1

Ⅰ.①互… Ⅱ.①李… Ⅲ.①互联网络—影响—区域经济发展—研究—中国
Ⅳ.①F127

中国版本图书馆 CIP 数据核字(2015)第 054142 号

责任编辑:董亚峰   特约编辑:王 珏
印   刷:三河市鑫金马印装有限公司
装   订:三河市鑫金马印装有限公司
出版发行:电子工业出版社
         北京市海淀区万寿路 173 信箱   邮编 100036
开   本:720×1 000   1/16   印张:26   字数:416 千字
版   次:2015 年 6 月第 1 版
印   次:2015 年 6 月第 1 次印刷
定   价:68.00 元

编委会

总策划

刘九如　电子工业出版社总编辑

主　编

李　易　移动生产力丛书主编

　　　　中国移动互联网产业联盟秘书长

副主编

张晓峰　互联网＋百人会发起人

　　　　价值中国会联席会长

编委（排名不分先后）：

傅泽田　中国农业大学原副校长

　　　　中国农业大学校务委员会副主任

丁　鹏　中国量化投资学会理事长

刘宛岚　品途网创始人兼CEO

于凤霞　国家信息中心信息化研究部综合处处长
　　　　信息社会50人论坛秘书长

吕　欣　国家信息中心博士后工作站处长

李阳丹　品途网COO兼主编

彭成京　品途网特约研究员、O2O独立分析师

王喜文　工业和信息化部国际经济技术合作中心
　　　　电子商务研究所所长

张领先　中国农业大学副教授

李芳芳　电子工业出版社产业经济研究所所长

邓　垚　电子工业出版社产业经济研究所研究员

张国锋　上海复泰教育培训中心主任
　　　　上海复泰实战商学院执行院长

欧特克（Autodesk）软件（中国）公司制造业团队

序

　　"互联网+"成为国家战略，霎时热遍全国。"互联网+"将如何推动传统产业转型变革？又将如何引领"大众创新、万众创业"？我们是否真切理解"互联网+"的本质？我们如何才能更好地把握"互联网+"的创新发展良机？

　　"互联网+"不仅仅是互联网公司的事情，更重要的是传统产业的行动。

　　2015 年 3 月 5 日，北京人民大会堂。国务院总理李克强在十二届人大三次会议上做《政府工作报告》时提出："制定'互联网+'行动计划，推动移动互联网、云计算、大数据、物联网等与现代制造业结合，促进电子商务、工业互联网和互联网金融健康发展。"

　　"互联网+"成为国家战略，很快引起社会各界普遍关注，各类媒体连篇累牍，各种论坛会议铺天盖地，谈论的主题都是"互联网+"；各互联网大佬更是频频出镜，阿里巴巴的马云、腾讯的马化腾、百度的李彦宏等积极亮相于各种场合，宣讲他们各自看似不同却又相似的"互联网+"理念；各省市、各区域，政府主管和企业家、投资家，也跃跃欲试，宣示各种推动"互联网+"创业的政策举措和依托"互联网+"变革的转型诉求。各种言论、各种观点，纷纷扰扰，莫衷一是，让社会大众"春情"萌动，又有些无所适从。

到底什么是"互联网+"？"互联网+"的本质是什么？

我们认为，互联网+"是一种新的经济形态，即要充分发挥互联网在生产要素配置中的优化和集成作用，将互联网的创新成果深度融合于经济社会各领域之中，提升实体经济的创新力和生产力，形成更广泛的以互联网为基础设施和实现工具的经济发展新形态。更通俗一点说，"互联网+"，就是将互联网技术和互联网思维应用到其他领域，使得该领域与互联网结合起来，形成聚合效应。

我们看到，在全球面临新一轮科技革命和产业变革形势下，互联网在促进创新发展、带动产业转型升级方面形成独特影响。近年来，我国以互联网为核心的信息经济表现出强劲增长势头，互联网已成为重要的经济活动和创新集聚平台。"互联网+"的提出，标志着互联网、云计算、大数据等正从简单的工具快速成为整个社会的基础设施和核心理念，在互联网平台上完成经济运行模式的重构，这正是未来创新的主题；这样的主题，我认为至少可以持续 10 年。

"互联网+"不仅仅是互联网公司的事情，互联网公司和运营商要做的是一如既往的增加带宽，调低资费，加强服务，满足用户新的需求。"互联网+"的重点是传统产业的行动。传统产业，尤其是制造业如何充分利用互联网平台，要将新一代信息通信技术与传统行业产业链及生产营销、服务环节融合起来，产生化学反应、放大效应，从而提升实体经济的创新力和生产力。

由此，我们更应该清醒地注意到，李克强总理在《政府工作报告》中提到的，不是简单地倡导"互联网+"理念，而是要制定和落实"互联网+"的行动计划，这正是政府主管部门和企业家、投资家应该重点关注的。

国家发改委及工业和信息化部近期强调，制定"互联网+"行动计划，重点应该是推动移动互联网、云计算、大数据、物联网等与现代制造业结合，促进电子商务、工业互联网和互联网金融健康发展，引导互联网企业拓展国际市场。一方面是促进市场需求与生产供给的"精准对接"，避免生产过剩或供给不足，增强消费预期和信心，促进资源有效利用，提升生产效率。另一方面要引导社会资本更多投向新产业、新业态、新模式，创新产品服务供给，拉动绿色投资，打造新的产业增长点。由此，以互联网促进产业转型升级，着力提高实体经济创新力和生产力；以互联网培育发展新业态新模式，着力形成新的经济增长点；以互联网增强公共服务能力，着力提升社会管理和民生保障水平；加快网络基础设施建设，着力提高互联网应用支撑能力，这些方面应该是"互联网+"行动计划的重点内容。

正是基于以上认识，本书作者李易先生邀请相关研究机构和众多行业深入关注"互联网+"的各界精英，跳出纯互联网公司的经营视野，以敏锐的触觉、深厚的行业背景与独特的全球视角，对"互联网+"追根溯源，探讨其前世今生，并深入分析提出"互联网+"不同于美国的"工业互联网"和德国的"工业4.0"，也不等于"工业互联网"+"工业4.0"，更不等于"互联网"+"电子商务"、"互联网"+"社交"，它是具有中国特色的第三次互联网革命。"对中国来说，'互联网+'不仅仅只对经济生活产生影响，还将倒逼体制机制改革，更好地促进全面深化改革。'互联网+'时代的全面到来，将促使互联网成为融入人类生活的生存必需品，犹如能源、空气和水，重要而无形。"李易先生及其编写团队还在书中提出了"互联网进入红利时代"的独特观点，这是一个全新的概念，是对"互联网+"在新一轮中国经济发展进程中所扮演的角色的准确定位。"互联网在生活、生产两个方面均推动着人类社会的进一步发展，这两方面的融合可以有效延缓潜在经济增速在资本积累和深化过程中的下降趋势，而这就是互联网红利。"这让"互联网+"的概念和行动计划更好地落地，实现深化和升华；"互联网+"催动的"互联网红利时代"将成为一场全民共享的盛宴。

该书如此独特的视角、深邃的分析、犀利的论断、深入浅出的语言文字，以及更多生动新鲜的案例，发人深省，令人难以释卷。无论是政府主管、企业家、大众创业者，以及急切期望把握"互联网+"创新发展良机的各界人士，都值得认真翻阅此书。

"互联网+"将牵引一个充满机遇与无限可能的时代，这是一个属于有想象力、有创造力、有执行力的创新、创业的时代，让我们满腔热情去拥抱这个时代，让我们变革、转型、创新、创业的梦想成为现实。

刘九如

电子工业出版社总编辑

《中国信息化》杂志社社长

2015 年 5 月 17 日，北京

前言

自 2011 年以来，围绕"实体经济与互联网如何深度融合发展"，我和我的团队就一直马不停蹄地游走于国内各种类型的传统企业，一边布道一边探索，既发起挑战又接受挑战。

令人惊喜的是，2015 年 3 月 5 日，李克强总理在年度政府工作报告中提出了"互联网+"，一石激起千层浪。

我们认为，"互联网+"的核心就是"实体经济与互联网深度融合发展"，而一旦中国社会全面步入"互联网+"时代，也就意味着中国互联网革命的主力军将从互联网企业变成形形色色的传统企业。

毋庸置疑，李克强总理的讲话给我和我的团队带来了莫大的鼓舞和空前的机遇。如果没有记错的话，就在总理正式提出"互联网+"的当天，我第一时间接到了来自一家大型传统企业的专题研讨邀请。此后的两个多月，我先后应邀赴中石油上海公司、上药集团、国药控股、中国电信集团、苏宁集团、东航集团、浦发银行、平安银行、锦江集团、上海烟草集团、延锋江森、南京银行、依米康、上海石化、长城汽车等几十家大中型传统企业就"实体经济与互联网如何深度融合发展"做专题报告。

坦白讲，给传统企业一路苦心孤诣地"讲"下来，我个人的感觉是喜忧参半。

喜的是，各种不同类型的传统企业，无论规模大小，无论上市与否，无论国有私有，在"互联网+"上升为国家战略的时代背景下对拥抱互联网皆表现出前所未有的热情；忧的是，这些传统企业似乎还是"听的很多、干的很少"。

事实上，正如我在各种场合开讲的那样，实体经济与互联网深度融合发展的路径其实并不复杂，个人以为其关键在于六点：先进技术为支撑、产品建设为根本、强化互联网思维、以用户为中心、一把手工程、拥抱移动生产力。

问题在于，相当大一部分的传统企业决策层"听"的时候如痴如醉，但是一旦"听"完了，却因为各种千差万别的原因止步不前。

就拿"先进技术"来说。干航空业的，你没玩过谷歌眼镜和虚拟现实能行吗？干零售业的，你没体验过 iBeacon 能行吗？干医疗业的，你没考察过以色列的无创血糖仪以及蓝色巨人的沃森机器人医生能行吗？干酒店业的，你不了解喜达屋在 Apple Watch 上的移动应用能行吗？干银行业的，你不谙熟移动应用与生物特征识别能行吗？

当然不行。你不掌握"先进技术"就意味着你要"落后挨打"。

一些国企领导告诉我，现在出国考察不像以前那么方便了。也有很多私企老板告诉我，现在经济不景气，更多的时间与精力要放在企业内部"抓革命促生产"上。

这就涉及了"强化互联网思维"和"一把手工程"。思维的变革是最高境界的变革，这就需要企业一把手率先示范，否则，凭什么你做领头羊呢？

当然，抛开"一把手工程"之外，阻碍"互联网+"或者说阻碍"实体经济与互联网深度融合发展"的力量还来自于多个维度，比如说管理层与执行层。按照互联网思维，在"互联网+"的时代，传统行业应该千方百计享受包括淘宝、支付宝、微信这样的"互联网红利"，但是，由于工业软件时代遗留下来的思维方式或者出于部门利益甚至个人利益的考虑，"互联网+"的进程被种种借口百般阻挠，对企业的长远发展来说，这无疑是非常令人痛心的。

除了"先进技术、互联网思维、一把手工程"之外，"产品建设、以用户为中心、拥抱移动生产力"也是传统企业"互联网+"的关键，尤其是借助"移动生产力"，不仅可以降低成本提高效率，更可以直接创造与用户连接的机会。

令人欣慰的是，我主持编著的《移动生产力丛书》正致力于"先进技术为支撑、产品建设为根本、强化互联网思维、以用户为中心、一把手工程、拥抱移动生产力"六大关键点的系统阐述，作为丛书的一部分，我也特别奢望，这本理论与实践相结合的《互联网+》能够成为中国传统企业"互联网+"之路上的望远镜和放大镜。

　　特别值得一提的是，这本《互联网+》本身也是"互联网+"践行的产物，因为它是"众筹"而来的。正式出版之前，《互联网+》的目录被上传到淘宝众筹频道，短短两周时间就获得了近四百位网民的支持，众筹金额超过十万元人民币。更重要的是，通过众筹，我们得到了无数的反馈意见和建议，这对本书的撰写无疑起到了巨大的作用。

　　最后，我要表达真挚的感谢。感谢刘九如总编辑、吕廷杰教授的无私指导，感谢秦绪军、董亚峰、李冰的幕后耕耘。感谢全体编委成员，同时也要向高征、李宇欣致谢。其中，傅泽田和张领先负责编写第七章，王喜文负责编写第八章，彭成京负责编写第九章，吕欣负责编写第十章，于凤霞负责编写第十一章，丁鹏负责编写第十二章，李芳芳负责编写第十八章，邓垚负责编写第十五章、第二十二章、第二十三章；张晓峰负责编写第十四章，并负责对全书初稿进行整理。我想，没有你们，就不可能有这一本《互联网+》的问世。

　　特别需要说明的是，由于"互联网+"是一个全新的概念，在完成本书的过程中，我们参阅了大量来自互联网的公开资料，无法一一列举，在此向资料原作者一并表示敬意和感谢，如有不妥之处，恳请发邮件至 dyf@phei.com.cn 联系我们。

李 易

2015 年 5 月 18 日

中国上海

目录

第一部分 "互联网+"的前世今生

第一章 那一年,"三马"齐聚复旦的一次"云里雾里" 3

三马论坛/通向互联网未来的七个路标/没错,互联网带来的改变才刚开始

第二章 两会代表们的提案与总理的政府工作报告 12

2015 年两会,互联网就是这么热/亲民的政府工作报告

第三章 百家争鸣,"互联网+"的内涵与外延 21

第四章 "互联网+"背后的三大技术支撑 30

终端技术/软件技术/网络技术

第五章 "互联网+"与第三次互联网革命 52

第一次互联网革命:桌面互联网/第二次互联网革命:移动互联网/第三次互联网革命:"互联网+"

第六章 "互联网+"就是中国互联网人的"中国梦" 70

第二部分 "互联网+"可以加什么

第七章　互联网+农业=现代化的耕种+绿色安全的农产品
　　　+农民的致富　81

传统农业的困局／互联网给农业带来的新出路／走进智慧农业／
智慧农产品物流／农产品全产业链可追溯／农产品电子商务平台

第八章　互联网+工业="工业互联网"+中国制造2025+工业
　　　转型升级　107

"工业4.0"能实现什么／"互联网+工业"告别微笑曲线／"互联
网+工业"开创制造业新思维／让"互联网+工业"来驱走雾霾

第九章　互联网+服务业=传说中的O2O+中国经济结构调整　148

互联网+餐饮：触手可得高性价比美食／互联网+家政：去中介化
生活服务／互联网+出行：随时呼叫的"私人司机"／互联网+旅游：
缩短与世界的距离／互联网+零售：大数据助力精准营销／互联网+短
租：住进陌生人家里／互联网+社区：人人都能享受VIP

第十章　互联网+政务=开放、透明、服务的政府　173

"互联网+政务"有助于提高政府决策科学化和智能化水平／"互联
网+政务"推进简政放权／"互联网+政务"有利于更好地提供公共服务

第十一章　互联网+民生=真正意义上的智慧城市（安居+智能医疗 +现代教育）　187

互联网+教育：知识传播普惠化／互联网+医疗：智慧健康助理／ 互联网+交通：让出行更智能

第十二章　互联网+金融=异军突起的互联网金融　212

互联网金融的"变"与"不变"／互联网金融的三大支柱／互联 网+银行、证券、保险、基金／众筹与P2P／互联网金融的趋势

第十三章　互联网+海外=中国企业的国际化+市场的全球主导　243

中国互联网企业走出去的喜人现状及美好前景／中国互联网企业 为什么会在国际市场成功／中国传统企业借助"互联网+"走出去

第十四章　互联网+创客=大众创业、万众创新　258

"互联网+"与"创客"／新常态·新范式：创新驱动发展／向创新 大国学创新／"互联网+"让"创客"迎来黄金时代／创意、创新、创业， 生态为上／众包、众筹、众创，连接伙伴／互联网+产业主体+众创空间

第三部分　"互联网+"对中国意味着什么

第十五章　从社交、购物的互联网升级为生产制造的互联网， 全面拥抱互联网红利时代　293

社交红利／电商红利／制造业红利

第十六章　自此，互联网从"车轮"向"发动机"演进　306

第十七章　任何"传统企业"都必须成为"互联网企业"　313

第十八章　"互联网+"成为促进新一轮改革的倒逼利器　321

　　创新驱动发展：没有回头路／互联网经济对经济增长的作用／国企改革打破坚冰／创新政府治理和社会治理，发育思想智慧

第十九章　从"互联网大国"到"互联网强国"的必经之路　346

第四部分　"互联网+"的未来思考

第二十章　为何是"互联网+"而不是"+互联网"　355

第二十一章　为何只说"工业互联网"不提"工业4.0"　359

第二十二章　从"互联网思维"到"互联网+"，迈上信息

　　　　　　社会之路　365

　　何必动辄谈颠覆，融合才是硬道理／互联网已成为经济发展新引擎／从消费互联网到产业互联网的跨越／互联网思维对传统产业的影响／汽车遇到互联网／新媒体"融合"旧媒体／互联网金融，谁颠覆谁／农业变得更智慧

第二十三章　奔跑吧，中国的央企国企领导们　387

　　垄断者不想上"断头台"就得自我革命／你不跨界，那就等别人跨你的界／要想永远跑得快，全靠创新驱动带

第一部分

“互联网+”的前世今生

AGRICULTURE

BUSINESS

SERVICES

INDUSTRY

FINANCE

EVERYONE

EVERYTHING

第一章

那一年，"三马"齐聚复旦的一次"云里雾里"

三马论坛

2013 年 11 月 6 日，在中国互联网史上，或许是一个值得铭记的日子。

那天下午，一场名为"先知先见先行——互联网金融论坛暨众安保险启动仪式"的线下活动在复旦大学热热闹闹地上演着。

这个活动注定万众瞩目，因为在这里，中国商界著名的"三马"，平安保险董事长马明哲、阿里巴巴董事长马云、腾讯董事长马化腾即将首次在同一公开场合出现并同台对话，业界戏称"云里雾里"。

值得注意的是，接下来这场堪称史无前例的"三马同台对话"并没有邀请专业主持人担纲，而是反常规地邀请了一位神秘嘉宾客串主持，他就是复星集团董事长郭广昌。据说，作为中国商界知名人士以及复旦的杰出校友，为了"三马同台对话"，郭广昌献出了人生之中宝贵的主持处女秀。

这位复旦哲学系校友、中国投资界的传奇人物开场即用风趣的语言对"三马"进行了一番调侃，随后，他把矛头对准了浙江同乡马云，"你一个外星人，最近为什么和企鹅较上劲了呢？"马云一如既往地云山雾罩、侃侃而谈之后，郭广昌开始进入正题，向"三马"提出了一个严肃的问题，"未来，互联网如何颠覆强大的传统金融？"

马明哲、马云依次阐述完各自看法之后，马化腾看似漫不经心地拿起话筒开始用潮州普通话回答这个提问。事实上，就在这段漫不经心的发言中，台下的几百名听众们甚至包括整个中国互联网业界第一次听到了"互联网+"这个提法。

值得玩味的是，当时恐怕谁也不曾料到，从马化腾嘴里轻飘飘说出来的这几个字，两年后会被写进庄严的中华人民共和国中央人民政府工作报告。

好吧，下面就让我们一起再集体领略一下"小马哥"当时那段"漫不经心的发言"。

"我是工程师出身，所以不懂金融。从我的角度来看，大家看到很多传统行业都跟互联网结合，包括今天讲的互联网金融。所以，我的理解，互联网结合传统行业或者说互联网加传统行业，它意味着什么呢？它代表的是一种能力，或者是一种外在资源和环境，是对这个行业的一种提升。比较贴切的就是电的出现，没有电之前有没有金融？没有电之前有没有娱乐？没有电之前有没有媒体？有了电以后，对每个行业有什么改变？是颠覆还是改良？如果从这个角度去思考的话，一部分是颠覆的，一部分是改良的。当然，现在互联网时代跟电中间又多了一个东西，像淘宝，你在线下是找不到一种完全对应的，比如说搜索引擎，你也很难找到线下完全对应的；但是，对于大多数传统行业，有了电，有了互联网，工业革命到信息化、互联网化的革命，从这个角度理解，对于各行各业的企业家的思考会有一些启发，我是这么理解的。所以在这种基础上，每家企业都可以利用互联网来升级换代，如果说不改变的那些企业可能会最终淘汰，但是改变的最终是会输掉还是可以跻身未来互联网时代的竞争前列呢？我是抱着一种比较乐观的态度。"

不得不提的是，马化腾在对话结束前最后的"寄语"中又再次提到了"互联网加传统行业"，当然，这依然没有引起现场听众们特别大的关注，因为大多数人还沉浸在一分钟前马云对马明哲和马化腾的肆意调侃之中。

现在回想起来，当时现场的听众也许会不胜唏嘘，其实，当天最大的赢家不是赢得最多掌声与笑声的马云，马化腾才是当天最大的赢家。

通向互联网未来的七个路标

●　●　●　●　●　●　●　●

或许，马化腾自己也感觉到"互联网+"并没有在"三马同台对话"这个场合取得预期的轰动效应，所以，时隔三天，他再次择机发声。

2013 年 11 月 10 日，腾讯 WE 大会，马化腾在自家主场发表了著名的《通向互联网未来的七个路标》的主旨演讲，系统阐述了自己对"互联网+"的七个维度的理解。

好吧，下面也让我们一起再重温一下《通向互联网未来的七个路标》。

第一，连接一切。

移动互联网手机成为人的一个电子器官的延伸这个特征越来越明显，而且通过互联网连在一起了，这是前所未有的。

不仅是人和人之间，人和设备、设备和设备之间，甚至人和服务之间都有可能产生连接。

第二，"互联网+"。

"+"是什么？是传统行业的各行各业。中国互联网十几年的发展，我们看到互联网加什么？加通信是最直接的，加媒体已经有颠覆了，还要加娱乐，传统的游戏已经被颠覆了。尤为显著的是加零售行业，过去认为网购电商占很小的份额，现在已经不可逆转地走向对实体零售行业的颠覆；还有最近最热的互联网金融。但是，传统行业每一个细分领域的力量仍然是无比强大的，互联网仍然是一个工具。

传统行业不用怕互联网，这个不是什么新经济，就跟过去没有电一样，没有电以前也有金融，只是有电之后金融可以电子化，有互联网我相信也会衍生出很多新的机会，这不是一个神奇的东西，是一个理所当然的趋势。

第三，开放的协作。

《第三次工业革命》提到，未来各大组织架构将会走向一个分散合作模式。大公司的形态一定要转型，要聚焦在它的核心模块，而把其他模块与社会上更有效率的中小企业分享合作。

第四，消费者参与决策。

这反映了一种互联网把传统渠道中不必要、损耗高的环节拿掉，让服务商和消费者、让生产制造商和消费者更直接对接在一起的现象。厂商和服务商前所未有地能如此之近地接触消费者，消费者的喜好、反馈可以很快通过网络传达。同时它还代表另外一个互联网精神，那就是要追求极致的产品体验，以及极致的用户口碑。越来越多的公司意识到消费者参与决策，对它的竞争力是多么重要。

第五，数据成为资源。

数据成为企业竞争和社会发展的一个重要资源，你看到现在电商非常火热，为什么电商数据可以转向金融、转向用户信用和商家信用提供信贷等，这些都是大数据在后面起作用。

第六，顺应潮流的勇气。

很多企业知道可以这么做，但事到临头又不一样，史上有很多案例，比如数码相机。柯达是数码相机的发明者，但是因为胶卷是它最大的利润来源，所以它把数码相机雪藏起来，最终失去了这个市场。

你一定要深思这个行业怎么发展，现在拿到所谓的船票、门票，但能不能走到终点还不一定，还是要多多思考。

第七，一个负面的东西就是风险。

我们经常看手机，眼睛变花了，变成低头族，脖颈也不行了，对健康有影响，甚至人际关系方面看似有社交网络，最后大家见面、吃饭、开会全在玩手机，反而更冷漠了，这些都是值得我们深思的问题。

没错，互联网带来的改变才刚开始

2014 年 4 月 21 日，《人民日报》发表马化腾专访，题为《20 年互联网带来的改变才刚开始》。

在这次高大上的专访中，马化腾讲到，"互联网+"是一个趋势，加的是传统的各行各业。当互联网加上媒体后，产生了网络媒体，对传统媒体影响很大；当互联网加上零售业后，产生了电子商务，对实体商业影响很大；当互联网加上金融后，产生了互联网金融，这段时间正风生水起。不仅在经济领域，在社会领域互联网已经在很大程度上改变了人们的工作、生活状态。对于许多人来说，互联网已经成为一种生活方式。基于这样的理由，互联网带来的改变才刚刚开始。如果把时针拨到 20 年前，谁也想不到互联网会发展到今天的盛况；展望20 年后，谁也不敢预言互联网会发展到什么程度。但谁都知道的是，因为有着互联网精神的存在，互联网正在而且还将继续改变这个社会。

2014 年 10 月 30 日，腾讯合作伙伴大会在博鳌开幕，马化腾公开发表了《一封给合作伙伴的信》。在信中，他这样写到："互联网+"不断创新涌现，"+"是指各种传统行业。"+通信业"是最直接的，"+媒体"已经开始颠覆，未来是"+娱乐、零售"。过去认为网购占很小的份额，现在已经在不可逆转地颠覆实体零售行业，还有现在最热的互联网金融。马化腾预言，未来十年现金和信用卡将消失一半，在移动互联网时代，各种传统行业如果不创新，必然会面临巨大挑战甚至快速被颠覆。

2014 年 11 月 19 日，首届世界互联网大会在乌镇召开，马化腾在大会上发表了主旨演讲《连接时代的探索》。他谈到："对于我们来说，连接是非常重要的，从 PC 互联网到移动互联网，人和人之间的双向连接越来越重要。"

马化腾还提到，互联网在三四年前变化非常大，从 PC 互联网到移动互联网，我们从业人士觉得变化这么快，看到它的拐点往往就是半年一年的时间，一下子就跨过去了，包括腾讯在内的很多流量在短短的两三年时间，从原来的三七变成七三，甚至是二八到八二的快速转变，对于腾讯来说是非常大的考验，这里面诞生了新的特征。

最明显的特征是，原来互联网行业大家认为是新经济，到现在大家认为互联网和各个传统行业都能结合。从通信领域再到零售领域、电子商务，再到娱乐等，这些都是天然的结合。

原来根本不搭界的金融、交通等行业，以及很多生活服务类的东西，连打车都跟移动互联网挂上了钩，一个很大市值的打车企业成长起来。

过去的互联网公司，往往是集中在几个少数巨头上，而现在看到很多企业在各个领域开始蓬勃成长，并不局限在搜索、社交网络、通信、电商这几个传统的板块，我们看到每一个细分领域都成长出比较大的行业领军者，这是一个很大的变化。

腾讯最近开始修身养性，回归本质。腾讯最擅长的优势还是集中在通信、社交大平台上，因而腾讯整个战略发生了很大的变化。把搜索业务与搜狐合作，电商业务与京东合作，回归到最本质的就是做连接器。不仅希望把人连接起来，还要把服务和设备连接起来。

另外，腾讯开始更注重服务。在微信平台首次创新性地引入公众账号和服务号的体系，这是在过去 PC 互联网时代无法想象的，通过这个服务号，连接了很多服务和商家，包括媒体、自媒体人，甚至包括运营商的营业厅，银行也可以通过这个连接，没有网站，不需要网站，就可以轻易地把人连接起来。用户的很多资料和服务可以很碎片化地转发、分享给一个人，或者一个群，甚至给所有的人。

下一步腾讯尝试做连接设备。这部分刚刚开始，微信的硬件平台，

QQ 物联的解决方案，包括也跟其他的合作伙伴推出车联的解决方案。但是这些都是早期的成果，腾讯还有很多东西可以做，而且也不可能是一家就做完的，一定需要合作伙伴一起才能实现这样一种很伟大的想法。

对腾讯来说，还有一个原则就是开放。把很多非核心的业务全部给合作伙伴去做，跟他们合作。腾讯的生态是一种更开放的生态，提供底层的通信\用户认证，或者是储存和分发的平台，或者是一些基于这些的交易支付平台，从而跟很多垂直领域的合作伙伴进行合作。

Facebook 不做游戏，而是做连接。腾讯有点不同，腾讯有大量的外部开发者，但是自己尝试研发游戏，这样可以了解这个生态更适合做什么，但是我们更多的内容自己不开发，而是交给我们的合作伙伴去开发。这是一个很复杂的体系。

总　结

透过以上内容，想必读者对"互联网+"这个概念的最初起源已经有了一个相对清晰的认识。当然，我们必须特别强调的是，李克强总理在《政府工作报告》中提到的"互联网+"既源自中国互联网业又超越中国互联网业，作为国家战略，"互联网+"的内涵早已大大超出了中国互联网行业之前探讨与摸索的范畴，这也是中国社会任何个体与组织今后必须要认真研究与探索"互联网+"的根源所在。

02

第二章
两会代表们的提案与总理的政府工作报告

2015 年 3 月 3 日至 15 日，一年一度的全国两会在人民大会堂举行。这次大会总共有两千多名政协委员和近三千名人大代表参加，其中来自互联网业的代表人士已经增至六人，这从一个侧面反映出互联网业的影响力或者重要性正在逐渐提高。更值得关注的一个现象是，在 2015 年的两会上，无论是来自互联网业还是非互联网业的代表们围绕互联网提出的议案数量暴增。

2015 年 3 月 10 日中午，我们在百度上搜索关键字"互联网 两会提案"得到的反馈结果是"百度为您找到相关结果约 4 930 000 个"。

2015 年两会，互联网就是这么热

全国政协委员、百度董事长李彦宏 2015 年两会带来了自己的两项建议。

提案一：建议全面开放医院挂号号源，让病人找到最合适的医生。"看病难"是老百姓最关心的民生问题之一，加快医药卫生事业发展和改革，是提高人民生活质量的重要举措。网络挂号对方便群众就医、提升医疗行业运行效率具有重要作用。当前部分地区具有官方背景的"预约挂号统一平台"存在着社会认知度低、用户体验不好、挂号号源上网比例不高、限制医院开展个性化服务积极性和自主性等问题。李彦宏建议取消部分地区对商业机构开展网络挂号业务的限制，借助社会力量优化医疗资源配置，提升医疗服务的质量和效率，方便群众就医。

提案二：建议设立"中国大脑"计划，推动人工智能跨越发展，抢占新一轮科技革命制高点。人工智能是 21 世纪最为前沿的技术之一，其发展将极大地提升和扩展人类的能力边界，对促进技术创新、提升国家竞争优势乃至推动人类社会发展将产生深远影响。当前，人工智能正迎来新一轮创新发展期，欧美等发达国家纷纷从国家战略层面加紧布局，以引领新一轮科技创新大潮。李彦宏建议设立国家层面的"中国大脑"计划。具体包括：以智能人机交互、大数据分析预测、自动驾驶、智能医疗诊断、智能无人飞机、军事和民用机器人技术等为重要研究领域；支持有能力的企业搭建人工智能基础资源和公共服务平台，面向不同研究领域开放平台资源，高效对接社会资源，依托统一平台协同创新；在人工智能技术成果的转化与共享方面，充分引入市场机制，促进研究成果转化，带动传统工业、服务业、军事等领域的融合创新，推动传统产业和社会服务向智能化方向发展，助力我国经济转型升级，为实施国家创新驱动发展战略提供有力支撑。

全国政协委员、苏宁云商董事长张近东两会带来六项提案，主要围绕消费者权益和行业发展，其中与互联网直接相关的两项提案则是《推行电商平台首问负责制，系统屏蔽网络假冒伪劣》和《加快推进电子发票报销入账》。

屏蔽网络假冒伪劣，无疑是全社会关注的焦点问题。数据显示，2014年中国网上零售同比增幅达到49.7%，远高于社会消费品零售总额的增幅，而且随着移动互联网应用的普及，网络购物还将保持长期快速的增长。和网络购物发展相对应的是，假冒伪劣以及侵权等违法行为的存在，严重损害了消费者权利和产权人利益。关于电商平台首问负责制，张近东建议，要推进网购平台首问负责制，从制度层面促进网购平台企业在事前、事中、事后全流程防范假冒伪劣，进一步保障消费者权益和社会公共利益。

至于电子发票，张近东认为，电子发票作为一种购物凭证，既是证明消费行为的有力证据，也是消费者获得售后服务、进行消费维权的凭证。尽管2013年起很多城市开始探索推广电子发票，但电子发票的报销和入账问题，依然是制约电子发票全面推广的障碍。此外，电子发票还面临报销凭证、全国统一、税源归属等问题。因此，2015年两会张近东再次带来与电子发票有关的提案，以推动电子发票作为消费者的消费凭证和维权凭证，进一步促进电子商务的创新发展。

全国人大代表、科大讯飞董事长刘庆峰两会期间提出三项建议，包括：制定国家人工智能战略，加快人工智能布局；实施"教育超脑计划"，推动教育均衡发展与质量提升；利用大数据提升社会服务管理能力。

在《关于利用大数据提升社会服务管理能力的建议》中，刘庆峰指出，普通人每天看150次手机，手机已经成为人类的"第六器官"。因此，可以通过信息化的方式来提升政府效率。提高效率需要利用新的技术手段和新的社会行为方式，而在互联网时代，利用大数据来提升服务已经取得了很好的成效。例如，安徽省委省政府在全省推建的社会管理信息化，通过打通政府十几个部门的数据，就可以使一线的服务窗口从8～10个缩减到2～3个，办事流程从10～30天减少到1～3天。

全国政协委员、吉利集团董事长李书福围绕当下火爆的打车软件提出了一项名为《关于加强信息化技术下经营交易税收管理》的提案，认为应向打车软件运营平台收税，对乘客负责的同时实现同一行业内税收方面的"公平竞争"。

P2P行业乱象已造成社会资源的严重浪费，相关监管政策亟待落实。此外，P2P行业是新生事物，需要一定的包容来鼓励其创新与发展，避免监管过度、过紧而导致行业发展失去活力。作为资深金融从业者，全国政协委员、永隆银行董事长马蔚华针对P2P互联网金融平台倒闭与跑路之风愈演愈烈提交了一份名为《关于加快落实P2P行业监管，引导互联网金融健康发展的提案》的议案。

全国人大代表、TCL 集团董事长李东生带来了发展云计算产业、促进企业国际化等议案，而围绕云计算的议案显然是这几项提案的重中之重。在他看来，中国云产业总体规模占全球云计算服务市场的份额不足 3%。而加快云产业发展可以促进科技创新和科技实力进步，推动社会生产方式的转型，带来新的经济增长点，为国家数据安全等提供坚实保障，对提升人民生活质量，促进城镇化建设意义重大。

当然，在这些众多与互联网相关的议案之中，全国人大代表、腾讯董事长马化腾所提的四项议案格外令人瞩目，其中最引起轰动的就是《关于以"互联网+"为驱动，推进我国经济社会创新发展的建议》。

2014 年因病缺席两会的马化腾，在 2015 年两会上一反常态的"高调"，一口气连发四项议案，小马哥的议案自然件件都与互联网相关。

议案一：关于以"互联网＋"为驱动，推进我国经济社会创新发展的建议。提出"互联网+"是以互联网平台为基础，利用信息通信技术与各行业的跨界融合，推动产业转型升级，并不断创造出新产品、新业务与新模式，构建连接一切的新生态。

议案提出：要持续以"互联网+"为驱动，鼓励产业创新、促进跨界融合、惠及社会民生，推动我国经济和社会的持续发展与转型升级。

议案二：关于运用移动互联网推进智慧民生发展的建议。全球已经步入移动互联网连接一切的时代。我国的移动互联网发展也已走在世界前列，成为仅次于美国的全球第二大信息经济体，移动互联网经济占 GDP 的比重由 1996 年的 5.0%提高至 2013 年的 23.7%。移动互联网的巨大优势使得我国有能力加快移动互联网在民生领域的普及和应用，可以把"人与公共服务"通过数字化的方式全面连接起来，从而大幅提升社会整体服务效率和水平，实现智慧民生。

议案三：关于加强网络版权保护，促进我国文化产业发展的建议。互联网与传统文化产业的深度融合，使得互联网与内容产业成为一个有机的生态体系，释放出越来越大的市场价值，真正促进了文化产业振兴。在此背景下，国家需要进一步完善知识产权保护环境，培育正版消费理念，以保障文化产业更好更快发展。

议案四：关于推进我国移动互联网信息无障碍标准制定及落实的建议。信息无障碍是指任何人（无论是健全人还是残疾人，年轻人还是老年人）在任何情况下都能平等、方便、无障碍地获取信息、使用信息。信息无障碍不是多数人对少数人的怜悯，而是对每个公民切身利益的关怀。开展信息无障碍工作，是让每个人无论遇到什么困难，无论身体机能是否缺失或退化，都能保持与社会的联络。老年人也能像其他人一样，像自己年轻时一样通过信息通信工具和信息网络与他人交流、与社会同步，融入信息世界。

事实上，除了提案"四连发"之外，2015年3月4日晚8点，一向低调的马化腾还破天荒地在北京新世界酒店举行了一个媒体见面会。尽管媒体见面会举行的时间较晚，但还是有大批记者提前赶到现场，因为座位不够，许多记者干脆席地而坐，场面堪称火爆。

在媒体见面会上，马化腾表示，今天两会正式开幕，希望"互联网+"这种生态战略能够被国家采纳并上升为国家战略。同时，他再一次简明扼要地阐述了对"互联网+"的个人理解："互联网其实就像电一样，过去有了电，很多行业都发生了翻天覆地的变化，现在有了移动互联网，更多行业将会发生更大的变化。"

此后，马化腾还向记者们介绍了自己今年将在两会上提出的四个议案，同时回答了一些普遍关心的问题，比如红包征税等问题。

结果证明，小马哥这次异乎寻常的高调"赌"对了。

亲民的政府工作报告

马化腾媒体见面会次日，也就是 3 月 5 日，国务院总理李克强在提交十二届全国人大三次会议审议的《政府工作报告》中提出，制定"互联网+"行动计划，推动移动互联网、云计算、大数据、物联网等与现代制造业结合，促进电子商务、工业互联网和互联网金融健康发展，引导互联网企业拓展国际市场。""国家已设立 400 亿元新兴产业创业投资引导基金，要整合筹措更多资金，为产业创新加油助力。

显而易见，随着李克强总理在人民大会堂的话音一落，"互联网+"事实上已经被提升到了国家战略的高度，这两年一直四处奔波勤于布道"互联网+"的小马哥终于"得偿所愿"。他在听完总理报告后第一时间向现场记者表示，总理在政府工作报告中提出"互联网+"的概念，对全社会、全行业来说，都是一个非常大的振奋。

实际上，互联网在《政府工作报告》中不仅仅体现在"互联网+"

被定为国家战略，据说，就连这次《政府工作报告》的编写也相当有"互联网思维"，这说明，互联网和我国政府之间已经发生了更为复杂的化学反应，而不仅仅是停留在一句纸面的概念那么简单。

某种程度上讲，今年的《政府工作报告》本身就是一次"互联网+"的大胆试验。

比如说，"大道至简，有权不可任性。" 李克强总理在《政府工作报告》中引用的一句网络流行语就引发了全民热议。如果不是亲耳听到，中国普罗大众恐怕无论如何也想不到，网络流行语能够登堂入室进入《政府工作报告》这样"高端大气上档次"的正式文件中。

据说，这句表述是由李克强总理亲自加入报告里的。

运用网络话语，网民们顿时觉得总理"萌萌哒"。网络让中国人真正理解了何谓"世界是平的"，自然也让国家最重要的政治活动"两会"变成了平的。今年的政府工作报告，情怀格局接地气，亮点境界有惊喜，一句"任性"更显亲切亲民，像是总理在和大家聊天。

这样的萌词一出现，立即在社交网络上被大量转发、点赞。政府工作报告的文风在变，不再只是带着冷冰冰疏离感的公文式面孔，其实背后体现的也是一种工作态度、工作作风的转变，政府和民众站在一起，做民众最关注的事，说民众能懂的话。

另外，今年的《政府工作报告》也引入了时下流行的社交网络元素。《政府工作报告》在撰写之初就广邀网友集思广益，网友们也很给力，提了很多意见和建议，其中有 914 条直接体现在最终版本的报告中。一位网友在某主流媒体的网络社区留言："网民参与《政府工作报告》的撰写，可以说是一次百姓当家做主的具体实践，这样的实践能够赢得网友们的欢迎和点赞是必然的，也是可圈可点的大好事。"

除了文风平实，提法新颖，令中国网民倍感推崇的还有报告传递出来的正能量。提高养老金、治理雾霾、保障房建设等内容与人民息息相关，不同职业的人也能从中感受到相关行业的利好。例如，"创客"这个新词被写入报告，自主创业的群体顿时倍觉鼓舞。

中青舆情检测室抽样分析了 4000 条网民评论，数据显示，排名前10 的高频关键词体现了网民对政府工作的认可，以及对我国未来发展的期待。八成网民为此次政府工作报告叫好和点赞，认为政府工作报告全面、务实、深刻，并表明了对政府工作的信心。

总结起来就是：中国网民非常喜欢 2015 年的《政府工作报告》！

事实证明，2015 年《政府工作报告》的"互联网+"试验大获成功，来自网民的意见得到了前所未有的重视。宁吉喆说，在中国政府网上，通过"2015 政府工作报告我来写——我为政府工作献一策"活动，征集到了 4 万多条建议。据不完全统计，最终为报告提供参考意见的有数十条。

此外，宁吉喆透露，政府工作报告由智库、专家库提供支撑，运用互联网、大数据、云计算等现代方法和手段，找内容、找数据，才形成了如今的文本。比如，报告中有一句话，"众多创客脱颖而出"，"创客"这个网络新词也第一次进入政府工作报告中。

这是一份"磨"出来的报告，也是一份广纳民意、关切民生的承诺书，更是一次"互联网+"的成功试验。

第三章

百家争鸣，"互联网+"的内涵与外延

2015 年 3 月 5 日，国务院总理李克强在提交十二届全国人大三次会议审议的《政府工作报告》中提出，制定"互联网+"行动计划。一时之间，"互联网+"迅速成为中国社会最热门的话题，政、产、学、研、资等各界人士均对"互联网+"的内涵和外延做出了各自不同维度的解读。

国家发展和改革委员会对"互联网+"的解释是："互联网+"代表一种新的经济形态，即充分发挥互联网在生产要素配置中的优化和集

成作用，将互联网的创新成果深度融合于经济社会各领域之中，提高实体经济的创新力和生产力，形成更广泛的以互联网为基础设施和实现工具的经济发展新形态。

工信部副部长苏波认为，全球产业发展进入深度调整、深刻变革的新时期，对我国加快产业结构调整提出了紧迫要求。从产业形态看，互联网与传统产业加速融合，"互联网+"成为产业发展新常态，从创新模式看创新载体由单个企业向跨领域多主体的创新网络转变；从生产方式看新一代信息技术，特别是互联网技术与制造业融合不断深化，智能制造加快发展；从组织形态看，生产小型化、智能化、专业化特征日益突出。

阿里研究院在其"互联网+"研究报告[1]中指出："互联网+"是以互联网为主的一整套信息技术（包括移动互联网、云计算、大数据技术等）在经济、社会、生活各部门的扩散、应用过程。互联网作为一种通用技术，和 100 年前的电力技术、200 年前的蒸汽机技术一样，将对人类经济社会产生巨大、深远而广泛的影响。"互联网+"的前提是互联网作为一种基础设施的广泛安装。2015 年是互联网进入中国 21 周年，中国迄今已经有 6.5 亿网民，5 亿智能手机用户，通信网络的进步，互联网、智能手机、智能芯片在企业、人群和物体中的广泛安装，为下一阶段的"互联网+"奠定了坚实的基础。"互联网+"的本质是传统产业的在线化、数据化。网络零售、在线批发、跨境电商、快的打

---

[1] 阿里研究院：《"互联网+"研究报告》。

车、淘点点所做的工作都在努力实现交易的在线化。"互联网+"的内涵与传统意义上的"信息化"有根本区别，或者说互联网重新定义了信息化。我们之前把信息化定义为 ICT 技术不断应用深化的过程。但假如 ICT 技术的普及、应用没有释放出信息和数据的流动性，未曾促进信息和数据在跨组织、跨地域的广泛分享使用，那么就会出现"IT黑洞"陷阱，信息化效益将难以体现。在互联网时代，信息化正在回归"信息为核心"这个本质。互联网是迄今为止人类所看到的信息处理成本最低的基础设施。互联网天然具备的全球开放、平等、透明等特性使得信息/数据在工业社会中被压抑的巨大潜力爆发出来，转化成巨大的生产力，并进一步成为社会财富增长的新源泉。

阿里研究院院长高红冰认为，"互联网+"实际上是从增量到存量的改革路径，互联网企业融合传统企业、传统企业拥抱互联网，这两支力量融合在一起将创造新的经济行业，并推进社会发展。具体实施中，"互联网+"比较容易被突破的领域包括：一是行政垄断比较少、市场化程度比较高的领域，比如零售业、餐饮业、物流行业等；二是供需发生转换，供大于求的领域，例如，如果房地产供求发生反转，也会加速其互联网化；三是问题较多、老百姓不满意、信息化水平低的行业，比如城市交通、医疗领域。而"互联网+"比较难突破的领域是行政垄断壁垒高的行业，比如金融服务、能源行业（例如汽油零售）、通信业。这些领域取决于放松管制改革的进程。

腾讯研究院认为[2]，"互联网+"有四个基本要素。一是技术基础，

---

[2] 腾讯研究院：《腾讯"互联网+"系列报告之一：愿景篇》。

即"互联网+"构建在现代信息通信上的互联网平台之上；二是实现路径，即互联网平台与传统产业的各种跨界融合；三是表现形式，即各种跨界融合的结果呈现为产品、业务、模式的不断迭代出新；四是"互联网+"的最终形态，是一个由产品、业务、模式构成的，动态的、自我进化的、连接一切的新生态。四个要素形成一个自然的递进关系，体现在：在技术基础之上，遵循跨界融合的实现路径，融入互联网基因的新产品、新业务、新模式不断演进，最终达到"互联网+"在微观上连接一切、在中观上产业变革、在宏观上经济转型的动态平衡。在实现的过程中，"互联网+"可分为六个层次，比如一开始是终端互联，第二是数据交换，第三是动态优化，第四是效率提升，第五是产业变革，最后是社会转型。从本质上来说，互联网及信息要素贯穿于整个产业生态，将世界变平坦，相应的供应方、需求者及平台管理方式都发生了改变。而"互联网+"的内涵，就是以信息为载体，将万物互联。"互联网+"的外延，则是万物在各情境之下的所有属性在数据化后，实现实时信息交换，以虚拟信息的无间断交换置换实体经济的效率损耗，从而达到复杂系统的最优化运行。简而言之，"互联网+"就是用信息的无间断交换来减少实体经济的冗余，做到所有要素恰到好处的最佳利用。在理想的状态下，"互联网+"会在社会经济体系中逐步迭代，自动纠正在经济体系中市场扭曲最严重、效率最低下的部分。迭代的结果，也正是"互联网+"的愿景，现实生产生活无限接近于其定义的外延，即借助信息交换达至一个帕累托最优的世界。

腾讯董事长马化腾在前述建议[3]中指出：由于互联网具有打破信息不对称、降低交易成本、促进专业化分工、优化资源配置以及提升劳动生产率的特点，其为我国经济转型升级提供了重要的途径和发展机遇。为此，我们需要持续以"互联网+"为驱动，鼓励产业创新、促进跨界融合、惠及社会民生，推动我国经济和社会的持续发展与转型升级。互联网正在重塑传统产业，推动信息通信技术与传统产业的全面融合。在广度上，"互联网+"正以信息通信业为基点全面应用于第三产业，形成了如互联网金融、互联网交通、互联网教育等新业态，并正向第一产业和第二产业渗透。在深度上，"互联网+"正在从信息传输逐渐渗透到销售、运营和制造等多个产业链环节，并将互联网进一步延伸，通过物联网把传感器、控制器、机器和人连接在一起，形成人与物、物与物的全面连接，促进产业链的开放融合，将工业时代的规模生产转向满足个性化需求的新型生产模式。

奇虎360董事长周鸿祎认为，"互联网+"就是各行各业和互联网一起发生的一场化学反应。把氢气和氧气混在一起，它们还是两种气体，但是一旦它们产生了化学反应，就能变成水，这就是本质的变化。"互联网+"不是传统行业和互联网的简单结合，而是利用互联网对所有行业的再造，产生新的商业模式。

联想集团总裁杨元庆认为，"互联网+"就是全民互联网和全产业互联网。过去我们关注的互联网，仅仅只是关注那些互联网企业，关注互联网企业所带来的那些虚拟的产品和服务。而"互联网+"要求未

---

[3] 马化腾：《关于以"互联网+"为驱动，推进我国经济社会创新发展的建议》。

来各行各业都要用互联网来改造和升级。如若你不改造自己的话，你就会被改造。

中国移动互联网产业联盟秘书长、移动生产力丛书主编李易认为，李克强总理的重要讲话标志着中国社会全面进入互联网的时代已经来临，互联网已经不再只是单纯的技术、模式以及产业，互联网已经上升为思维方式以及国家战略，"互联网+"正在成为新常态。这其实也印证了移动生产力丛书宏观篇《移动的力量》中所展望的那样，移动互联网将成就人类有史以来最强大的先进生产力。因此，某种程度上讲，"互联网+"＝"移动生产力"。另外，作为国家战略级别的行动计划，"互联网+"行动计划将是今后各级政府和业界共同前进的路标，不仅要推动移动互联网、云计算、大数据、物联网等与现代制造业结合，促进电子商务、工业互联网和互联网金融健康发展，引导互联网企业拓展国际市场，最后还要实现"大众创业、万众创新"。

易观国际董事长于扬认为，互联网是类似于水电一样的工具和基础设施。"互联网+"是信息革命的一个重要表征，本质是互联网化。"互联网+"意味着互联网与传统行业深度融合。互联网没有创造新的需求，而是能够打通线上线下、构建能量巨大的平台，让所有的产品有温度感，能够把商业模式做到极致。所以"互联网+"的本质是行业，所有的产品和服务，要回到行业本身。

阿里巴巴移动事业群总裁俞永福[4]认为，看一个项目是不是真正的"互联网+"，关键是看原有的非互联网业务，在与互联网连接后有无产

---

[4] 俞永福：《"互联网+"的本质是重构供需》。

生质变，并且这种质变不在于提升效率，而是体现在供需的重构上。前者只是"+互联网"，是物理叠加，在于改善存量；后者才是"互联网+"，化学反应后创造增量。"+互联网"的价值是利用互联网技术打破原有业务中的信息不对称环节，从而实现效率重建。具体来说，过去我们受限于时间、地点、流程等信息不透明导致的高成本，"+互联网"以后就能实现在线化（24 小时接入）、规模化（一点接入，全球覆盖）、去渠道化（减少流通成本）。"互联网+"则做到了真正的供需重构。非互联网与互联网跨界融合后，不只是改善了效率，而是在供给和需求两端都产生了增量，从而建立了新的流程和模式：供给端是"点石成金"，将原本的闲散资源充分利用；需求端则是"无中生有"，创造了原本不存在的使用消费场景。两者结合，其实就是我们常说的"共享经济"。"互联网+"真正把创业的广度扩展到了三百六十行，因为互联网和非互联网的跨界融合，能够创造出更多原有模式之外的变量。未来随着互联网和非互联网融合的进一步加深，可能没有必要再区分互联网和非互联网了，所有行业最终都可以统称为"互联网+"行业。

优米网创始人王利芬从创业角度提出了她对"互联网+"的看法，"互联网+"不是简单的加减乘除，而要加上创业者思想的变革，用加号改变认知，让每一位前线工作人员都成为决策者。

华泰证券在其"互联网+"研究报告[5]中表示，"互联网+"首次出现在政府工作报告中，让 A 股市场的互联网概念股持续飙升。一场名为"互联网+"的风潮正席卷产业及资本，犹如一针兴奋剂，打在了每

---

[5] 华泰证券：《重构的三次方，我们迎来最好的时代》。

一个创业者和投资者身上。互联网正在重构，重构的不仅仅是商业模式、资本流向和估值方法，更是人心，这是重构的三次方，将重构出互联网波澜壮阔的大时代。

中国工程院院士、中国互联网协会理事长邬贺铨在《从互联网到"互联网+"》一文中指出，"互联网+"是互联网功能的增强和应用的拓展。互联网的应用从面向网民个体向面向企业拓展，在从消费互联网跃升到产业互联网，可以说"互联网+"是互联网技术演进和互联网化深入的新阶段。发展生产力、提升竞争力是"互联网+"行动的目的，但还应有更高的追求，"互联网+"应成为大众创业、万众创新和增加公共产品、公共服务"双引擎"的平台和动力，以互联网的开放、包容、群智、创新的思维改革生产关系，营造有利于经济、社会发展的体制机制，通过一个又一个产业的互联网化，引爆发展模式的变革与潜力的释放，提升核心竞争力，保证长期可持续发展，这应该是"互联网+"行动计划的使命。

北京邮电大学教授、中国信息经济学会常务副理事长吕廷杰指出，所谓的"互联网+"，就是互联网去拥抱实体经济，从消费互联网向产业互联网、工业互联网渗透。

中国社科院信息化研究中心秘书长姜奇平认为[6]，"互联网+"实际上是互联网+X，X 就是指各行各业，尤其是指工业化下的各行各业。"互联网+"的实际结果将是，X 的绝对值不仅不会下降，反而会上升（只是 X 占全局的比例在不断下降）。例如，工业革命后，农业产值和

---

[6] 姜奇平：《"互联网+"背后的文章》。

产量不仅没有减少，而且还在大幅上升是一个道理，这是新陈代谢的规律。互联网+X，将让 X 的饭碗比现在更大，这是一场增量改革。姜奇平还认为，"互联网+"这个提法，比德国、美国的提法更到位。因为在中国的工业化基本完成的历史阶段，新趋势的重心不在工业，而在互联网。"互联网+"这个提法，具有主导、引领、带动意味，互联网与工业化，是车头与车厢的关系。

中国科学院大学管理学院教授、网络经济与知识管理国家研究中心主任吕本富认为[7]，"互联网+"不应只是简单的物理反应，而是需要产生化学反应，互联网如果对传统制造业、服务业、金融业等进行要素重组，这才是真正的"互联网+"。中国的"互联网+"一定是从消费者出发，把消费者的行为规律重新挖掘。和其他国家不同的是，我们把人口红利发挥在了互联网上，人口亿利是"互联网+"的一个中国导线，我们开拓了另外一个有计划的、工业化的源泉，即把用户的行为集中从而拿到定价权，再反过来重组产业链，这在历史上是没有的。互联网公司通过掌握用户的核心数据来挖掘用户的行为规律完全是市场行为，等于拿到了另外一个定价权，这个定价权堪称中国特色。

中国信息经济学会理事长杨培芳认为，美国提出的"工业互联网"，德国提出的"工业 4.0"，我们的"互联网+"，实际上都是互联网已经让传统的生产领域蠢蠢欲动。只有在新的政策环境和理论指导下，才可能会出现更多的平台助力互联网，从商业渗透到物流再渗透到金融，甚至渗透到制造业和生产领域中。

---

[7] 吕本富：《"互联网+"到底是什么涵义》。

第四章

"互联网+"背后的三大技术支撑[1]

2015 年 3 月 5 日，国务院总理李克强在十二届全国人大三次会议《政府工作报告》中提出，制定"互联网+"行动计划，推动移动互联网、云计算、大数据、物联网等与现代制造业结合，促进电子商务、工业互联网和互联网金融健康发展，引导互联网企业拓展国际市场。

---

[1] 吕廷杰，李易，周军编著. 移动的力量. 北京：电子工业出版社，2014.

那么，支撑及驱动"互联网+"的技术要素又是什么呢？

显而易见，"互联网+"是终端技术、软件技术和网络技术共同进步的必然结果。因此，"互联网+"背后的技术支撑正是终端技术、软件技术、网络技术三大技术。

终端技术

处理器

对于整个电子信息产业来说，处理器无疑是最核心的部件。一颗强劲而冷静的"芯"是让移动设备能够智能工作的前提。桌面互联网时代，采用 X86 架构的英特尔芯片功能强劲，是行业翘楚。ARM 架构依靠其在价格和性能之比与能耗和性能之比这两方面非常出众的表现，成为移动互联网时代的芯片标杆。

移动互联网时代，移动芯片相关设计及制造技术始终保持着快速创新的态势。

从设计的角度来看，应用处理芯片在四核之后已开始步入八核阶段，更为复杂的并行调度模式不仅带来了更高的芯片硬件设计难度，也对操作系统的相应协同提出新需求。除多核复用外，通过提升单个核心的处理能力以促进应用处理芯片的升级也成为业界探索的另一新方向。

从制造的角度来看，移动芯片制造工艺迅速跟进个人计算机的技术水平。在应用及市场竞争需求的催动下，工艺技术预期仍将保持快速升级的步伐。

传感器

信息产业本质上来说是对各种信息进行收集分析处理的产业，对信息的获取是整个产业的基础。传感器作为信息监测的必要工具，是生产自动化、科学测试和监测诊断等系统中不可缺少的基础部件。

近年来，随着工业自动化、物联网、智慧城市等移动互联网应用的出现以及智能终端的普及，各行业发展对传感器的需求大大提高，同时也各行业发展对传感器的智能化、可移动化、微型化、集成化和多样化提出了更高的要求。

随着技术的发展与制造工艺的成熟，越来越多的传感器将应用到工业生产、物联网、机器人、智能汽车、可穿戴设备、医疗等领域，将人类的生产生活变得越来越智能。

现在，全身布满传感器的谷歌无人驾驶汽车已经获得上路许可，雷克萨斯、沃尔沃、宝马和奥迪等传统汽车厂商也在尝试将更多的传感器集成到现有和新开发车型中，实现汽车的智能化升级。据全球知名调研机构 IHS 的研究报告，帮助制造无人驾驶汽车的传感器市场目前已经出现，而且未来几年将保持高速增长。泊车辅助摄像头与车道偏离警告摄像头只是其中的两类，这些传感器 2015 年将达到 1800 万个左右，几乎是 2010 年 93.9 万个的 20 倍和 2011 年 170 万个的 11 倍。

在近两年的 CES 展会上，可穿戴设备都是参展重点，全球几大消费电子巨头开始纷纷抢占可穿戴设备市场。根据美国网络设备公司 Juniper 预计，到 2017 年可穿戴设备的出货量将从 2013 年的约 1500 万部增加到 7000 万部。而研究机构 IMS 预测，2011～2016 年可穿戴设备市场年增长率为 53.7%，到 2016 年市场规模将超过 60 亿美元，出货量超过 1.7 亿件。微型传感器则是可穿戴设备产业链中的基石。在医疗健康领域，微型传感器的使用则可以帮助医生更好地诊断病情，降低治疗风险。例如，美国佐治亚理工学院研发了一款用于内窥心血管情况的微型传感器，这种 1.4 毫米大小的超微硅片可放置到心脏、冠状动脉及周边血管内部，对这些位置实时拍摄 3D 图像。佐治亚理工学院的研究人员在声明中说，该设备可让医生观察到血管内部的一切，从而更好地对血管的阻塞情况做出判断，得出的结果将有助于医生更好地进行心脏手术，而且该设备通过帮助血管疏通也有可能降低心脏手术的必要性。

研究数据表明，到 2030 年，微芯片和传感器的体积可能缩小至细胞般大小，这就意味着生物植入的可能性。最终，人类可能不再需要手机这样的有形设备，而是通过植入体内的微型通信工具进行沟通，最终进化至通过思维（脑电波传感）来实现沟通，技术最终会变得不可见，想法和情绪表达变成了关键。到那时，几乎所有的人类都会在体内植入细胞传感器，人类利用技术加速了自身的进化。

无线充电

电池能源领域迟迟没有迎来重大的技术革新。单位电池能量每年增加只有约 11%，远远落后于芯片领域摩尔定律的步伐，电池问题已成为制约智能终端发展的一个重要因素。

无线充电技术，源于无线电力输送技术，又称感应充电、非接触式感应充电，是利用近场感应（电感耦合）由供电设备（充电器）将能量传送至用电设备的装置，该装置使用接收到的能量对电池充电，并同时供其本身运作之用。由于充电器与用电装置之间以电感耦合传送能量，两者之间不用电线连接，因此充电器及用电装置都可以做到无导电接点外露。

从具体的实现来看，无线充电又分为电磁感应式充电、磁场共振充电、无线电波式充电三种。虽然无线充电技术近两年来发展迅猛，星巴克等知名连锁商家也开始向用户普及该技术。但是充电效率低、辐射距离近以及由电池辐射引发的不安全因素一直是无线充电技术无法普及的制约因素。诺基亚目前正在研究一种利用无线电基站获取电能的远程充电技术，将来随着电量收集能力的提高，可支持更大功耗的智能终端，帮助终端彻底摆脱对电源线的依赖。

新材料

新材料产业作为全世界公认的战略新兴产业之一，是众多高技术产业发展的基础和先导。

随着科学技术的发展，人们将在传统材料的基础上，根据现代科技的研究成果，开发出越来越多的新材料。新材料的使用将为促进生产力的发展发挥巨大的作用。例如，超纯硅、砷化镓研制成功，导致大规模和超大规模集成电路的诞生，使计算机运算速度从每秒几十万次提高到现在的每秒百亿次以上；电池级碳酸锂等储能材料的使用提高了移动终端的续航能力；柔性材料的出现大大降低了电子产品的重量和外形限制，让可穿戴设备成为可能。

新能源

现代化工业的发展壮大和现代化生活方式的普及对能源的需求与日俱增，同时，新的电子设备的使用以及为了处理各种网络需求而建立的服务器机房的出现进一步加剧了能源的需求。

信息通信技术作为能源互联网载体，在互联网概念的引导下，能源基础设施领域将产生深刻变革。能源互联网采用分布式能源收集系统，充分收集分散的可再生能源，再通过存储技术将间歇式能源进行存储，利用互联网和智能终端技术，建设能量和信息能够双向流动的智能能源网络，实现能源在全网络内的分配、交换和共享。类似于信息互联网的局域网和广域网架构，能源互联网以互联网理念构建新型信息能源"广域网"，其中包括大电网的"主干网"和微网的"局域网"，双向按需传输及动态平衡使用（见图4-1）。

图4-1　分布式能源示意图

能源互联网通过储能技术、能源收集技术及智能控制技术将有效解决可再生能源供应不持续、品质不稳定和难以接入电力主干网等问题，让可再生能源逐步成为主要能源，以减少污染物排放。能源互联网一旦实现，人类将获得充足的能源供应，信息技术、智能控制技术、能源收集技术、储能技术、动力技术等相关技术也将飞速发展，新能源、动力设备、智能产品、生产设备、新材料等领域将不断取得新进展。

增材制造

新的传感器，尤其是微型传感器的生产除了需要新材料的特性，还需要新的生产工艺。相对于传统的材料去除——切削加工技术，增材制造（也称 3D 打印）技术采用材料逐渐累加的方法，在某些制造环节更具优势。

同时，增材制造技术不需要传统的刀具和夹具以及多道加工工序，它在一台设备上可快速精密地制造出任意复杂形状的零件，从而实现了零件"自由制造"，解决了许多复杂结构零件的成型问题，并大大减少了加工工序，缩短了加工周期。据美国能源部预计，增材制造方式将比现行使用机械工具裁剪材料的制造方式节省超过 50%的能源。

目前，欧美发达国家纷纷制定了发展和推动增材制造技术的国家战略和规划。2012 年 3 月，美国白宫宣布了振兴美国制造的新举措，将投资 10 亿美元帮助美国制造体系的改革。其中，白宫提出实现该项计划的三大背景技术就包括增材制造，强调通过改善增材制造材料、装备及标准，实现创新设计的小批量、低成本数字化制造。

目前的 3D 打印仍以工业级为主，但消费级呈爆发态势。近年来，

3D 打印在工业应用下游行业不断拓展，直接零部件制造的占比也逐年提高，而个人消费市场虽起步较晚，但近年来呈现快速爆发趋势。3D 打印技术的行业应用主要分布于消费电子、汽车、医疗、航空航天、建筑及科研等领域。

软件技术

云计算

桌面互联网时代，信息的分析计算处理都是由设备自身的中央处理器来完成的。进入移动互联网时代，设备的小型化、移动化成为大势所趋。越来越小的设备制约了单个设备计算能力的进一步提升。同时，在物联网等应用领域，单个传感器所收集到的数据价值较低，将所有传感器的数据收集汇总后统一分析才具应用价值。因此，需要一种新的计算方式来适应移动生产生活的需要，而这种新的计算方式就是云计算。

云计算是一种基于互联网的计算方式，通过这种方式，共享的软/硬件资源和信息可以按需提供给计算机和其他设备。

1983 年，Sun 提出"网络即电脑"的概念；2006 年 3 月，亚马逊推出 Elastic Compute Cloud（EC2）服务。2006 年 8 月，谷歌首席执行官埃里克·施密特在搜索引擎大会上首次提出"云计算"的概念。云计算是继20世纪80年代大型计算机到客户端—服务器的大转变之后的又一巨变。用户不再需要了解"云"中基础设施的细节，不必具有相应的专业知识，也无需直接进行控制。云计算描述了一种基于互联网的新IT服务增加、使用和交付模式，通常涉及通过互联网来提供动态易扩展而且经常是虚拟化的资源。

广义上讲，云计算是指厂商通过建立网络服务集群，向多种客户提供硬件租赁、数据存储、计算分析和在线服务等不同类型的服务，云计算示意如图4-2所示。云计算的主要服务形式有以亚马逊公司为代表的基础设施即服务（IaaS），以Salesforce为代表的平台即服务（PaaS），以及以微软为代表的软件即服务等（SaaS）。

图4-2　云计算示意图

互联网上的云计算服务特征和自然界的云、水循环具有一定的相似性，因此，云是一个相当贴切的比喻。根据美国国家标准与技术研究院的定义，云计算服务应该具备以下几条特征：①随需应变自助服务；②随时随地用任何网络设备访问；③多人共享资源池；④快速重新部署，灵活度高；⑤可被监控与量测的服务。

一般认为还有以下特征：①基于虚拟化技术快速部署资源或获得服务；②减少用户终端的处理负担；③降低了用户对于 IT 专业知识的依赖。

云计算的"云"就是存在于互联网的服务器集群上的服务器资源，包括硬件资源（如服务器、存储器和处理器等）和软件资源（如应用软件、集成开发环境等）。本地终端只需通过互联网发送一条请求信息，"云端"就会有成千上万的计算机提供需要的资源，并把结果反馈给发送请求的终端。每个提供云计算服务的公司，其服务器资源分布在相对集中的世界上少数几个地方，对资源基本采取集中式的存放管理，而资源的分配调度采用分布式和虚拟化技术。云计算强调终端功能的弱化，通过功能强大的"云端"给需要各种服务的终端提供支持。如同用电、用水一样，我们可以随时随地获取计算、存储等信息服务。

云计算依赖资源的共享达成规模经济，类似基础设施（如电力网）。服务提供者集成大量的资源供多个用户使用，用户可以轻易地请求（租借）更多资源，并随时调整使用量，将不需要的资源释放回整个架构，因此用户不需要因为短暂尖峰的需求就购买大量的资源，仅需要提升租借量，需求降低时便退租。服务提供者得以将目前无人租用的资源重新租给其他用户，甚至依照整体的需求量调整租金。

雾计算

由于用户对信息量和数据量需求的大量提升，导致接入设备的数量与日俱增，同时网络带宽又有限，所以云计算的发展遇到了带宽这一瓶颈。为了解决这一问题，思科在 2014 年 5 月的 Cisco Live 2014 会议中又提出了"雾计算"这一设想。

雾计算是指不再拘泥于云端，而是由设备本身或介于设备与网络之间的设备来承担存储和处理物联网生成数据流的任务。它并不由性能强大的服务器组成，而是由性能较弱、更为分散的各类功能计算机组成，并渗入电器、工厂、汽车、街灯以及我们物质生活中的所有用品。

正如"云端"由服务器集群组成，"雾端"则由我们身边的设备组成。我们能让一个设备向另一个设备发送升级数据包，而不用联网。举例来说，如果我们的智能设备彼此发送软件更新，而不是通过"云端"中转，这就可以让"雾端"直接替代"云端"来实现设备的软件更新。

移动平台技术

平台化是软件技术和产品发展的新引擎。基础设施、操作系统、数据库、中间件和应用软件垂直整合、相互渗透，向一体化服务平台的新体系演变。软件即服务（SaaS）、平台即服务（PaaS）、基础设施即服务（IaaS）本质上就是打造和交付一体化集成的产品服务平台。以平台形式的整合集成化交付，可降低 IT 应用的复杂程度，提升业务效率，适应用户灵活部署、协同工作和个性应用的需求。

一个完整的移动化平台应围绕开发、管理、整合、运营四个角度，提供完整统一标准化的平台化服务能力，其架构如图 4-3 所示。

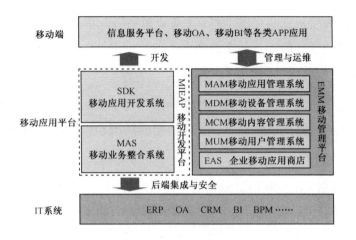

图 4-3　一体化的移动平台架构

全球范围来看，IBM、甲骨文、SAP 等极少数巨头级企业通过收购兼并、垂直整合和优化适配，已经逐步构建起完整的服务平台，初步完成了平台化产品布局。但是，大部分传统软件巨头还没有完成移动化领域软件平台的完整构筑，这给很多创业型企业带来了"弯道超车"的机会。例如，位于中国北京中关村的正益无线（北京）科技有限公司，这家初创型企业通过"免费+开放"的互联网模式运营的 AppCan 移动云平台，目前已拥有 50 万注册开发者，与此同时拥有东方航空、国家电网、中化集团等众多大型客户，已成为不输于国际大牌的中国本土移动云平台。

大数据

传感器的大量使用以及网络活动的增加，企业及个人产生和获得的数据以几何级数增加。这些数据是海量、多样化的信息资产，通过分析可以真实地反映现实世界，如果合理利用，可提高决策的准确性，提高生产效率。但如何从杂乱而大量的数据中抽丝剥茧产生价值就需要新的处理方法，这就是"大数据"。

大数据已成为继云计算、物联网之后又一大颠覆性的技术革命。云计算主要为数据资产提供保管、访问的场所和渠道，而数据才是真正有价值的资产。

"大数据"在互联网行业指的是互联网公司在日常运营中生成、累积的用户网络行为数据。这些数据的规模是如此庞大，以至于不能用 GB 或 TB 来衡量。

大数据到底有多大？一组名为"互联网上一天"的数据告诉我们，一天之中，互联网产生的全部内容可以刻满 1.68 亿张 DVD；发出的邮件有 2940 亿封之多（相当于美国两年的纸质信件数量）；发出的社区帖子达 200 万个（相当于《时代》杂志 770 年的文字量）；卖出的手机为 37.8 万台，高于全球每天出生的婴儿数量 37.1 万……IBM 的研究称，整个人类文明所获得的全部数据中，有 90%是过去两年内产生的，而预计到 2020 年，全世界所产生的数据规模将达到今天的 44 倍。

早在 1980 年，著名未来学家阿尔文·托夫勒便在《第三次浪潮》一书中，将大数据热情地赞颂为"第三次浪潮的华彩乐章"。不过，大约从 2009 年开始，"大数据"才成为互联网信息技术行业的流行词汇。如果把大数据比作一种产业，那么这种产业实现盈利的关键，在于提高对数据的"加工能力"，通过"加工"实现数据的"增值"。

从技术上看，大数据与云计算的关系就像一枚硬币的正反面一样密不可分。大数据必然无法用单台的计算机进行处理，必须采用分布式计算架构。它的特色在于对海量数据的挖掘，但它必须依托云计算的分布式处理、分布式数据库、云存储和虚拟化技术。

虽然大数据还处于初级阶段，但是其商业价值已经显现出来。首先，手中握有数据的公司站在金矿上，基于数据交易即可产生很好的效益。其次，基于数据挖掘会有很多商业模式诞生。根据定位角度不同，或侧重数据分析，帮企业做内部数据挖掘；或侧重优化，帮企业更精准地找到用户，降低营销成本，提高企业销售率及增加利润。未来，数据可能成为最大的交易商品。大数据的价值是通过数据共享、交叉复用获取最大的数据价值。未来大数据将会如基础设施一样，有数据提供方、管理者和监管者，数据的交叉复用将大数据变成一大产业。据预测，到 2017 年，大数据所形成的市场规模将达到 530 亿美元。

生物特征识别

通过将计算机与光学、声学、生物传感器和生物统计学原理等高科技手段密切结合，生物特征识别技术可以利用人体固有的生理特性和行为特征来进行个人身份的鉴定，从而提供更安全的网络服务。

在目前的研究与应用领域中，生物特征识别主要关系到计算机视觉、图像处理与模式识别、计算机听觉、语音处理、多传感器技术、虚拟现实、计算机图形学、可视化技术、计算机辅助设计和智能机器人感知系统等其他相关的研究。已被用于生物识别的生物特征有手形、指纹、脸形、虹膜、视网膜、脉搏和耳廓等，行为特征有签字、声音及按键力度等。

随着生物识别技术的日渐成熟,其技术应用越来越多地被采用。苹果在其手机 iPhone 5S 的 Home 键中集成了指纹扫描传感器,让指纹识别技术在民用领域得到应用。而现阶段生物识别技术更多的是广泛应用于政府、军队、银行、社会福利保障、电子商务、医疗和安全防务等商业领域。

增强现实

增强现实技术是指通过计算机系统提供信息以增加用户对现实世界感知的技术,并将计算机生成的虚拟物体、场景或系统提示信息叠加到真实场景中,从而实现对现实的"增强"。增强现实技术的使用可以让用户更加直观便捷地查看和处理信息,从而提高用户的工作效率。

虚实结合、实时交互、三维定向是增强现实技术的主要特点。一个完整的增强现实系统由显示技术、跟踪和定位技术、界面和可视化技术以及标定技术构成。跟踪和定位技术与标定技术共同完成对位置与方位的检测,并将数据报告给增强现实系统,实现被跟踪对象在真实世界坐标与虚拟世界中坐标统一,达到让虚拟物体与用户环境无缝结合的目标,其实现重点在于投影矩阵信息的获取。

增强现实技术的出现,配合智能手机、智能眼镜等设备,可以在工作和生活领域实现很多之前没有的功能,拥有很强的实用价值。例如,利用谷歌 Glass 等增强现实眼镜,医生可以解放双手,轻易地进行手术部位的精确定位;维修人员可以使用装备头戴式显示器轻松获取设备的维修指导;士兵可以利用增强现实技术,进行方位的识别,获得目前所在地点的地理数据等重要军事数据等。

人机交互

信息时代需要语音识别、体感识别、脑电波操控等新的信息交互方式来提高信息利用率，降低机器对人的束缚，进一步提高生产效率。

语音识别技术，也称自动语音识别，是将人类语音中的词汇内容转换为计算机可读的输入技术。近 20 年来，语音识别技术取得了显著进步，开始从实验室走向市场。2011 年，苹果在 iPhone 4S 自带的 iOS 5 上集成了 Siri 语音助理，让用户能够甩掉键盘，直接通过语音命令进行操作，推动了语音识别技术在消费电子领域的应用。微软正在尝试将语音识别、即时翻译技术整合到旗下产品 Skype 中，让用户通过 Skype 可以与不同语种的人随意交谈。中国的科大讯飞则将其智能语音及语言技术集成到智能客服系统中，帮助电信、金融、电力、交通等行业的客户实现自助业务的搜索、咨询和办理，提升用户服务体验。

体感识别技术是指人们可以直接使用肢体动作，与周边的装置或环境互动，而无须使用任何复杂的控制设备，就可以让人们身临其境地与内容做互动。

近年来，随着传感器技术的成熟，以及红外感知、空间建模和生物识别技术的发展，也出现了一些新的体感识别技术，如脑电波操控。大脑在活动时，脑皮质细胞群之间形成电位差，从而在大脑皮质的细胞外产生电流，这就是俗称的脑电波。脑电波记录大脑活动时的电波变化，是脑神经细胞的电生理活动在大脑皮层或头皮表面的总体反映。脑电波操控则是利用相关设备监测人类的脑电波，通过识别脑电波的不同变化来实现对外部设备的控制。人类关于脑电波操控的科学研究已经超过半个世纪，虽然还无法达到电影《阿凡达》中的意念远程操控的境界，但已经出现了利用脑电波操控的义肢、轮椅。

三星正在研发用意念控制平板电脑的技术，如果成功，将成为继键盘输入、触控、语音、体感甚至眼球追踪之后，人类对智能设备的又一种控制方式，并将使无法使用触控技术的残疾人也能使用电子设备。测试者利用插满脑电波传感器的帽子，只要专注于平板电脑上的某个应用，该应用就会自动打开，准确率在80%～95%。

人工智能

以机器学习等方法为代表的人工智能技术可以在未来提升机器处理问题的能力，提高机器生产的效率。人工智能概念最早由约翰·麦卡锡在1956年的达特矛斯会议上提出。1997年5月，IBM公司的"深蓝"计算机击败了人类的国际象棋世界冠军，这是人工智能技术的一个完美表现。

机器学习是人工智能的一个分支，通过算法使得机器能从大量历史数据中学习规律，从而对新的样本做智能识别或对未来做预测。20世纪80年代末期以来，机器学习的发展大致经历了两次浪潮：浅层学习和深度学习。

2006年，加拿大多伦多大学教授、机器学习领域泰斗——Geoffrey Hinton和他的学生Ruslan Salakhutdinov在《Science》上发表了一篇文章，开启了深度学习在学术界和工业界的浪潮。

自此，深度学习在学术界持续升温。斯坦福大学、纽约大学、加拿大蒙特利尔大学等成为研究深度学习的重镇。2010年，美国国防部DARPA首次资助深度学习项目。2012年6月，"谷歌 Brain"项目披露，用 1.6 万个 CPU Core 的并行计算平台训练一个"深层神经网络"机器学习模型，在语音识别和图像识别等领域获得了巨大的成功。

在中国，百度在 2012 年启动深度学习研究工作，2013 年成立百度深度学习研究院。目前，百度的"百度大脑"项目利用计算机技术模拟人脑，已经可以做到 2～3 岁孩子的智力水平。依靠"百度大脑"，百度将其语音技术的相对错误率降低了 25%以上，移动搜索中文语音识别率突破了 90%（见图 4-4）。

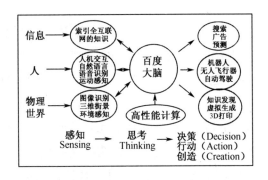

图 4-4　"百度大脑"结构示意

网络技术

第四代和第五代通信技术

快速、稳定的基础通信网络是整个移动互联网的基础。人与人、物与物之间的连接都需要依靠通信网络来实现。随着移动互联网的发展，接入网络的智能终端和传感器越来越多，对带宽的要求越来越高，这就需要新的 4G、5G 通信技术。

4G 指的是第四代移动通信技术，包括 TD-LTE 和 FDD-LTE 两种制式。该技术集 3G 与 WLAN 于一体，能够快速传输数据\高质量的音频和视频\图像等。而在全球开始将 4G 网络商用的同时，下一代的通信技术——第五代移动通信技术（5G 技术）已在研究之中。

2013 年 5 月，三星电子宣布开发出了首个基于 5G 核心技术的移动传输网络，表示将在 2020 年之前进行 5G 网络的商业推广，未来 5G 网络的传输速率最高可达 10Gbps。2013 年 11 月，全球最大的电信设备商华为宣称，已经在包括加拿大、英国等地为 5G 投入 200 多位研发人员，并将在未来 5 年内为此继续投资 6 亿美元。按照华为的设想，5G 移动通信预计在 2020 年推出，5G 基站网络能力要达到现在 4G 的 1000 千倍，移动数据传输率达到 10Gbps 的级别，并且传输延迟不超过 1ms。

2014 年 2 月，包括中国移动在内的全球 19 家电信运营商组成的"下一代移动通信网络联盟"在巴塞罗那的世界通信大会上宣布发起针对 5G 的全球项目，并将把未来工作重点放在定义 5G 的端到端需求上，同时认为 5G 的范围将大大超出无线接入层。

工业无线技术

随着新技术的出现和相互融合，未来信息技术的发展由人类信息主导的互联网向物与物互联信息主导的物联网转变。

面向工业自动化的工业物联网由终端层、传输层、支撑层、应用层共同组成，是未来制造环境中实现人与人、人与机器、机器与机器之间信息交互的主要手段，在恶劣的工业现场环境下，需要一个具有强抗干扰、超低能耗、实时通信、增加用户或更改网络结构方便、灵活、经济等技术特征的专用网来满足工业物联网的要求。

工业无线技术是一种新兴的、面向设备间短程的、可低速率信息交互的无线通信技术，满足工业应用高可靠、低能耗、硬实时等特殊需求，是对现有工业通信技术在工业应用方向上的功能扩展和提升，并将最终转化为新的无线技术标准。

通过使用工业无线网络 WIA-PA 技术，用户可以较低的投资和使用成本实现对工业全流程的"泛在感知"，易于获取在传统情况下由于成本原因无法在线监测的重要工业过程参数，并以此为基础实施优化控制，达到提高产品质量和节能降耗的目标。

工业无线网络 WIA-PA 技术主要应用于石油、石化、冶金、环保、污水处理等领域。如用于油田现场数据采集，由于从测控点到数据中心及观察者全为无线连接，彻底解决了测控点分布广、野外布线难、修井作业测控点重新安装维护量大、维护使用成本高等一系列问题。

近场通信

电子设备之间可以利用无线网络进行数据交换，但在某些情况下，如朋友之间离得很近，或近距离的移动支付，出于便利性或安全性考虑，并不需要接入无线网络，这时就需要使用近场通信技术。

近距离无线通信（Near Field Communication，NFC）技术是一种短距离的高频无线通信技术，允许电子设备之间进行非接触式点对点数据传输，在 10 厘米内交换数据。

NFC 技术具有成本低廉、方便易用和更富直观性等特点，NFC 通过一个芯片、一根天线和一些软件组合，就能够实现各种设备在几厘米范围内的通信，费用仅为 2～3 欧元，这让它在某些领域显得更具潜力。

而随着物联网在农业、图书馆、物流等领域开始应用之后，作为一种简单而廉价的信息识别技术，RFID 标签得到越来越多的应用。RFID 技术，又称无线射频识别技术，是一种可通过无线电信号识别特定目标并读写相关数据，而无须在识别系统与特定目标之间建立机械或光学接触的通信技术。射频识别系统最重要的优点是非接触识别，它能穿透雪、雾、冰、涂料、尘垢以及条形码等无法使用的恶劣环境阅读标签，并且阅读速度极快，大多数情况下不到 100 毫秒，目前广泛应用于物流和供应管理、生产制造和装配、航空行李处理、邮件/快运包裹处理、文档追踪/图书馆管理、动物身份标识、运动计时、门禁控制/电子门票、道路自动收费、一卡通、仓储中塑料托盘、周转筐等。

低功耗蓝牙。蓝牙是一种支持点对点、单点对多点的无线通信技术，其最基本的网络组成是微微网。蓝牙设备通过短距离的特殊网络即微微网进行连接，该网络在设备进入临近射频时自动生成，单个设备可同时与同网内最多 7 个设备通信，每个设备又能同时进入若干个微微网，所以说，个人的蓝牙设备几乎能建立起无线连接，这使得蓝牙技术完全符合物联网的通信要求。蓝牙无线技术是在两个设备间进行无线短距离通信的最简单、最便捷的方法，因此被广泛应用于各种电子设备，包括无线连接手机、便携式计算机、汽车、立体声耳机、MP3 播放器等。但由于其能耗问题，使用场景受到很大的限制。

量子通信

军事、政府等机构往往对通信的时效性和安全性有更高的要求，传统的 3G、4G 网络无法满足其要求，正在研究中的量子通信或许可以满足其要求。

量子通信是利用量子纠缠效应进行信息传递的一种新型的通信方式，其最早由美国科学家 C. H. Bennett 在 1993 年提出。量子力学认为，在微观世界里，不论两个粒子间距离多远，一个粒子的变化都会影响另一个粒子，这种现象叫量子纠缠，被爱因斯坦称为"诡异的互动性"。科学家认为，这是一种"神奇的力量"，可成为具有超级计算能力的量子计算机和量子保密系统的基础。

量子通信是经典信息论和量子力学相结合产生的一门新兴交叉学科，与现有的通信技术相比，量子通信具有巨大的优越性。量子通信因其保密性强、大容量、远距离传输等特点，不但在国家安全、金融等信息安全领域有着重大的应用价值和前景，而且逐渐走进人们的日常生活。

2014 年 4 月，中国开始建设世界上最远距离的光纤量子通信干线，连接北京和上海，距离达到 2000 千米，有望在两三年内投入使用。而美国巴特尔纪念研究所正在建设 650 千米长的量子通信线路，他们计划在此基础上建立连接美国主要城市、总长超 10000 千米的环美国量子通信网络。

05

第五章

"互联网+"与第三次互联网革命

第一次互联网革命：桌面互联网

● ● ● ● ● ● ● ●

　　互联网最早起源于美国国防部高级研究计划署 DARPA 的 ARPAnet
研究项目，该网于 1969 年投入使用。最初，ARPAnet 主要基于军事研
究目的，它的指导思想包括：网络必须经受得住故障的考验而维持正常
的工作；一旦发生战争，当网络的某一部分因遭受攻击而失去工作能力

时，网络的其他部分应能维持正常的通信工作。从 20 世纪 70 年代末开始，个人计算机兴起，各式各样的计算机网络应运而生，如 MILNET、USENET、BITNET、CSNET 等。为了实现不同网络之间互联的需求，TCP/IP 协议诞生了。1982 年，ARPAnet 开始使用 IP 协议。1983 年，ARPAnet 分裂为两部分，ARPAnet 和纯军事用的 MILNET。同时，局域网和广域网的产生和蓬勃发展对 Internet 的进一步发展起了重要的作用，其中最引人注目的是美国国家科学基金会 NSF（National Science Foundation）建立的基于 TCP/IP 的主干网 NSFnet。

NFSnet 于 1990 年 6 月彻底取代了 ARPAnet 而成为 Internet 的主干网，第一代互联网由此诞生。1990 年 9 月，由 Merit、IBM 和 MCI 公司联合建立的非盈利组织——先进网络科学公司 ANS（Advanced Network & Science Inc.）建立了一个全美范围的 T3 级主干网，它能以 45Mbps 的速率传送数据。1991 年底，NSFnet 的全部主干网都与 ANS 提供的 T3 级主干网相联通。1989 年，Tim Berners-Lee 提出万维网（WWW）的设想，他发明了超文本，使用超级链接将不同服务器上的网页互相链接起来，从而使人们很容易访问相互关联的信息。同时期，微软全面进入浏览器、服务器和互联网服务提供商（ISP）市场，实现了互联网的商业化。WWW 的出现和互联网的商业化推动互联网用户数呈指数增长，从 1995 年到 2002 年，互联网用户数平均每半年翻一番。

在中国，1986 年，北京市计算机应用技术研究所实施的国际联网项目——中国学术网（简称 CANET）启动，其合作伙伴是德国卡尔斯鲁厄大学。1987 年，CANET 在北京计算机应用技术研究所内正式建成中国第一个国际互联网电子邮件节点，并于同年 9 月 14 日发出了中国第一封电子邮件，揭开了中国人使用互联网的序幕。

1994 年 4 月，中关村地区教育与科研示范网络工程进入互联网，实现了和 Internet 的 TCP/IP 连接，从而开通了 Internet 全功能服务。从此中国被国际上正式承认为有互联网的国家。之后，Chinanet、CERnet、CSTnet、CHINAGBnet 等多个互联网络项目在全国范围相继启动，互联网开始进入公众生活，并在中国得到了迅速的发展。

中国互联网从 1997 年开始进入快速增长阶段。国内互联网用户数在其后基本保持每半年翻一番的增长速度。中国互联网络信息中心（CNNIC）公布的统计报告显示，截至 2014 年 12 月，我国网民规模达 6.49 亿，互联网普及率为 47.9%；我国 IPv4 地址数量为 3.32 亿，拥有 IPv6 地址 18797 块/32；我国域名总数为 2060 万个，网站总数为 335 万个。

随着越来越多的个人和企业使用互联网，并发现它在通信、资料检索、客户服务等方面的巨大潜力，互联网在中国掀起了一场革命——桌面互联网革命。

桌面互联网革命给全世界信息交流和传播带来了革命性的变化，使人类社会从农业社会、工业社会进入了信息社会。信息成为继土地、能源之后的又一重要战略资源，它的有效开发和充分利用，已经成为社会和经济发展的重要推动力和取得经济发展的重要生产要素，给人类历史带来了一次生产力飞跃，并改变了商业运作模式，改变了人们的生活方式，改变了知识的获取和形成模式。

对个人生活而言，互联网的出现改变了人们的信息获取方式，人们不再仅仅依靠报纸、电视获取信息，通过超文本、超链接技术和搜索引擎技术，人们可以在网络上筛选文字、声音、图像，极大提高了信息获取的速度和准确度；互联网的出现改变了人们的休闲娱乐方式，网络游戏、在线视频等成为人们闲暇时放松的重要工具；互联网的出现改变了人际交往方式，桌面互联网时代，诞生了 QQ、MSN 等即时聊天工具，以及人人网、微博等社交网站，人与人的交往跨越了地域的界限；互联网的出现改变了人们的工作方式，互联网的兴起使得人们可以从事各种基于互联网的工作，网络成为人们开展各项工作的平台，BYOD 等工作方式的出现打破了工作地点对个人工作的限制，扩大了人们的工作范围、工作对象，大大提高了工作效率。

对社会生产而言，互联网带来了生产力质的飞跃。信息可以减小短期的不确定性，从而显著减少生产某一数量的产品所需要的实际资源。在信息获取技术最新的一波革命前，大多数短期商业决策都受到信息传输的内在延迟所造成的不确定性的拖累。由于无法及时了解顾客的需要并确定存货的实时规模和位置，企业通常需要相当多的能源、物料和人力储备才能保证有效运转。由于决策是根据数日乃至数周前的信息制定的，制订生产计划时必须要求预先准备足够多的存货量，才能适应市场需求的不可避免的意外反应并防止误判。在 20 世纪的大多数时间里，存货量的决策划为难点，经常需要对每个项目进行费时费力的计算，而在管理层有足够的信息调整产量前，存货往往已堆积了数周。

如今，公司总裁掌握着存货、应收款和应付款的实时记录，能够对新出现的失衡迅速做出反应。很显然，近年来实时信息的大量增加使企业管理层能够大幅削减安全存货量和计划内的冗员数量。这意味着经济活动需要的物品和人力减少了，而这些富余存货和冗员在一两代人以前，还被认为是维持生产的必要保险措施，但最终大多不能产生真正有价值的结果。

这些进步突出了互联网等信息技术的本质：拓展我们的知识，减少短期的不确定性。其结果是，与各种产业活动有关的风险溢价出现了永久性的下降，并节省了用以维持信息系统的资本的数量。简单地说，互联网使整个经济的小时产出率得以提升，部分原因是减少了用于防范未知和意外事件的工作量。

第二次互联网革命：移动互联网

2000 年之后，尤其是 2007 年 iPhone 诞生以后，互联网已经从桌面互联网开始步入移动互联网的新阶段。在中国，互联网革命的主战场也由桌面互联网向移动互联网升级。

在移动互联网革命阶段，中国已经可以做到与世界先进水平同步，甚至在某些领域推动着全球移动互联网的发展。2001 年 11 月，中国移动开启"移动梦网"创业计划，标志着中国移动互联网的开始。从 2007 年开始，互联网及终端企业相继独立开展移动互联网业务，腾讯、新浪等桌面互联网巨头也开始向移动互联网转型，中国的移动互联网进入快速发展期。近年来，随着 WIFI、3G 无线网、4G LTE 高速无线网的快速发展和智能终端的进一步普及，笔记本、手机、摄像头、传感器、电视、冰箱、汽车等，都将与互联网相连，从而使得几乎每一个物体、每一个人都成为互联网的一部分，全社会开始真正做到万物皆联网。梅特卡夫定律告诉我们，网络的价值与联网用户数量的平方成正比。移动互联网时代，智能手机、平板电脑、智能眼镜、智能手表、智能家居等各种智能终端及物联网传感器将接入无线网络，并连接云计算中心，移动互联网产生的价值将是过去桌面互联网的数十倍。此外，值得强调的是移动互联网并不是对桌面互联网的延伸或补充，它改变了信息和人的二元关系，让人成为信息的一部分，并由此改变了人类社会的各种关系和结构，也因此将引起整个人类生产、生活各个领域的变迁。

（1）随着智能手机和平板电脑的普及，移动互联网已经融入我们生活的方方面面，潜移默化地改变着我们的生活方式。

随着移动应用程序的普及，手机从过去的基本通讯工具，转变为我们最重要的信息获取渠道。人们通过移动智能终端随时随地浏览网页、查询地图、网购、社交，最大限度地利用自己的碎片时间。

（2）随着移动互联网的兴起，行业变得越来越模糊，过去基于传统产业的很多分工界限会被打破。

互联网的两个重要特征就是"去中心化"和"缩短路径"，移动互联网可能使得这一趋势进一步深化，路径的缩短使得信息不对称减少，很多过去依赖于信息不对称存在的中介性服务行业可能会面临被替代的风险。例如，现在旅游中自助旅游的比重越来越高，除了传统团体游的诸多弊端以外，更主要的是移动互联网带来的用户分享的便利性，使得很多对旅游目的地熟悉的人能够在网上分享自己对于景点和食宿地点的评价，从而使得没有去过这些景点的人也能在出发前对旅游目的地的情况了如指掌，从而对传统旅游中介——旅行社和向导的依赖性大大减小，与此同时也催生了在线旅游服务这一新行业。再如，电商的崛起极大地方便了人们的购买，在对传统的零售行业形成巨大冲击的同时，还连带影响了商业地产等一批与零售相关的产业。

另外，产业的变迁也对政府的管理提出了新的挑战，过去政府针对不同行业设置不同的管理机构，面对各种新兴的行业类型，政府应该如何相应地进行管理和设置呢？

（3）分散化和个性化生产的趋势将越来越显著。

移动互联网使得在传统的 B2B、B2C、C2C 几种互联网商业模式之外，兴起了一种全新的 C2B（消费者提出需求，商家响应）模式。生产者和消费者变得模糊，移动互联网给个性化需求提供了可能，消费者不再是产品和服务的被动接受者。

2014 年 3 月 13 日至 14 日，阿里巴巴集团旗下聚划算平台开团 1000 亩土地，打造中国首个互联网定制私人农场。聚划算私人定制农场位于安徽省绩溪县瀛洲镇、伏岭镇的仁里、龙川、湖村三个行政村，三个村的土地均为 5A 级联合国生态示范良田。私人定制农场有 3 种 1 年期套餐，分别是价值 580 元的 1 分地套餐、2400 元的半亩地套餐、4800 元的 1 亩地套餐。农作物产出的内容包含各类蔬菜、大米、菜籽油、水果等。

消费者只要动动鼠标就能买下一块土地当上"地主"。作为地主，用户每个月能够收到土地产出的蔬菜、水果,并免费到当地住宿旅行。有意思的是,用户认购成为农场主之后可以加入"来往扎堆",实时了解作物生长情况。青菜长多高了、有没有被虫子咬,都能一目了然。

此次互联网私人定制农场项目由聚划算和绩溪县联手打造,1000亩地都是绩溪当地的闲散农田。消费者可根据家庭需求自由认购土地位置及面积,决定每月要种什么作物。认购之后,当地农村合作社雇佣专业的老农帮助种植看护,待农作物成熟,当地农民将以每两星期为周期将农产品快递给用户。

而对于当地农户来说,"出租"1亩地,每年则能领到700~800元左右的租金。此外,当地的种田能手还可以被聘请来耕作这些租出去的土地,每个月能领到近3000元的工资。

未来,类似"私人订制农场"这样的定制化生产将在越来越多的领域出现,3D打印等新技术的出现更是使得工业领域的低成本小规模定制化生产成为可能。

(4)社会的资源流动和组织形态可能发生改变。

城市本来就是在工业化进程中为了满足大量工人的生活配套而出现的,当前很多超大城市的规模已经到了环境资源能够承受的极限。对于城市内的居民来说,高房价和交通拥堵也是难以承受的高成本。而高房价和交通拥堵的根源,还是资源过于聚集在城市的核心地带。资源和人的流动是互相关联的,如果未来移动互联在生产领域的应用使得人们能够自主决定工作的时间和地点,那么人们就无须聚集到城市的核心地带去办公,整个资源的流动也会随之改变。同时,移动互联网技术的发展也会使得远程医疗和在线教育得到普及，大城市在医疗和教育资源方面的优势也将被慢慢削弱。长期来看，超大城市的资源特别是土地价格可能受到重大冲击。

第三次互联网革命："互联网+"

随着近几年移动互联网、智能终端和传感器的快速发展，云计算、物联网、移动互联网、大数据等多个新兴产业领域瞬间爆发而起，由桌面互联网、移动互联网、物联网三张基础网络撑起一个云计算大平台，上层衍生出大数据、智慧城市、电子商务、社交网络、O2O 等众多应用和服务，使得互联网的应用已不仅仅局限于信息获取与交换，而是更多地与现实生产生活场景相结合。

李克强总理在两会上将"互联网+"提高至国家战略。"互联网+"是一种以互联网平台为基础，利用信息通信技术实现与各行业的跨界融合，推动产业转型升级，并不断创造出新产品、新业务与新模式，构建连接一切的新生态。"互联网+"将互联网革命提升到了一个新的高度。

（1）"互联网+"不仅仅是一次技术和经济革命，更是一次对全人类社会生产生活的全面改造。

与之前的两次互联网革命相比，"互联网+"不再简单局限于相关信息产业内部，而是与人类生产生活中的各个行业全面融合。例如，"互联网+农业"形成的智慧农业，让农民告别靠天吃饭的命运；"互联网+工业" 提高了制造业的生产效率，提升了传统制造企业的竞争力；
"互联网+民生" 打造的智慧城市，让居民可以更加便利地享受到更高
水平的医疗、教育、交通等服务；"互联网+金融" 后产生的互联网金
融，催生了 P2P 信贷、大数据征信等新的业务模式，提升了传统金融
机构的效率，也推动了中小企业、实体经济的发展。

总的来说，"互联网+" 通过与社会管理、日常消费、生活场景、
生产流程等各个方面协同，减少了政府部门、消费部门、生产部门之
间的资源匹配无效率，推动了整个经济体、全方位的社会转型和发展，
从而对经济生活的各个方面，也对人们的日常生产、生活产生了直接
的、革命性的影响。

首先，"互联网+" 对整个社会的影响从互联网与传统行业的融合
开始。信息要素融入传统行业各个环节中，通过不同环节的信息实时
交换，达到整体效率的提升。最明显的如 "互联网+" 在医疗行业、教
育行业、农业的应用。通过手机端的预约挂号、查看排队人数、下载
检验报告，病患和医院在互联网平台的帮助下实现信息交互、减少不
必要的误解、合理安排时间、减少排队等待的时间，看病难的问题在
一定程度上得到缓解。在教育行业中，"互联网+" 使得之前只能在有
限场合、服务于固定人数的教育资源，通过在线视频的传播，服务于
更多人群；并且脱离了地理空间的限制，大大拓展了优质教育资源的
供给限制。在农业生产方面，农民利用手机就可及时获得天气、洪涝
灾害、病虫防治、农产品价格等信息，降低了农业生产中的风险。

其次，"互联网+" 对传统行业的改造升级呈现出有破有立的特点，
典型案例如电子商务。传统产业参与者依靠互联网，不仅仅与消费者

实现实时的信息交互，而且开始利用积累的数据指导产业链上下游的其他环节，如设计产品、控制库存、交办物流，最终实现了商品与消费者需求的最佳匹配。再比如餐饮、美甲、美容等常见的O2O业态，通过"互联网+"将所有的供需信息在实际发生之前就通过买家和卖家之间的信息互换，达成买卖信息的最佳匹配，从而通过信息的交换实现实体经济的最优化，弥补客流随着时间呈现明显的不均匀分布特性带来的效率损失。从这个意义上说，这些行业通过互联网提前了解到可能的用户数量，特定时间点的特定需求，还可以制定不同时间段的优惠策略，将用户按照各自的需求分配到不同的时间段上，达到实体经济资源的最佳利用。

最后，"互联网+"将对传统行业的业务模式进行重构：新的创造性的力量替代原有的低效的生产组织形式、资源配置方式，成为产品或服务的主要供应者。这方面最典型的是出租车行业，大家可能对滴滴打车和快的打车在2014年初发生的补贴大战还记忆犹新，当时双方不惜斥巨资"请全国人民打车"。由于移动出租车服务具有天然的O2O特征，线上服务和线下对接可以迅速形成闭环，极易受到互联网商业模式的冲击。从Uber、滴滴打车及快的打车的使用情况看，出租车行业正在形成一个客户、车辆拥有者和平台提供者共赢的商业模式。①车辆使用效率得到提升。由于司机可以知道哪里有用车需求以及目的地，空驶率大幅降低。目前每辆北京的出租车日运行约400千米，空驶率达到40%左右。从国际经验来看，通过移动用车应用可以使得车辆的使用效率提升30%～50%，高端用车市场更为明显，效率提升达到3倍以上。②客户服务要求得到满足。在移动用车应用出现之前，客户只能通过扬招或电话的方式叫车，效率并不高。移动用车应用出现后，不仅提高了客户叫车的效率，还可以提供预约用车等定制服务，用户的个性化需求也得到了满足。③平台提供者获得了流量和收益。在提供线上线下融合过程中，平台提供者获得了用户流量，这在互联网世界中是最宝贵的资源。平台可以将流量转化为不同的商业价值，比如租车收入分成、增值服务收益等。

（2）对中国来说，"互联网+"不仅仅只对经济生活产生影响，还会倒逼中国政治体制改革，全面助推中国实现"深化改革"的目标。

近几年，中国出现了经济增速放缓、通货紧缩的困难局面。中央在刺激内需、扩大消费方面支持力度很大，但收效并不明显。学界的判断是：改革失速，中国经济发展失去了原动力。

有关调查表明：由于暴富阶层与相对、绝对被剥夺阶层之间的分化，社会心理与改革初期那种近乎献身的热情形成鲜明对照。人们宁可放慢改革，也不愿加大自己的生活或心理压力，更不要说利益受损了。居民家庭收入差距在进一步拉大，相当一部分家庭呈现减收趋向。支持改革的社会基础正在减弱。过去居民在改革中的普遍受益是以经济的高速持续增长为前提的，而这种持续高速增长的态势很难在今后10几年得到保证。

昔日改革的推进主体——各级政府部门，由于机构改革等原因反过来成为被改革的对象。由于种种原因，权力机构改革难以从根本上奏效，权力不仅不愿意退出市场，而且在某些方面开始与资本加速"合流"。这也是改革失速的重要因素。

渐进式改革无力"破壁"，粗放式增长潜力挖尽。20世纪90年代中期以前，以放权让利等为特征，中央与地方之间、体制内与体制外之间的存量重新分配为经济的增长释放了巨大的能量。然而进入 90 年代后期，改革进入深水区，表层改革始终难以向体制深层突破。上层建筑与经济基础之间的矛盾日益突出。

正是基于这种紧迫的现实情况，中共十八届三中全会就全面深化改革作出总体部署，提出了改革的路线图和时间表，涉及 15 个领域、330 多项较大的改革举措，包括经济、政治、文化、社会、生态文明和党的建设等各个方面。近年来社会各界热议的一些议题，都能从三中全会找到共鸣。习近平总书记告诉外媒记者："改革的进军号已经吹响了。"习近平坦率地表示，中国改革经过 30 多年，容易的、皆大欢喜的改革已经完成了，好吃的肉都吃掉了，剩下的都是难啃的硬骨头。这就要求我们胆子要大、步子要稳，尤其是不能犯颠覆性错误。

但是 1978 年以来的改革实践已经充分证明，不可能等到一切制度彻底调整到位了再去谈发展。无论是所有制结构的变革，还是计划、市场在社会资源配置、财富分配方面主导地位的迁移，都经历了一个从暗处到明处，从边缘到中心，从行为到制度的过程。不能绝对地说制度调整是第一位的，也不能绝对地说新的生产力的发展是第一位的，两者缺一不可。短期内在制度的调整、决策相对滞后的情况下，对制度创新有着天然要求的新的生产力的发展可能从局部首先改变并推动制度创新。制度与以先进技术为代表的新的生产力的发展之间的关系不是对立的，而恰恰是相辅相成的。

马克思主义理论认为，历史上一些重大而又关键的技术进步、生产力飞跃往往会导致生产关系的大幅度甚至根本性的调整。毫无疑问，从促进生产力要素重新配置、产业结构升级，推动生产关系围绕市场、资本、新技术大幅度调整，以及实现国民经济、社会发展的历史转型等意义上讲，网络经济、信息经济就是这样一种生产力。互联网已经成为中国经济改革、社会发展的新动力；下一步，互联网将推动制度变革，生产力的发展将推动生产关系进行调整。

首先，互联网会使现在政府更加透明开放，有利于提高政府的公信力。

2013 年 10 月，国务院办公厅发布《关于进一步加强政府信息公开回应社会关切提升政府公信力的意见》，要求进一步做好政府信息公开工作，增强公开实效，提升政府公信力。同年 11 月召开的党的十八届三中全会出台《中共中央关于全面深化改革若干重大问题的决定》，多处涉及党务政务公开、互联网管理等方面内容，对于运用互联网做好政务信息公开工作，具有深远的指导意义。

政策出台后，从中央到地方，从政务公开到便民服务，政府各级机构积极进驻新媒体平台，微博、微信、移动客户端等新媒体平台成为政府信息公开的重要渠道。截至 2014 年年底，经过新浪平台认证的政务微博达到 130103 个。其中，政务机构官方微博 94164 个、公务人员微博 35939 个。

政府借助官方网站、微博、微信等信息渠道，将信息单向输出变为双向交流互动，政府信息公开的力度不断加大。从 2014 年元旦起，贵州省政府常务会议、全省性重大活动通过政务微博、微信公开"微直播"。辽宁省开设"网络回应人"制度，在政府门户网站建立互动平台，派专人答复公众问题。广东省广州市加大"三公"经费公开力度，成为全国首个实现三级政府"三公"经费信息全面公开的城市。

利用新媒体发展的移动政务，也在打造一个更加人性化的政府形象。上海市嘉定区早在 2013 年就推出了移动政务 APP "掌上嘉定"。"掌上嘉定"除了及时发布政务信息之外，还依托各职能部门，深度整合便民服务的信息资源，客户端涵盖了食品、天气、教育、医疗等十几个领域的二十多项功能。此外，"掌上嘉定"还作为信访受理的入口之一，开拓网络问政的新机制。

而随着中国电子政务和电子党务的发展，广大公民可以十分顺畅地访问各级党政部门的网站，获得党政部门的相关信息，并可以在有些党政部门的电子论坛中发表自己的看法，提出自己的建议，对党政部门的工作进行监督；同时，电子政务和电子党务的发展，使公民通过网络与党政领导人沟通变得比以前方便得多，这就大大削弱了科层制下的等级观念，提高了公民政治沟通和政治参与的能力，激发了参与公民政治的热情。

其次，互联网会在现有制度下提升政府的办事效率，提高政府的执行力。

2015 年 1 月，李克强总理主持召开国务院常务会议，确定指出要规范和改进行政审批措施、提升政府公信力和执行力。会议认为，针对群众反映较多的审批"沉疴"，着力规范和改进行政审批行为，治理"审批难"，是在不断取消和下放审批事项、解决"审批多"基础上，政府自我革命的进一步深化。他还鼓励在行政审批制度改革中强化"互联网思维"。

运用互联网和大数据技术，可实现投资项目在线审批的统一监管，横向联通发展改革、城乡规划、国土资源、环境保护等部门，纵向贯通各级政府，实现网上受理、办理、监管"一条龙"服务，做到全透明、可核查，让信息多跑路、群众少跑腿。例如，安徽省委省政府在全省推建的社会管理信息化系统，通过打通政府十几个部门的数据，就可以使一线的服务窗口从 8～10 个缩减到 2～3 个，办事流程从 10～30 天减少到 1～3 天。深圳福田区的"微改革"从减少老百姓办事的身份证等复印件入手。因为户籍信息等数据都在政府手里，各政府部门数据共享，就省了老百姓无数次复印自己的证件，可直接从库里调用。

互联网的扁平化思维和平台意识，增加了信息传播的路径，改变过去信息传播的一级报一级、上传下达的串联模式为互联网时代的信息并联，所有信息相关方都可及时获取信息，从而让各种政府审批更"透明"，进展到哪个环节，卡在哪个部门一目了然。

最后，互联网将推动政府简政放权，实现政治体制的改革。

互联网是一个典型的复杂网络、生态系统。治理者不应该奢望这个生态是横平竖直、井井有条、按部就班的。生态就像一堆杂草，看似杂乱，但却最有生命力。治理者的目标不应该是把这堆杂草剪成草坪，看上去很有条理、很规矩、很舒服，而只应该去除里面的害虫。只有像杂草样的生长，它们才能长成我们期望的大树，而草坪永远只能是草坪。所以，未来的政府治理应该是一种生态化治理的模式。

按照全球治理委员会 1995 年的定义，治理是指公私机构管理其共同事务的诸多方式的总和；它是使相互冲突的或不同的利益得以调和并且采取联合行动的持续过程。从严格意义上而言，治理与统治的概念不同，统治强调的是政府对公共事务的管理，管理的主体必须是政府；而治理的主体可以是政府也可以是私人机构、社会组织。从管理方式上而言，统治往往采取自上而下的方式对公共事务进行单一准度的管理；而治理则是一个上下互动的过程，强调政府与私人机构、社会组织进行合作、协商、多层互动，实现对公共事务的管理。

生态化治理是在治理概念上的发展，强调的是在一个生态系统中，各个参与者为了维持自身的利益和生态系统的可持续发展，共同参与到治理过程中来。生态化治理包括主体多元、责任分散、机制合作三大部分。

治理主体的多元化：几乎生态圈中所有的主体都分享了治理权力，参与到治理过程中来。从现有的治理情况看，消费者、网商、电子商务平台、第三方治理机构、服务商、相关的政府部门、科研机构以及媒体都成为治理主体，享有了治理权力。

治理责任的分散化：治理主体的多元造成了治理权力的分散化，相应的治理责任也分散化了，承担治理的责任也相应地分散于电子商务平台、消费者、网商、第三方治理机构、政府部门等，这种责任的分散化可能导致治理责任边界模糊。

治理机制的合作化：治理主体的多元化和治理权力的分散化，决定了治理不是某个主体能独立完成的任务，必须依赖于各治理主体形成一个密切合作的机制，也称之为治理机制的合作化。此种合作机制的形成一方面依赖于各主体共享共通的价值观念；另一方面又取决于各主体通过合作关系实现各自的利益追求。

互联网作为一种先进生产力的代表，其进一步的发展已受到了原有基于"工业经济"的生产关系的束缚，具体体现在制度安排上的落后。比如，没有促进信息（数据）的流动与共享的政策；只有 IT 投资预算制度，没有购买云服务的财政支持制度。再比如，在互联网金融、移动医疗等新型领域的监管方面，政府还不能及时地适应技术发展的需要等。

正因为如此，政府治理者更应该顺应生产力发展的需要，转变行政管理模式，简政放权，遵循最小干预原则，实行生态化治理，让市场充分竞争和有效自律。

从桌面互联网革命、移动互联网革命，到现在的"互联网+"，以互联网为代表的信息技术正在不断成熟，其经济性、便利性和性价比越来越高，并作为一种基础设施被广泛应用在数亿人群和各个产业中间，在政治、经济、思想以及文化等诸多层面产生着深远影响。

而随着"互联网+"战略的实施，互联网开始真正从边缘走向中心。在应用方面，继传媒、广告、零售业之后，交通、物流、本地生活服务、批发和产业集群、制造业、农业、金融、房地产等一个一个产业地在线化、数据化。当第三次互联网革命全面完成时，当"互联网+"时代全面到来时，互联网将不仅仅被看作一种连接技术，而将成为一种融入全人类的生存必需品，犹如空气和水，重要而无形。到那时，将不会存在脱离社会经济的网络经济，也不会存在脱离网络经济的经济网络。网络经济将不再是纯粹的虚拟经济，而是虚拟与现实的结合。

第六章

"互联网+"就是中国互联网人的"中国梦"

1994 年 4 月 20 日，NCFC 工程通过美国 Sprint 公司连入互联网的 64K 国际专线开通，实现了与互联网的全功能连接。从此中国被国际上正式承认为第 77 个真正拥有全功能互联网的国家。

21 年以来，中国互联网从无到有，从小到大，从大到强，其发展速度让世界瞩目。截至 2014 年 12 月，中国网民规模达 6.49 亿人，互联网普及率为 47.9%，中国成为世界上网民最多的国家。

现在，互联网已成为中国经济全球崛起的催化剂。互联网开放、分享、透明、民主的特性，能够打破垄断，最大限度保护和激化企业家精神。互联网催化之下爆发的全民互联网思维和全民创业精神，两股力量相辅相成，相互促进，自下而上呼应了改革开放的大潮，助力并成就了中国崛起。2014年，中国互联网经济占GDP比重已达到7%，互联网成为拉动GDP增长的新引擎。

但不同于汽车、机械制造、金融等行业，中国互联网的发展主要由企业家和创业者来推动，官方很少参与介入。正如中科院原副院长胡启恒所言："互联网进入中国，不是八抬大轿抬进来的，而是从羊肠小道走出来的。"虽然中国的互联网人在过去的几十年中付出了艰辛的努力，中国的互联网产业也已取得了世人瞩目的成绩。但是，在部分传统企业、普通民众眼中，互联网依然只是一种工具而已，对自己影响甚微；在部分政府监管机构眼中，互联网对部分传统产业的冲击不利于社会稳定，对部分互联网创新持否定态度。甚至因为国人对互联网商业模式的不理解、政府监管、上市审批制度等原因，大批国内的优秀互联网企业无法在国内A股上市融资，只能远走海外。

2014年2月27日，由国家主席习近平担任组长的中央网络安全和信息化领导小组正式亮相，可以说，这是中国互联网有史以来最重要也是影响最深远的一件大事。领导小组在北京召开的第一次会议中，习近平提出要从国际国内大势出发，总体布局，统筹各方，创新发展，努力把我国建设成为网络强国。

2014年8月18日，国家主席习近平主持召开中央全面深化改革领导小组第四次会议并发表重要讲话，他在讲话中指出要"强化互联网思维"。

中央网络安全和信息化领导小组的成立，表明中国将用举国之力，建设网络空间之强大国家的决心和魄力，同时也标志着中国完成从网络大国到网络强国的制度设计。"互联网+"行动计划的制定，则预示着网络强国战略将进入具体实施阶段，中国将真正步入互联网时代，而中国的互联网人将借此实现各自的"中国梦"。

2012年11月29日，国家主席习近平率新一届领导集体在中国国家博物馆参观"复兴之路"基本陈列时首次提出"中国梦"——"何为中国梦？我以为，实现中华民族的伟大复兴，就是中华民族近代最伟大的中国梦。"此后，在第十二届全国人民代表大会第一次会议上的讲话中，习近平进一步阐述了"实现中国梦必须走中国道路，必须弘扬中国精神，必须凝聚中国力量。中国梦归根到底是人民的梦，必须紧紧依靠人民来实现。"

缔造中国梦、实现中国梦，是中国跨越与民族复兴的首要课题。中国梦有很多种建构之路，互联网之梦自然也是中国梦的一部分。当今社会是信息时代，随着互联网、云计算、大数据等技术的快速发展，大大拓宽了互联网应用的深度和广度，互联网不再是简单的消费品，而是作为重要的生产要素，已渗透到经济、政治、社会、民生、军事、文化各个方面。互联网技术以及随之而来的生产、消费、思维模式等的变革，已经深深地影响和改变着每一个中国人。

有了中央网络安全和信息化领导小组，有了"强化互联网思维"，有了"互联网+"行动计划，对于中国的互联网人来说，"中国梦"就不再只一个梦。

腾讯马化腾认为，在未来"互联网+"社会里，政府与市场各司其职，政府不仅鼓励创新，还提供更好的服务，在保证安全的情况下，给予新事物发展机会和空间。促进互联网与各产业融合创新，需要在技术、标准、政策等多方面实现互联网与传统行业的充分对接，并加强互联网相关基础设施的建立。"互联网+"能与公共服务联系在一起，无论是政府，还是企业，都将在全面拥抱"互联网+"战略中获益！无独有偶，百度董事长李彦宏的梦想则是设立"中国大脑"计划，推动人工智能跨越发展，抢占新一轮科技革命制高点。在未来，互联网不仅会"颠覆"传统产业，更会帮助传统产业提高效率，刺激其发展。

普适计算之父马克·韦泽曾说："最高深的技术是那些令人无法察觉的技术，这些技术不停地把它们自己编织进日常生活，直到你无从发现为止。"而互联网正是这样的技术，它正潜移默化地渗透到我们的生活中来。通过移动互联网、云计算、大数据等技术，"互联网+"将为中国经济注入巨大活力，会让转型中的传统企业更有竞争力，并将以前所未有的开放、平等、多元拥抱每一个中国人的中国梦，也必将为中华民族的伟大复兴保驾护航。

自从李克强总理在两会上提出"互联网+"行动计划之后，政府、传统企业对互联网技术的态度逐渐由"洪水猛兽"转变为"救世良方"。传统行业正在加速与互联网融合，传统企业纷纷与互联网企业展开合作。

2015 年 4 月 13 日，上海市政府与腾讯公司在沪签署战略合作框架协议，双方将发挥各自资源优势，共同推动上海"互联网+"产业发展，提升智慧城市服务水平，营造创新创业良好环境，加快上海建设具有全球影响力的科技创新中心步伐，实现创新驱动发展，经济转型升级。

根据协议，双方将共同推进"互联网+"产业发展，包括在文化、医疗、金融、智能汽车等领域展开深入合作，推动传统产业与互联网的融合，以腾讯上海创业基地为核心，引导优秀互联网创业项目向基地集聚，营造具有上海特色的互联网创新创业生态环境。同时，双方的合作将推进上海政府机构政务微信公众号的建设和发展，拓宽政府信息发布渠道，提升智慧城市服务水平。截至目前，腾讯已开通了 5 座城市的"城市服务"入口，覆盖用户数超过 6000 万，服务市民超过 1100 万人次。

马化腾还受邀登上上海市委常委学习会讲坛，为与会者作了关于《以"互联网+"为驱动、推进经济社会创新发展》的专题辅导报告。他指出，"互联网+"与传统行业渗透融合，可以逐步从替代走向创新和优化，打破信息不对称造成的壁垒，从而形成更多低成本、开放创新、公开透明、精准个性化订制的新型产业与服务，更好实现以人为本。他表示，中国互联网在由ＰＣ端向移动端迅速发展的过程中，已经实现了弯道超车，上海在人才集聚、各行业信息化基础建设、商业氛围、契约精神等方面优势突出，面对"互联网+"时代，上海面临着新的机遇。

2015 年 4 月 16 日，中石化新浪官方微博发声称，正借助阿里巴巴等企业在云计算、大数据方面的技术优势，对部分传统石油化工业务进行升级，打造多业态的商业服务新模式，以给社会公众提供更优质、更便捷的服务。据悉，中石化和阿里巴巴实现云化合作后，可以在此基础上进一步改造生产流程，包括将各类传感器终端设备联通。通过数据联通，生产流程在自动化基础上可以更加智能化，企业可以在生产过程中根据数据进行更快速的反馈和调整。完成基础平台搭建后，中石化的业务重点还包括在客户端实现进一步的数据化运营能力，此前，中石化已经通过支付宝钱包实现加油预付卡充值。而销售业务在混合所有制改革后也有了新业务模式。

2015 年 4 月 17 日，上海通用汽车和阿里汽车事业部宣布签署战略合作协议，双方宣布将在汽车大数据营销、汽车金融、原厂售后 O2O 业务和二手车置换等四大领域展开全方位创新合作，以跨界融合实现优势叠加，为消费者线上选车、买车、用车、养车、换车提供完整生命周期新体验。

2015 年 4 月，绿地集团联合阿里巴巴、中国平安集团推出了绿地地产宝。首款产品于 4 月 13 日在蚂蚁金服的招财宝网络平台和绿地金融全资子公司贵州省绿地金融资产交易所挂牌发行。公开资料显示，绿地地产宝首期上线产品以绿地集团位于江西南昌的棚户区改造项目为基础资产，支持旧城改造，符合国家政策导向，服务民生工程，首期发行总规模为 2 亿元，约定年化收益率 6.4%。除拥有绿地品牌优势外，该产品还由安邦财险提供保证保险，保障本金及收益的到期兑付。绿地金融董事长、总经理耿靖也表示，尽管此次产品的基础资产为绿地旗下的地产项目，但未来绿地地产宝将不仅仅局限于绿地的自有项目，而是要建设成为互联网房地产金融平台，通过产品设计、包装，将社会闲散资金、机构资金与地产项目有效对接，致力于为中小房企提供资金解决方案，同时为社会投资者提供"高收益、低风险"的投资产品。

2015 年 4 月，教育部教育管理信息中心与百度文库联合举办"信息技术与教育教学深度融合典型案例研究"课题一期总结暨二期启动大会，探路"互联网+教育"。通过百度文库独家在线直播，网友与现场观众共同观摩了北京实验二小、台北市立大学附设实验小学及北京润丰学校优秀教师带来的示范课。而早在 2014 年，百度就已经与北京政府展开合作，同智能设备厂商和服务商联手打造了"北京健康云"。北京市相关负责人表示，"北京健康云"也是北京"祥云工程"的重点项目之一。

2015 年 4 月 17 日，京东与富士胶片（中国）投资有限公司共同举行"网络冲印服务上线"新闻发布会，推出了照片冲印、照片书等个性化定制商品和智能照片册"印·相簿"等对接双方优势的产品与服务，共同致力于为用户提供更快捷、更优质的影像冲印服务，让消费者能够更近距离地感受影像文化所具有的独特魅力。用户可以将计算机、智能手机、存储媒介中的照片导入京东"印·相簿"界面，进行照片时段和相册页数选择等操作，最快 3 个步骤、最短 5 分钟，就可完成一本主题相簿的定制。与此同时,它还可以满足用户替换照片、字体、封面色彩、文字评论和插图添加等个性化设计需求。此外,还可通过网络将照片直接上传到京东的线上平台,并直接进行便捷的网络支付,订购实体相册。智能筛选和排版的功能,是"印·相簿"不同于其他线上冲印服务的优势,为用户省去了从海量照片中挑选的时间,让制作相册的过程变得更便捷。

2015 年 1 月,乐视在京正式发布首个全终端智能操作系统——LeUI,包括 EUI 系统、LeUI 系统 Mobile 版、LeUI 系统 TV 版,打通汽车、移动、电视等智能设备。EUI 系统可以实现多点触控、体感动作识别、语音识别等功能。此外,EUI 系统还整合了在线地图导航功能、群组社交功能,并且可以实现全终端的互联网汽车服务,打通手机、汽车、电视等终端,实时违章查询、车况监测、维修保养、人工服务等功能。

2015 年 4 月 20 日,阿斯顿·马丁与乐视在上海车展期间宣布共同启动研发项目,联手推进下一代互联网汽车技术。乐视网信息技术有限公司与阿斯顿·马丁将联手开发一系列技术,旨在为中国和全球市场的阿斯顿·马丁客户带来车载互联网服务以及相关人机交互(HMI)技术。该合作将聚焦于两家企业共同关注的两个方面:第一是人机交互概念的开发在未来在阿斯顿·马丁车型上的应用;第二是关于如何实现信息娱乐服务,例如,导航、音乐播放和车载互联应用等。

显然，这还仅仅只是开始。

对于中国的互联网人来说，随着李克强总理成为中国互联网的"首席推销员"，随着中国"互联网+"行动计划的层层推进，中国互联网人的"中国梦"不再仅仅是一个梦，梦想正在一步一步地变成现实。

AGRICULTURE

BUSINESS

SERVICES

第二部分

"互联网+"可以加什么

INDUSTRY

FINANCE

EVERYONE

EVERYTHING

07

第七章

互联网 + 农业 = 现代化的耕种 +绿色安全的农产品+农民的致富

　　互联网正与传统农业结合得更加紧密，由互联网技术带动的农业升级、农民生活改善，正在为越来越多年轻人打开创业的新空间。"互联网+农业"概念的提出，将给农业带来一场新的变革。"互联网+农业"模式主要以互联网技术为支撑，将信息技术进行综合集成，集感知、传输、控制、作业为一体，将农业的标准化、规范化大大向前推进了一步，不仅节省了人力成本，也提高了品质控制能力，增强了自然风险抗击能力。毋庸置疑，互联网与农业的结合将会打破传统农业的困局，为农业带来崭新的出路，引领农民走向致富之路。

传统农业的困局

· · · · · · · ·

农业现在正经历着由传统农业向都市农业、智慧农业的转变，但传统农业仍然在农业中占有很大比重，而传统农业面临的各种困局阻碍着农业的发展与进步。

（1）传统农业环境问题阻碍着可持续发展。农业的可持续发展，是建立在生态环境可持续发展层面上的，如何解决农业的可持续发展，是可持续发展问题的一个重要方面。国务院常务会议上《全国农业可持续发展规划》的颁布，更加证明了农业可持续发展的重要性。

传统农业只求发展，不重保护，这使得传统农业积累了比较严重的环境问题，出现了土地退化、耕地减少、水源危机、农业环境和农产品污染等重大问题，导致了农业生态环境的破坏，这不仅危害着人类健康，更导致社会的发展出现了极大的滞后。

传统农业不科学、不合理的耕种方式已经成为农业可持续发展的一个重大阻碍，如何改变传统农业的生产方式，如何采用更科学合理的生产方法，成为我们必须思考的一个问题。

（2）粮食与食品安全无法保障。粮食安全战略是国家安全战略的重要组成部分，而食品安全战略则事关百姓日常生活和健康，日益触动人们的神经。中国农业大学食品科学与营养工程学院院长罗云波表示："粮食安全和食品安全之间有着密切联系，而耕地、水资源、气候变化这三个制约粮食安全的因素同样制约着食品安全。"

粮食与食品安全问题已经成为农业发展最大的瓶颈，层出不穷的粮食与食品安全问题给世界人民带来了巨大的烦恼。2013年5月，我国广东发现了大量湖南产的含镉毒大米，曾一度引起轰动，长期食用含镉的食物会引起骨癌病，轻则导致腰、手、脚等关节疼痛，重则引发神经痛、骨痛，甚至导致骨骼软化、萎缩、脊柱变形等症状，造成行动困难。

（3）农产品产销不平衡。农产品产销不平衡是制约农业发展的重要因素，农产品滞销给农民带来了巨大的经济压力，让农民愁容满面，失去了生产的信心和动力。"丰产"却难"丰收"已经成为了农产品生产的一个奇怪现象。

（4）农产品品牌难以树立。品牌是一种无形的资产，是质量和信誉的保证，能为产品带来更大附加值。农产品品牌的树立不同于第二产业或第三产业，有其自身的特性。农产品品牌树立有一定的艰巨性，品牌问题是阻碍农产品扩大影响力的一块绊脚石，这使得我们不得不思考如何才能移除这块巨石，更好地发挥出农产品的影响力。

（5）农村就业发展无吸引力。中国城镇化步伐加快，城市的高工资和便利的生活条件吸引了很多农村成长起来的年轻人的目光，种地的人越来越少，种地面积越来越小，导致大片的土地荒废。相对艰苦的农村就业环境或创业环境打击了年轻人的积极性,而城市的各种便利吸引着他们走向城市,对他们来说,在农村就业或者创业毫无吸引力。

互联网给农业带来的新出路

解决传统农业问题,仅仅依靠互联网是不够的,但是互联网的出现和互联网技术的发展进步却为传统农业面临的困境提供了一些新的思路与方法,这些行之有效的方法必然会为农业带来不同以往的颠覆。

(1)互联网为农业可持续发展提供新思路。随着互联网的飞速发展,我国的农业信息技术无论在信息传播硬件建设方面,还是在农业信息平台和资源建设方面都取得了较大进展,为实现农业的可持续发展发挥了重要作用。据统计,截至 2010 年底,我国拥有的涉农网站已达 20000 多个[1]。另外,国家"863"计划开展了"智能化农业信息技术应用示范工程"、"农业物联网和食品质量安全控制体系研究"等重要研究,还开展了"网络农业"、"精细农业"、"虚拟农业"等的探索研究。在美国、荷兰等发达国家,信息技术在农业上的应用主要包括农业生产经营管理、农业信息获取及处理、农业专家系统、农业系统模拟、农业决策支持系统、农业计算机网络、农业物联网等。随着农

---

[1] 资料来源:网易科技,http://tech.163.com/11/0526/01/74UNDOLH000915BF.html

业部对农业物联网的重视程度越来越高，各地区也纷纷建立了农业物联网应用示范工程和农业物联网区域试验工程，积极引导和推动科研教学单位和相关企业投身农业物联网的技术研发和应用示范，农业物联网在大田作物、设施园艺、畜禽水产、资源环境监测、农产品质量安全监管等行业和领域呈现蓬勃发展的态势。我国的农业也正朝着信息化、智能化方向转型。

（2）互联网给农产品安全提供新保障。"物联网是以互联网为基础，同时通过智能感知、识别技术与普适计算等通信感知技术将物品与互联网连接起来，进行信息交换和通信，以实现智能化识别、定位、跟踪、监控和管理等功能。在美国，80%的大农场已普及农业物联网技术，农场主通过高度自动化的大型农业机械设施，3 个人可完成 1 万英亩的土地管理和玉米收割，效率远远超越人力[2]。借助物联网对作物环境的调节作用，能让粮食蔬菜在质和量上都有所提升，不光高产，而且高质。通过互联网创造透明的供应链体系，从食品领域延伸出来的可追溯系统，是解决食品安全和食品信誉问题的有效工具。通过食品附带的二维码，消费者就可以在手机扫描后看到这个产品的追溯信息，哪里耕种、何时采摘、谁来采摘、包装日期等一应俱全。用互联网技术实现生产过程的全程追溯，再加上质检等权威机构的合作，就可以多方协同创造出真正的透明供应链，让消费者吃得放心。

（3）互联网给农产品销售带来新突破。互联网的发展催生了电子

---

[2] 资料来源：科技日报，2015-03-07009. 织一张从田间到餐桌的网. 记者：马爱平.

商务，而电子商务可以拉近生产者和消费者之间的距离，使农产品不再因为地域原因而滞销。除此之外，电子商务平台可以让生产者的产品直接送达消费者，省去了中间的经销渠道，也使得产品的价格大幅度降低。互联网渠道从根本上改变了生产和销售的关系，更重要的是，营销成本极低，如微博、微信、QQ 及 SNS 等都是免费的资源。任何行业都能够通过互联网直接和消费者建立关系，并以此推销产品。

（4）互联网为农产品品牌树立带来新可能。互联网让品牌的树立变得更加简单，同时也让产品的推广速度更快，能使好的产品有好的口碑，让好的产品有好的销路，让好的产品有更好的认可度。"决不"食品安全工程发起人王义昌说："决不食品标志，作为互联网+农业、移动互联网+农业的开拓者和实现工具，不仅要让农产品更酷、更有附加值、卖得更好，更要通过支持消费者直接监督来实现关键的食品安全！"只要用智能手机扫描相应的"决不食品"标志上的二维码，就能立即打开一个页面，关于产品生产的详细信息就会显示出来，甚至可以观看到作物种植的现场环境，这样就会让消费者买得更放心[3]。"三只松鼠"作为一个互联网坚果零食的品牌，成立仅 1 年，营业额就达到 3 亿元，仅 2013 年的"双十一"就销售 3562 万元，是互联网造就了这个奇迹[4]。

（5）互联网为农村创业带来新契机。由互联网技术带动的农业升

---

[3] 资料来源：中国网，http://science.china.com.cn/2015-03/10/content_7734364.htm

[4] 资料来源：安徽农网，http://www.ahnw.gov.cn/2006nwkx/html/201404/%7B3095DCBE-0D28-46A7-B384-7F54C443A989%7D.shtml

级、农民生活改善，正在为越来越多年轻人打开创业的新空间。大数据的应用，让农场的管理更像一家工厂。互联网+农业，打开的不仅仅是这些城里娃的想象空间，越来越多的农二代也纷纷选择告别城市留在家乡创业。互联网的普及已成为农村发展的最大契机。

走进智慧农业

所谓"智慧农业"就是充分应用现代信息技术成果，集成应用计算机与网络技术、物联网技术、音视频技术、3S 技术、无线通信技术及专家智慧与知识，实现农业可视化远程诊断、远程控制、灾变预警等智能管理。

"智慧农业"是农业生产的高级阶段，是集新兴的互联网、移动互联网、云计算和物联网技术为一体，依托部署在农业生产现场的各种传感节点（环境温/湿度、土壤水分、二氧化碳、图像等传感器）和无线通信网络实现农业生产环境的智能感知、智能预警、智能决策、智能分析、专家在线指导，为农业生产提供精准化种植、可视化管理、智能化决策。

"智慧农业"广泛应用于农业生产环境监控和食品安全、智能农业大棚、农机定位、仓储管理、食品溯源等方面。例如，物联网技术贯穿生产、加工、流通、消费各环节，实现全过程严格控制，使用户可以迅速了解食品的生产环境和过程，为食品供应链提供完全透明的展现，保证向社会提供优质的放心食品，增强用户对食品安全程度的信心，并且保障合法经营者的利益，提升可溯源农产品的品牌效应。

"智慧农业"能够显著提高农业生产经营效率，还能够彻底转变农业生产者和消费者的观念及农业组织体系结构。专家系统和信息化终端成为农业生产者的大脑，指导农业生产经营，改变了单纯依靠经验进行农业生产经营的模式。另外，"智慧农业"将迫使小农生产被市场淘汰，并催生出以大规模农业协会为主体的农业组织体系[5]。在许多国家，发展"智慧农业"已成为一种共识。目前"智慧农业"技术在美国中西部地区和西欧应用最为广泛。

2015年初，中央一号文件再次锁定三农，把农业现代化作为三农工作的重要着力点，提出要"强化农业科技创新驱动作用"，在"智能农业"领域取得突破。在福建省，以移动信息化为主的物联网设施农业就呈现了良好的发展态势。

2013年，借势物联网暖风，中国移动福建公司与当地农业部门、企业合作，在大棚菌类培养、花卉栽培、茶叶种植等福建特色农业领域，因地制宜开发出多样化的农业传感网系统，"靠天农业"也由此实现了向现代农业的智慧转型。目前，中国移动福建公司与漳州市农业局联手打造的"农业无线传感网系统"（见图7-1），已成为漳州南靖杏

---

[5] 资料来源：中国日报网，http://jx.chinadaily.com.cn/2015-04/20/content_20566163.htm

鲍菇种植大户们的"种植能手"，由传感器上传的信息为农业局数据库提供了基础参数，这些信息交由农业专家总结、分析，并最终反馈给种植户，从而帮助更多农户进行标准化、规范化生产[6]。

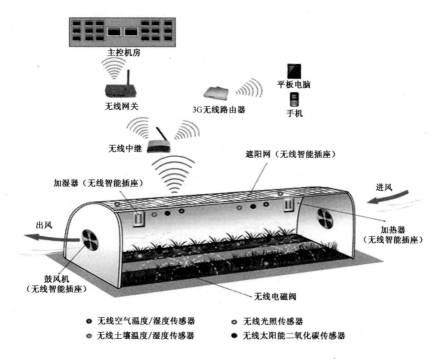

图 7-1　智能化菇房示意

---

[6] 资料来源：中国百科网，http://www.chinabaike.com/t/9509/2015/0320/3105207.html

智慧大田种植

••••••••

农业物联网技术在农业生产方面的具体应用十分广泛，在什么时候施肥、要施多少肥料、选用哪种肥料更合适，以及播种、灌溉、施肥、除草、防治病虫害、收获等农业环节的确定，都可依靠农业物联网技术实现，不劳累而且精确度高。

农业大田种植是遥感技术的最大应用户。我国是农业大国，提高农业管理水平、合理利用资源及确保粮食安全生产均需要遥感技术为政府决策部门提供准确信息。遥感技术可应用于农作物实际播种面积的遥感监测与估算、农作物的长势与产量的遥感监测与估算等方面。

黑龙江七星农场："云数据"改变大田种植[7]

2011年起，黑龙江农垦建三江管理局七星农场开展了基于物联网技术的水稻智能化秧田管理技术应用示范，借助"云数据"中心，建立了水稻智能育秧、水稻智能化水灌溉、农机自动导航等六大系统，实现了大田作物全生育期动态监测预警和生产调度，为农业信息化探路。

---

[7] 资料来源：中国金融信息网，http://news.xinhua08.com/a/20140704/1351465.shtml

正值水稻田间管理的高峰期，在七星农场寒地水稻高科技信息化园区可以看到，稻田缺水了不需要人工操作，安装在田间的水位传感器会自动监测水层深度，通过无线传输设备将采集的数据实时传输给智能灌溉控制系统；系统诊断后，发出的决策指令传输到田间的灌溉控制装置，晒水池内的水就会自动灌入稻田。反之，稻田的水多了，会按照指令自动抽回晒水池。这是七星农场迈进水稻生产"云时代"的一个缩影。

七星农场通过探讨寒地水稻生产信息化的模式和技术规程，综合运用全球卫星定位技术、遥感技术、地理信息技术、智能化农机装备、作物生产智能管理系统等，实现了生产管理的定量化、精确化。

物联网技术提高了水稻育秧的秧田管理水平，有利于培育壮苗，为取得水稻高产打下了基础。农户通过智能手机终端就可以远程实时控制大棚卷帘、通风及微喷浇水，不但节约了水资源，减少了由于大量排水造成的养肥浪费，而且保护了农业生态环境，实现了水稻灌溉的精量化和科学化，有利于农业的可持续发展，对现代化大农业发展具有较强的示范和引领作用。

物联网技术提高了农户指导服务的针对性和实效性，实现了远程专家诊断服务。农户可以远程与专家进行视频互动交流。同时，可以通过互联网，及时发布病虫草害发生趋势及防控措施等信息，提高病虫害防治的针对性和时效性，为农业生产筑起了一道抵御自然灾害和风险的屏障。

智慧畜禽养殖

●●●●●●●●

民以食为天，食以安为先。RFID、条形码等物联网感知技术在追溯体系起着重要和不可替代的作用。智慧畜牧以管理规范和先进技术为复合手段，全程改造健康养殖、安全屠宰、放心流通和绿色消费四个基础作业环节，集成体现科学调控、集约管理思想的企业经营管理与市场保供决策支持系统，提供政企联动可追溯的示范模式。

2008年开始，动物疫病不断增加，疫苗难防问题日益严重，随着空间电场生物效应的发现以及空间电场防疫自动技术的发明，环境安全型畜禽舍的建设成为了集约化畜牧业的建设重点。

为利用现代化高科技发展畜牧业，渭南市目前已完成了百余家养殖场（户）的"智慧畜牧"信息服务体系试点工作，为养殖户在发展养殖方面打造畜牧业综合信息服务"云平台"，提供高科技技术。"智慧畜牧"是通过互联网共享信息资源、信息技术，以养殖全程实时监控、对养殖户远程培训、进行远程疾病诊疗和畜牧网上服务超市等为主要内容的畜牧业信息服务新模式。"智慧畜牧"重点解决现代畜牧业发展过程中存在的养殖户专业化程度低、技术培训和推广难度大、畜牧商品交易信息闭塞、畜产品质量监管难等问题。渭南全市的"智慧畜牧"平台完善后，还将开发食品安全追溯系统、信息化防疫系统、畜牧网上超市等内容。

　　宁波市也通过开发建设宁波市"智慧畜牧业"系统平台进行了有益的应用实践。该平台涉及面广、内容丰富,是一个集全市饲料兽药生产经营、动物诊疗、畜禽养殖生产(免疫、投入品使用、无害化处理)、产地检疫、屠宰检疫和动物疫情应急指挥等信息采集、分析、预警的综合性、多功能应用平台。整个平台围绕动物及动物产品质量安全的有效追溯这条主线,实现畜禽从养殖生产→防疫→检疫→屠宰→流通→消费等环节一环扣一环的实时信息化监管与服务(见图7-2)[8]。

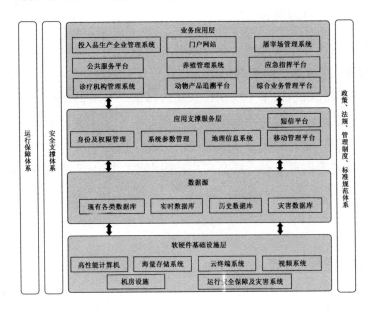

图 7-2 "智慧畜牧业"平台的信息化体系总体架构

8 吴朝芳,王海霞,余全法,洪晓文,麻觉文. 宁波市智慧畜牧业平台开发与应用实践. 浙江农业科学,2014,08:1271-1274.

智慧水产养殖

水产养殖业是一项有特色、有活力、有潜力的基础产业，必须充分利用互联网信息技术促进我国水产养殖业从粗放型经营向集约型经营、智能化经营的转变。

随着水产养殖规模的迅猛发展，水产养殖模式必然向设施化、集约化转变。大规模、高密度的集约化养殖使得管理、控制的难度增大，必须采用现代信息技术手段来提高集约化水产养殖的水平。通过采用信息融合及处理、智能控制、质量安全追溯等技术进行整合，构建水产养殖全程智能控制平台，实现养殖生态、病害防治、精细饲喂、质量安全追溯等信息发布，提高疾病预防水平，减少养殖风险，降低养殖能耗。

智慧农产品物流

与传统工业产品物流相比，农产品物流有四个显著特点[9]。第一，

---

[9] 资料来源：http://www.ywdlkd.com/news/industry/100.html

农产品易腐，商品寿命期短，保鲜困难，要求物流速度快；第二，农产品单位价值较小，数量和品种较多，物流成本相对较高；第三，农产品品质具有差异性，对产品分类技术标准有不同要求，因而，农产品物流一般都存在对农产品进行初步分拣、加工和包装等环节；第四，农产品实物损耗多，价格波动幅度大，对物流储存设施有比较高的要求。

发展农产品现代物流，可以降低农业生产和农产品流通过程中的物流成本，提高农产品流通速度，减少农产品在运输过程中的损耗，降低和杜绝农产品公共安全事件的出现，稳定增加农民收入，有效调控农产品市场价格，保障城市居民"菜篮子"正常供应。目前发展农产品现代物流的重要举措是创新农产品物流的运行模式，进一步加强现代农产品物流的信息体系建设，推进产销衔接，减少流通环节，降低流通成本。

在智慧物流呼声愈来愈强，物流行业信息化不断加快的今天，物流行业正加快应用智慧物流理念，为各行业的快速发展起到带动和铺垫作用而发力。目前在成都、佛山已有基于智慧物流理念的物流信息平台先后建成，发展农产品现代物流的大环境已经诞生。

山东寿光是著名的"蔬菜之乡"[10]，是全国最大的蔬菜供应基地，其交通运输通畅水平直接影响着全国特别是北京等大中城市的蔬菜供应。寿光市交通指挥中心由寿光物流网、CTI 多媒体呼叫中心、GPS 卫星定位系统组成，山东移动为交通物流公共信息平台提供了包括互

---

[10] 资料来源：新华网，http://news.xinhuanet.com/info/2013-10/15/c_132798905.htm

联网专线、语音专线、车务通及"移动 400"等技术支撑。指挥中心通过该平台能够把寿光市的多家物流企业、700 多家配货站、300 多辆出租车、200 多辆城乡公交车、10000 多辆货运车整合到平台上，为车辆提供定位、监控、调度等多种服务。寿光市交通物流公共信息平台"车务通"可监控车辆的运行轨迹、运行速度、乘员情况、所在位置、车辆运行间隔距离等运行状态，能够快速查找、调度目标地点周边车辆，还有具备失物查找、超速报警、车辆遇险报案等功能，大大提高了车辆的运行效率和安全性。

农产品全产业链可追溯

在农产品的质量安全问题上，互联网也体现出了它的强大作用，农产品质量安全监测与可追溯体系正是将互联网信息技术运用到农业上的具体体现，为保障农产品的绿色安全提供了现代化的信息技术支撑。实施农产品可追溯成为农产品国际贸易发展的趋势之一。在国际上，美国、欧盟等发达国家和地区要求出口到当地的部分食品必须具备可追溯性。近年来，农业部作为主管部门，一直在采取各种方式、各种途径推进农产品质量追溯体系建设[11]。

在"从农田到餐桌"的农产品安全全程监管体系中，第一个环节就

---

[11] 陈红华，田志宏. 国内外农产品可追溯系统比较研究. 商场现代化，2007，510：5-6.

是种养殖环节的监测，做好第一步，可以实现从源头保证农产品的质量安全。环境监测指标一般针对土壤、空气和水源，其中土壤中影响农产品质量安全的主要是施用的农药、化肥造成的重金属污染，空气温/湿度的监测可以保证农产品生长条件、改善农产品品质。随着各级政府对农产品质量安全问题的行政监督管理的开展，一方面行政执法、质量安全监测依赖于传统技术（专业监测设备），另一面迫切需要信息化平台的支持，实现"生产—市场—消费"一站式的现代数字化监控。

山东潍坊寿光"大棚管家"让种菜更智能[12]

传统种植过程中对温/湿度等的监控都只能依靠人力，进入温室大棚中看温/湿度计，如果是很多的大棚则会又费时又费力。现在，得益于农业信息化的发展，各种信息化的手段让农民可以从辛劳中解放出来，大棚环境监控系统的成功开发带来了巨大改变。

潍坊寿光是著名的"蔬菜之乡"，中国最主要的蔬菜产地之一，蔬菜播种面积 80 万亩，蔬菜年产量 40 亿公斤，产值 40 亿元，中国（寿光）国际蔬菜科技博览会已经连续举办了 11 届。工业和信息化部信息化推进司副司长秦海在实地考察了"大棚管家"应用后指出，要加大力度夯实基础、创新方式，进一步在农村推广应用现代化信息新技术。据了解，作为农业科技创新的重要组成部分，山东移动已在全省大力推广农业物联网应用，助推现代农业发展，促进农业增产、农民增收。近年来，山东移动充分发挥移动通信的"实时性、个性化、交互性、

---

[12] 资料来源：寿光蔬菜网，http://sg.vegnet.com.cn/News/876179.html

广泛性"优势，积极推进物联网技术在农业领域的应用，推出了"大棚管家"等智能农业管理平台，在手机上能查看到大棚内的温度、湿度、光照等各种数据，使农民能根据数据对大棚进行管理，还能实现自动施肥灌水、自动卷帘、二氧化碳自动释放等，实现了科学化种植，帮助农民实现专业化、精准化的农业生产管理，助力传统农业向现代农业转变。有了这个"大棚管家"，什么时候通风、什么时候灌水都不用农民操心了，不仅能节约用水、用药和化肥，提高蔬菜质量，而且菜农的劳动强度也大大减轻了。

"大棚管家"智能农业管理系统由无线传感器、远程控制终端和信息管理平台组成，具有高度集成、体积小、功能全等优势。通过在大棚内安装传感器，可实时采集大棚内的空气温度和湿度、棚外风速等数据；远程控制终端接收、显示并汇总这些数据，并通过移动网络传到信息管理平台；信息管理平台分析数据，给出相应的农业生产建议，以短信形式发送到农民的手机上；该系统还具备远程诊断功能，农民将有病虫害特征的农作物拿到远程控制终端上的摄像头下进行拍摄后，通过移动网络自动传到信息管理平台，后台专家将提供防治建议，并以电话或短信的形式与农户进行沟通交流，给予相应指导；系统可与大棚现有遮阳网、风机、加湿帘、天窗等设备对接，利用手机远程控制，坐在家里就能实现大棚自动遮阳降温、自动通风、自动加湿等功能。

有了大棚管家，农户可以通过手机监测蔬菜大棚的运行，及时对大棚内的温度、湿度等指标进行调整，从而使农作物始终处在最佳的生长环境之中。

不仅如此，"大棚管家"系统还能根据专家或菜农提前设定的农作物温/湿度指标，对温/湿度进行预警。当大棚内的温/湿度超过或低于设定的标准值时，系统会自动给菜农发送手机告警短信，并提醒菜农进行大棚通风、降温或保暖等措施。"大棚管家"的信息管理平台每天还会早晚两次根据菜农种植的蔬菜种类给予相应的种植建议，以短信的形式发送到菜农的手机上。目前寿光已经有 150 个大棚安装了山东移动的"大棚管家"。

肉类、蔬菜流通追溯体系建设是商务部的"一号工程"，是为解决肉类、蔬菜流通来源追溯难、去向查证难等问题，进一步提高肉菜流通的组织化、信息化水平，增强我国肉类、蔬菜质量安全和供应保障能力而在全国开展的试点工程，目前已经分 5 批将近 60 个城市作为试点城市展开建设工程。消费者可凭小票的追溯码，通过网络、电话、手机和查询机等多种方式，依次查找到肉菜的零售商、批发商、屠宰企业、肉菜来源地等信息；肉菜食品安全问题发生时，监管部门可以通过市级管理平台，在第一时间锁定源头、追踪流向、依法处置，实现"来源可追溯、去向可查证、责任可追究"的目标[13]。

农业电子政务

• • • • • • • •

电子政务是指政府机构运用信息与互联网技术，将政府管理和服

---

[13] 资料来源：商务部肉类蔬菜流通追溯体系建设平台，http://traceability.mofcom. gov.cn/index.html

务职能通过精简、优化、整合、重组后到网上实现，打破时间、空间以及条块的制约，从而加强对政府业务运作的有效监管、提高政府的运作效率，为公众、企业及自身提供一体化的高效、优质、廉洁的管理和服务过程。

随着信息技术和互联网技术的飞速发展，电子政务已成为全球关注的热点。我国是农业大国，农村人口多，在地理分布上十分分散，人均耕地少，生产效率低，抗风险能力差，农产品在国际竞争中处于劣势地位。目前，我国农业正处于由传统农业向现代农业转型时期，对信息的要求高，迫切要求农业生产服务部门能提供及时的指导信息和高效的服务。与传统农业相比，现代农业必须要立足于国情，以产业理论为指导，以持续发展为目标，以市场为导向，依靠信息体系的支撑，广泛应用计算机、网络技术，推动农业科学研究和技术创新，大力发展电子商务，推动农产品营销方式的变革。通过大力发展农业电子政务，农业生产经营者可从农业信息网及时获得生产预测和农产品市场行情信息，从而可实现以市场需求为导向进行生产，增强了生产的目的性和农产品的竞争力。大力发展农业电子政务还可从根本上弥补当前我国农业管理体制的不足，实现各涉农部门信息资源高度共享，共同为农业生产和农村经济发展服务[14]。

浙江省于 2005 年 9 月开始实施"百万农民信箱工程"。5 年时间内，建立了面向"三农"、集电子政务与商务、农技服务、办公交流于

---

[14] 宋建辉. 农业电子政务应用研究. 武汉大学, 2005.

一体的公共服务信息平台，初步构筑起信息真实、诚信可靠、方便实用的网上农民社会。通过农民信箱，广大农民能够快速、便捷、免费获得各种农业技术信息、市场信息和政策信息，有效提高了农民信息意识，提升了防灾抗灾预警能力，加强了政府与群众沟通，促进了农业转型升级和农民增收，深受广大农民群众欢迎。同时，依托"百万农民信箱工程"，浙江省还构建了覆盖省、市、县、乡村的农业信息服务体系[15]。

"农产品电子商务平台"引导农民致富

在互联网的众多发展中，最简单也最迅猛的无疑就是网购。据不完全资料统计，中国目前正在使用互联网的人有 6.5 亿之多，而 2003 年使用互联网的人仅有 0.79 亿，在 11 年间中国的网民数量翻了 11 倍（资料来源：阿里研究院，"互联网+"报告）。在农业经济发展过程中，新引入的"农产品电子商务平台"就是"互联网+"带给农民们的一项"新福利"。

电子商务是指以信息网络技术为手段，以商品交换为中心的商务活动，是传统商业活动各环节的电子化、网络化。

---

[15] 黄苏庆，王焕森，管孝锋. 浙江省农业电子政务的初探. 浙江农业科学，2011(5): 1185-1188.

　　"互联网+农业"的模式可谓是"老树发新芽"。农产品电子商务是指在互联网开放的网络环境下，买卖双方不谋面地进行农产品商贸活动，实现消费者网上购物、商户之间网上交易、在线电子支付及相关综合服务活动的一种新型的商业运营模式。农产品电子商务具有信息化、网络化、交易便捷化等优势，特别是可以减少传统流通中的许多环节。农民能够以合理价格出售农产品，提高收入；消费者能够买到物美价廉、新鲜度更高的产品。

　　什么样的商品适合做成电商呢？主要有以下几类[16]。首先是货值高、售价高的产品，他们更容易做成电子商务平台，因为他们的物流成本占比相对较小，如松茸，容易形成价格优势；其次是具有较强地域特色的产品，如新疆红枣、核桃等，地域品牌知名度及认知度高的产品，也可以做成电商；除此之外，耐储存、易运输的产品，如忻州糯玉米、杂粮等，做成电商也有一定的竞争力；另外，上市周期较长的产品，如吉县苹果，以及保质期短、对储存要求较高的产品适合做O2O同城电商配送。

　　"互联网+农业"为农产品流通、销售以及农业生产管理都带来了不小的影响。以往，农产品销售与流通受商品低附加值、低流通效率等影响，往往很难大规模生产与发展。我国目前的农产品流通、销售模式与特点如表7-1所示。

---

[16] 资料来源：http://news.163.com/15/0324/19/ALGCOMLA00014AED.html

表 7-1 我国主要农产品流通销售模式

模式	渠道关系	商品附加值	物流半径	物流成本	组织程度	流通效率	渠道关系
生产者主导	中间环节少、极不稳定	低	极其有限	高	低	规模较小、效率低	生产者主导
零售商主导	较稳定	较高	有限	较低	较低	较高	零售商主导
批发市场主导	不稳定	较高	大	高	较高	低	批发市场主导
龙头企业主导	契约约束，相对稳定	高	大	较低	产销关系紧密	一般	龙头企业主导

　　如今的互联网为农产品流通重塑了一个流通主体，主体由生产者到消费者，中间经历了经纪人、批发商、服务商以及零售商，稳定了渠道关系，加速了农产品的流通。从阿里平台统计的数据可以看出，2010～2013 年，农产品在阿里平台的销售额增长了 112.15%（见图7-3）。

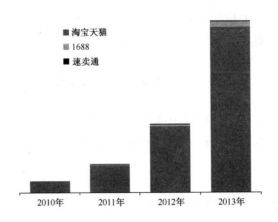

图 7-3 2010～2013 年阿里平台上农产品销售额

而类似阿里、淘宝这样的电商平台，也带动了一大批地区农产品以"土特产"的形式加工、包装以及销售。通过淘宝显示的数据我们可以发现，目前我国绝大多数地区都已经开始进行了针对地区的土特产销售。

广东的番禺地区，其区供销联社积极引导石基供销社探索电子商务发展模式，利用平价商店及配送中心的连锁经营网络，搭建番禺区特色农产品电子商务平台——"百越网购"[17]。以销售"三鲜"农产品及区内的特色农产品为抓手，经过探索逐步建成了以农民专业合作社、农产品配送中心、自营平价商店网点"产—供—销"三位一体的农产品连锁经营网络，实现了"产—供—销"一体化。该平台目前上架商品超过 2800 多种，重点宣传番禺本土特色产品和品牌食品，着力推介农民专业合作社品牌，拓宽了农产品销售渠道，发挥了增收作用。与此同时，为确保产品质量，该平台销售的蔬菜均经过产地及平价商店配送中心双重安全检测，有关数据在网站专栏同步更新，市民可以直接查询每天上架蔬菜的农药残留检测数据。

农产品电子商务——遂昌模式[18]

农产品电子商务浪潮没来之前，遂昌偏安浙西一隅，省里领导很少下来。整个县城的支柱产业有竹炭、造纸、冶金等工业和特色农产

---

[17] 资料来源：搭建特色农产品电子商务平台. 番禺日报. 2015.3.28.
[18] 吴蚊米. 遂昌模式如何让农产品电商平台落地. 创新科技，2014.

品及旅游业。有人说遂昌大米好，因为是高山原生态，没有施化肥；有人说遂昌猪肉、牛肉、鸡肉香甜，因为都是吃农民自己种的谷物长大的；还有人从《舌尖上的中国》了解到遂昌的笋嫩。总之，浙西南山区的遂昌县物产丰富，丽水人都知道。

后来，古老的农耕文明邂逅了激情的农产品电子商务，"生活要想好，赶紧上淘宝"的创意刷墙随处可见。麻将桌上的大妈大婶在讨论秒杀、包邮、淘金币换购。患有小儿麻痹症的青年在村头与遂昌电子商务协会会长潘东明照面的第一句话是：你怎么看今年双十一？在遂昌农家菜馆吃饭时，上菜的厨师会冷不丁地谈起自己对 BAT 大战的看法。一些热爱农业的人自发来到遂昌，推动当地农业电商的线上发展和圈子交流。

赶街网点（本地生活电商服务站）的铺开撬动了巨大的农村市场。遂昌火了，荣誉无数，遂昌已不是传统意义上的农村，因为农产品电商，它有了新名片。

遂昌县不大，五万人口的县城却聚集了几千家网店。2013 年 1 月 8 日，淘宝网全国首个县级馆"特色中国——遂昌馆"开馆。2013 年 10 月，阿里研究中心、社科院发布"遂昌模式"，该模式被认为是中国首个以服务平台为驱动的农产品电子商务模式。

2013 年阿里平台上经营农产品的卖家数量为 39.40 万个。其中，淘宝网（含天猫）卖家为 37.79 万个，B2B 平台上商户约为 1.6 万个。2013 年阿里平台上的农产品销售继续保持快速增长，同比增长

112.15%。1688平台农产品销售量同比增长了301.78%，其中，生鲜相关类目保持了最快的增长率，同比增长194.58%。1688平台2013年农产品的包裹数量达到1.26亿件，增长106.16%。

一切数据都指明，农业电商已呈燎原之势，更上一个台阶。新农人群体崛起，合作社踊跃淘宝开店，农产品电商网站风起云涌，多类农产品在网络热销。与此同时，涉农电商、服务商蓬勃发展。

农产品网络销售有了更多的尝试和创新，在浙江涌现出了"服务驱动型的县域电子商务发展模式——遂昌模式"，而它的核心正是县域农产品电子商务的发展。

遂昌模式到底是什么？具体来说包括两大块：

一是以"协会+公司"的"地方性农产品公共服务平台"、以"农产品电子商务服务商"的定位探索解决农村（农户、合作社、农企）对接市场的问题；二是推出"赶街——新农村农产品电子商务服务站"，以定点定人的方式，在农村实现电子商务代购、生活和农产品售卖、基层品质监督执行等功能，让信息化农村更深入对接和应用。

08

第八章

互联网 + 工业 = "工业互联网"
+中国制造 2025+工业转型升级

中国将"智能制造"作为两化深度融合的主攻方向，其实质是通过互联网与工业深度融合，在新一轮产业革命中抢占未来制造业变革的先机。

事实上，"互联网+工业"等于美国的"工业互联网"+德国的"工业 4.0",这将进一步引领中国制造业向"智能化"转型升级,赋予国家间产业竞争的新内涵。"互联网+工业",除了信息化之外,还将实现制造业上下游合作伙伴的无界限、价值链共享经济下的全民化。"互联网+工业"是"信息共享"+"物理共享",从而开创全新的共享经济,带动大众创业和万众创新。

过去 20 年,互联网是改变社会、改变商业最重要的技术;如今,物联网的出现,让许多物理实体具备感知能力和数据传输的表达能力;未来,随着移动互联网、物联网以及云计算和大数据技术的成熟,生产制造领域将具备收集、传输及处理大数据的高级能力,使制造业形成工业互联网,带动传统制造业的颠覆与重构。

美国大力推行"再工业化"

2008 年金融危机爆发以来,美国经济遭受重创,奥巴马政府于2009 年底启动了"再工业化"发展战略,并于 2009 年 12 月公布了《重振美国制造业框架》;2011 年 6 月和 2012 年 2 月相继启动《先进制造业伙伴计划》和《先进制造业国家战略计划》,并通过积极的工业政策,鼓励制造企业重返美国,旨在通过大力发展国内制造业和促进出口,达到振兴美国国内工业、进而保证经济平稳和保障经济可持续运行的目的。可以说,美国在国际金融危机后提出"再工业化",旨在夺回美国制造业在世界的领先地位。

"再工业化"是相对于"去工业化"而言的。对于"去工业化"，可从两条思路来理解，一条是基于国际分工，一条是基于制造业服务化。从国际分工角度来看，"去工业化"是指由于某一发达国家或地区生产成本的上升，导致其传统制造业和相应的工作机会纷纷转移到其他生产成本更低的国家或地区；从制造业服务化角度来看，"去工业化"意味着发达工业化国家或地区的传统制造业逐渐走向衰落，而通过服务化获得更大效益，从而带来巨大增长。随着发展中国家劳动力成本和管理成本的不断上升，美国一些知名跨国公司相继加入回流大潮，纷纷把生产线转移回国内。通过制造业回归，能够完善国内生产经营环境，降低生产成本，充分利用国内外资金，强化创新能力，改造传统制造业和发展新兴产业，重振制造业体系，增加出口和就业。

"再工业化"，不是传统意义上的制造业回归，而将催生一种新的生产方式，另外，带有定制特征的智能设备被普遍应用将成为一大趋势。美国新形势下"再工业化"战略的提出就是一种基于国家战略层面上的制度创新，是制度创新与技术创新的持续互动过程。通过"再工业化"，一方面，积极深化计算机、汽车、航空以及相配套的机械、电子零部件等现有高端制造业；另一方面，大力发展清洁能源、医疗信息、航天航空、电动汽车、新材料、节能环保等新兴产业，试图带动传统制造业发展，引领世界新一轮产业革命，以确保在 21 世纪持续保持全球竞争优势。

2012 年 3 月，奥巴马提出投资 10 亿美元，创建 15 个"美国国家制造业创新中心网络计划"，以重振美国制造业竞争力。2013 年 1 月，美国总统办公室、美国国家科学技术委员会、美国国家先进制造业项目办公室联合发布《制造业创新中心网络发展规划》。2012 年 8 月以来，美国已经成立了 4 家制造业创新中心，这些中心涉及的相关技术和产业有望成为未来制造业的发展方向。

2014 年 10 月，美国先进制造业联盟发布《振兴美国先进制造业》报告 2.0 版，指出加快创新、保障人才、改善商业环境是振兴美国制造业的三大支柱。随后，美国总统奥巴马宣布新的振兴美国先进制造业的行政措施，大力保障美国先进制造业的发展势头[1]。

"工业互联网"的"软实力"

● ● ● ● ● ● ● ●

"工业互联网"的概念最早是由 GE 于 2012 年提出的，随后 GE 联合另外四家巨头组建了工业互联网联盟（IIC），将这一概念大力推广开来。"工业互联网"的主要含义是，在现实世界中，机器、设备和网络能在更深层次与信息世界的大数据和分析连接在一起，带动工业革命和网络革命两大革命性转变。

---

[1] 资料来源：百度百家. 未来制造业的"关键词". 2014.11.6.

工业互联网联盟的愿景是使各个制造业厂商的设备之间实现数据共享。这就至少要涉及互联网协议、数据存储等技术。而工业互联网联盟成立的目的在于通过制定通用的工业互联网标准，利用互联网激活传统的生产制造过程，促进物理世界和信息世界的融合。

工业互联网基于互联网技术，使制造业的数据流、硬件、软件实现智能交互。未来的制造业中，由智能设备采集大数据之后，利用智能系统的大数据分析工具进行数据挖掘和可视化展现，即可形成“智能决策”，为生产管理提供实时判断参考，并反过来指导生产，优化制造工艺（见图 8-1）。

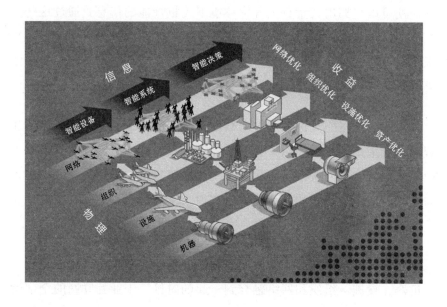

图 8-1　工业互联网的三个维度（图片来源:《GE：工业互联网》）

智能设备可以在机器、设施、组织和网络之间实现共享、促进智能协作，并将产生的数据发送到智能系统。

智能系统包括部署在组织内的机器设备，还包括互联网中广泛互联的软件。随着越来越多的机器设备加入工业互联网，可以进一步实现贯通整个组织和网络的智能设备的协同效应。深度学习是智能系统内机器联网的一个升级。每台机器的操作经验可以聚合为一个信息系统，使得整套机器设备能够不断地自行学习、掌握数据、提高判断能力。以往，在单个的机器设备上，这种深度学习的方式是不可能实现的。例如，从飞机上收集的数据加上航空地理位置、飞行历史记录数据，便可以挖掘出大量有关各种环境下飞机性能的信息。通过这些大数据的挖掘与应用，可以使整个系统更聪明，从而推动一个持续的知识积累过程。当越来越多的智能设备连接到一个智能系统之中后，结果将是系统不断增强并能自主深度学习，从而变得越来越智能化。

工业互联网的关键是通过大数据实现智能决策。当从智能设备和智能系统采集到了足够的大数据时，智能决策其实就已经发生了。工业互联网中，智能决策对于应对系统越来越复杂的机器的互联、设备的互联、组织的互联和庞大的网络来说，十分必要。智能决策就是为了解决系统的复杂性。

当工业互联网的三大要素——智能设备、智能系统、智能决策，与机器、设施、组织和网络融合到一起的时候，工业互联网的全部潜能就会体现出来。生产率提高、生产成本降低和节能减排所带来的效益将带动整个制造业的转型升级。

所以说，"工业互联网"代表了消费互联网向产业互联网的升级，增强了制造业的软实力，使未来制造业向效率更高、制造更精细化发展。互联网技术使得制造业从数字化走向网络化、智能化的同时，传统工业领域的界限也变得越来越模糊，工业和非工业也将渐渐难以区分。

美国互联网巨头向制造业的渗透

除了 GE、IBM、Cisco、Intel、AT&T 成立"工业互联网联盟（IIC）"之外，美国互联网巨头也开始不再满足于传统的互联网经济领域，而是纷纷开始涉足实体制造业。

中央处理器、操作系统、数据库以及云计算等网络平台几乎都由美国掌控霸权。近两年来，谷歌开始进军机器人领域、研发自动驾驶汽车；亚马逊进入手机终端业务，开始实施无人驾驶飞机配送商品……美国互联网巨头正在从"信息"领域加速进入"物理"业务领域（见图 8-2）。

美国在面向大众消费的商品的业务智能化、迎合互联网用户偏好的大数据应用上占世界领先地位。例如，通过网上购物、精准营销的互联网广告等向消费者推销能让消费者感兴趣的书籍，其实就是美国企业利用互联网，搜集消费者上网行为以及偏好数据，通过人工智能方法对数据进行挖掘，才做到了向消费者精准推荐商品的智能商务。目前在商务领域应用互联网、人工智能最广泛的是美国企业。推进智能业务最先进的是亚马逊、谷歌、Facebook 等美国企业。

图 8-2　谷歌正在从"信息"领域加速进入"物理"业务领域

（图片来源：《工业 4.0：最后一次工业革命》）

就在大家认为美国互联网巨头的人工智能和大数据技术只是进一步提升互联网应用的时候，他们却悄然利用人工智能和大数据技术进军到了工业领域。谷歌收购机器人公司，令全球制造业未来充满了变数。谷歌收购策略变化的背后是其对未来发展新的定位和布局，这种改变不仅将给机器人研制和生产带来巨大变化，而且很可能带动未来制造业的变革。

这些业务的延伸，加上谷歌本身互联网技术的优势，使得谷歌完全可以打造一个"智能化现实社会网络"。由人工智能系统管理汽车、家电等人类主要的生活用品，到由机器人进行生产、物流配送和为人们提供各类现实社会服务。这样一来，无疑会大幅提高生产效率、生活效率和社会运转效率。

对于谷歌来讲，其有两方面的优势。一方面，可以从"智能化现实社会网络"获取的大数据中分析出消费者的潜在需求，进而开发出更能迎合消费潜力的产品，也将使其搜索引擎获得更多的广告机会。另一方面，一旦消费者和生产领域对谷歌的智能化服务产生依赖，谷歌就可能实现跨网络世界和物理世界的"主宰"。

美国互联网巨头一旦大规模进军制造业的现实物理世界，必将对制造业市场形成巨大的冲击。

"工业 4.0"是在制造业内植入互联网

2009 年至 2012 年，欧洲深陷债务危机，德国经济却一枝独秀，依然坚挺。德国经济增长的动力来自其基础产业——制造业，制造业维持了德国的国际竞争力。对于德国而言，制造业是传统的经济增长动力，制造业的发展是德国工业增长不可或缺的因素，基于这一共识，德国政府倾力推动进一步的技术创新，其关键词是"工业 4.0"。

在"工业 4.0"中，互联网技术发展正在对传统制造业造成颠覆性、革命性的冲击。网络技术的广泛应用，可以实时感知、监控生产过程中产生的海量数据，实现生产系统的智能分析和决策，使智能生产、网络协同制造、大规模个性化制造成为生产方式变革的方向。"工业4.0"所描绘的未来的制造业将建立在以互联网和信息技术为基础的互动平台之上，更为科学地整合更多的生产要素，工业生产变得更加自动化、网络化、智能化，而生产制造个性化、定制化将成为新常态。

新一代信息通信技术的发展，催生了移动互联网、大数据、云计算、工业可编程控制器等的创新和应用，推动了制造业生产方式和发展模式的深刻变革。在这一过程中，尽管德国拥有世界一流的机器设备和装备制造业，尤其在嵌入式系统和自动化工程领域更是处于领军地位，但德国工业面临的挑战及其相对弱项也显而易见。一方面，机械设备领域的全球竞争日趋激烈，不仅美国积极重振制造业，亚洲的机械设备制造商也正在奋起直追，直接威胁着德国制造商在全球市场的地位。另一方面，互联网技术是德国工业的相对弱项。为了保持作为全球领先的装备制造供应商以及其在嵌入式系统领域的优势，面对新一轮技术革命的挑战，德国推出了"工业4.0"战略，其目的就是充分发挥德国的制造业基础及传统优势，大力推动物联网和服务互联网技术在制造业领域的应用，形成信息物理系统（Cyber-Physical System，CPS），以便在向未来制造业迈进的过程中先发制人，与美国争夺新一轮工业革命的话语权。

实施"工业4.0"战略是积极应对新一轮工业革命、争夺国际竞争力和话语权的重要举措。为此，德国的"工业4.0"战略详尽描绘了信息物理系统（CPS）的概念。德国希望利用该系统，开创新的制造方式，通过传感器物联网紧密连接物理现实世界，将网络空间的高级计算能力有效运用于现实世界中，从而实现"智能工厂"，使得在生产制造过程中，设计、开发、生产有关的所有数据可通过传感器采集并进行分析，形成可自律操作的智能生产系统。

从某种意义上说，"工业 4.0"是德国希望阻止互联网技术不断融入制造业之后，使得制造业失去其支配地位而制定为发展计划。一旦制造业各个环节都被云计算接管，那么制造业还是制造业吗？所以，"工业 4.0"希望用"信息物理系统"升级"智能工厂"中的"生产设备"，使"生产设备"因"信息物理系统"而获得智能，使工厂成为一个实现自律分散型系统的"智能工厂"。那时，云计算不过是制造业中的一个使用对象，不会成为掌控生产制造的中枢神经。

在德国，"工业 4.0"被认为是以智能制造为主导的第四次工业革命，旨在通过深度应用信息技术和网络物理系统等技术手段，将制造业向智能化转型。与美国的第三次工业革命的说法不同，德国"工业 4.0"认为，在制造业领域，要将各种资源、信息、物品和人融合在一起，使得互联网的众多 CPS 系统共同组成"工业 4.0"。CPS 系统包括智能设备、数据存储系统和生产制造业务流程管理系统，从生产原材料采购到产品出厂，整个生产制造和物流管理过程，都基于信息技术实现数字化、可视化。

制造业内植入互联网，是互联网的深度应用，具有无界限、全民化、信息化、传播速度快等特性，可创新制造模式、整合生产资源、提升生产效率，从而促进制造业的转型升级。德国"工业 4.0"是制造业互联网化的一个体现。具体而言，是在"智能工厂"以"智能生产"

方式制造"智能产品",整个过程贯穿以"网络协同"[2]。

"工业 3.0"与"工业 4.0"有哪些不同

"工业 4.0"时代的智能化,是在"工业 3.0"时代的自动化技术和架构的基础上,实现从集中式中央控制向分散式增强控制的生产模式的转变,利用传感器和互联网让生产设备互联,从而形成一个可以柔性生产的、满足个性化需求的大批量生产模式。

20 世纪 70 年代后期,自动控制系统开始用于生产制造各环节。此后,许多工厂都在不断探索如何提高生产效率、如何提高生产质量以及如何改进生产的灵活性。一些工厂从机械制造的角度提出了机电一体化、管控一体化。机电一体化实现了流水线工艺、按顺序操作,为大批量生产提供了技术保障,提高了生产效率;管控一体化基于中央控制实现了集中管理,在一定程度上节约了生产制造的成本,提高了生产质量。但是,两者都无法解决生产制造的灵活性问题。

如今,信息技术、计算机和通信技术的飞跃式发展,人们对产品需求的不断变化,使得灵活性进一步成为生产制造领域面临的最大挑

---

[2] 王喜文. 工业 4.0:最后一次工业革命. 北京:电子工业出版社,2014.

战。具体而言，由于技术的迅猛发展，产品更新换代频繁，产品的生命周期越来越短。对于制造业工厂来说，既要考虑产品更新换代的快速响应能力，又要考虑因生命周期缩短而减少产品批量。伴随上述顾虑而来的是成本提升和价格压力的问题。

"工业 4.0"则让生产灵活性的挑战成为新的机遇，将现有的自动化技术通过与迅速发展的互联网、物联网等信息技术相融合解决了柔性化生产问题。

从"工业 3.0"时代的单一种类产品的大规模生产，到"工业 4.0"时代的多个种类产品的大规模定制，既满足了个性化需要，又获得了大规模生产的成本优势。所以，"工业 4.0"和"工业 3.0"的主要差别体现在了灵活性上（见图 8-3）。"工业 4.0"基于标准模块，加上针对客户的个性化需求，通过动态配置的单元式生产，实现了规模化，满足了个性化需求。同时，大规模定制从过去落后的面向库存生产模式转变为面向订单生产模式，在一定程度上缩短了交货期，并能够大幅度降低库存，甚至零库存运行。在生产制造领域，需求推动新一轮的生产制造革命以及技术与解决方案的创新。对产品的差异化需求，正促使生产制造业加速发布设计和推出产品。正因为人们对个性化需求的日益增强，当技术与市场环境成熟时，此前为提高生产效率、降低产品成本的规模化、复制化生产方式也将随之发生改变。所以"工业4.0"是工业制造业的技术转型，是一次全新的工业变革。

"个性化"是有针对性的、量身定制的代名词；"规模化"意味着大批量、重复生产。"工业 4.0"时代的智能制造就是让"个性化"和

"规模化"这两个在工业生产中相互矛盾的概念，以相互融合的生产方式，通过互联网技术手段让供应链上的各个环节更加紧密联系、高效协作，使得个性化产品能够以高效率的批量化方式生产，也就是大规模定制生产。

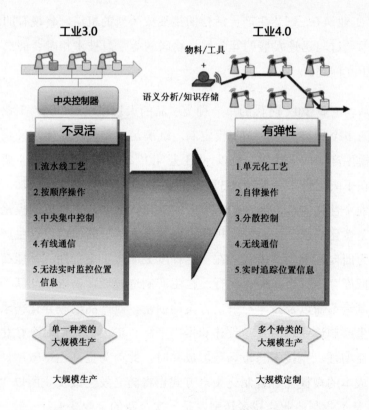

图 8-3   "工业 3.0"与"工业 4.0"的对比

（图片来源：《工业 4.0：最后一次工业革命》）

通过比较可以看出，大规模定制既保留了大规模生产的低成本和高速度，又具有定制生产的灵活性，将工业化和个性化完美结合在了一起。大规模定制生产也是企业参与竞争的新方法，是制造业企业获得成功的一种新的思维模式。大规模定制以顾客愿意支付的价位和能获得一定利润的成本为前提，来高效率地进行产品定制，满足顾客的个性化需要，大规模定制生产的优势如图8-4所示。

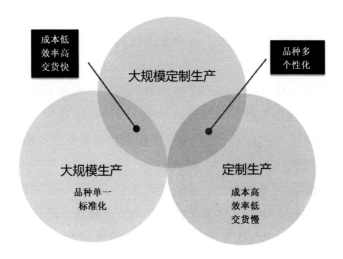

图8-4　大规模定制生产的优势（图片来源：《工业4.0：最后一次工业革命》）

定制产品由于更接近个性化需求，所以比标准化产品有更大的价值空间。此外，大规模定制生产通过互联网，使供应商、制造商、经销商以及顾客之间的关系更加紧密。借助互联网和电子商务平台进行大规模定制也可以实现消费者、经销商和制造商等多方的"满意"与

"共赢"。

"工业 4.0"通过 CPS 系统将不同设备通过数据交互连接到一起，让工厂内部、外部构成一个整体。而这种"一体化"其实是为了实现生产制造的"分散化"。在"工业 4.0"中，生产模式将"由集中式中央控制向分散式增强控制"转变，"分散化"后的生产将变得比流水线的自动化方式更加灵活。

更好地满足个性化需求、提高生产线的柔性是制造业长期追求的目标，而实现大规模定制，需要的是动态配置的生产方式。"工业 4.0"描绘的智能工厂中，固定的生产线概念消失了，采取了动态、有机、重新构成的模块化生产方式。例如，生产模块可以视为一个"信息物理系统（CPS）"，正在进行装配的汽车能够自律地在生产模块间穿梭，接受所需的装配作业。其中，如果生产、零部件供给环节出现瓶颈，CPS 能够及时调度其他车型的生产资源或者零部件，继续进行生产。也就是说，为每个车型自律地选择适合的生产模块，进行动态的装配作业。在这种动态配置的生产方式下，可以发挥出 MES 原本的综合管理功能，能够动态管理设计、装配、测试等整个生产流程，既保证了生产设备的运转效率，又可以使生产种类实现多样化[3]。

---

[3] 王喜文. 工业 4.0：最后一次工业革命. 北京：电子工业出版社，2014.

"工业 4.0" 能实现什么

自动化只是单纯的控制，智能化则是在控制的基础上，通过物联网传感器采集海量生产数据，通过互联网汇集到云计算数据中心，然后通过信息管理系统对大数据进行分析、挖掘，从而制定出正确的决策。这些决策附加给自动化设备的是"智能"，从而提高了生产灵活性和资源利用率，增强了顾客与商业合作伙伴之间的紧密关联度，并提升了工业生产的商业价值。"工业 4.0"可实现的智能如图 8-5 所示。

图 8-5 "工业 4.0" 可实现的智能示意

（图片来源：《工业 4.0（图解版）：通向未来工业的德国制造 2025》）

生产智能化

全球化分工使得各项生产要素加速流动，市场趋势变化和产品个性化需求对工厂的生产响应时间和柔性化生产能力提出了更高的要求。"工业 4.0"时代，生产智能化通过基于信息化的机械、知识、管理和技能等多种要素的有机结合，在着手生产制造之前，就按照交货期、生产数量、优先级、工厂现有资源（人员、设备、物料）的有限生产能力，自动制订出科学的生产计划。从而，提高了生产效率，实现了生产成本的大幅下降，丰富了产品多样性，缩短了新产品开发周期，最终实现了工厂运营的全面优化变革。

传统制造业时代，材料、能源和信息是工厂生产的三个要素（见图 8-6）。传统制造业发展的历史，就是工厂利用材料、能源和信息进行物质生产的历史。材料、能源和信息领域的任何技术革命必然导致生产方式的革命和生产力的飞跃发展。但是，随着移动互联网和云计算、大数据技术的发展，紧跟计算机到智能手机等移动终端的演进，越来越多功能强大的智能设备以无线方式实现了与互联网或设备之间的互联。由此衍生出物联网、服务互联网和数据网，推动着物理世界和信息世界以信息物理系统（CPS）的方式相融合。也可以说，是这种技术进步使得制造业领域实现了资源、信息、物品、设备和人的互通互联。

通过移动互联网、云计算、大数据这些新的互联网技术，和以前的自动化的技术结合在一起，生产工序实现纵向系统上的融合，生产设备和设备之间、工人与设备之间的合作，把整个工厂内部连接起来，形成信息物理系统。该系统内部各要素相互之间可以合作、可以响应，能够开展个性化的生产制造，可以调整产品的生产率，还可以调整利用资源的多少、大小，从而采用最节约资源的方式。

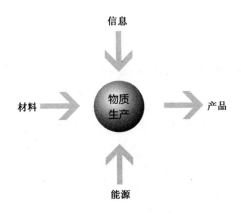

图 8-6 传统物质生产的要素

（图片来源：《工业 4.0：最后一次工业革命》）

"工业 4.0"时代，在智能工厂中，CRM（Customer Relationship Management，客户关系管理）、PDM（Product Data Management，产品数据管理）、SCM（Supply Chain Management，供应链管理）等软件管理系统可能都将互联（见图 8-7）。届时，接到顾客订单后的一瞬间，工厂就会立即自动地向原材料供应商采购原材料。原材料到货后，将被赋予数据，"这是给某某客户生产的某某产品的某某工艺中的原材料"，使"原材料"带有信息。带有信息的原材料也就意味着拥有自己的用途或目的地。在生产过程中，当原材料一旦被错误配送到其他生产线，它就会通过与生产设备开展"对话"，返回属于自己的正确的生产线；如果，生产机器之间的原材料不够用，同样，生产机器也可以向订单系统进行"交涉"，来增加原材料数量；最终，即便是原材料嵌入到产品内之后，由于它还保存着路径流程信息，将会很容易实现追踪溯源[4]。

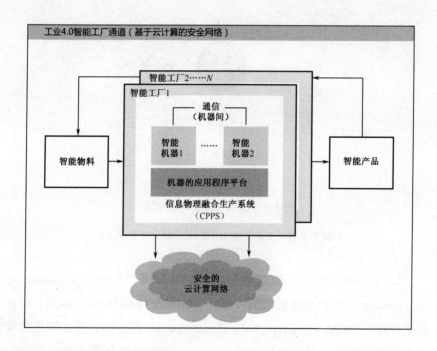

图 8-7 "工业 4.0"的智能生产（图片来源：《德国工业 4.0 最终报告》）

---

[4] 王喜文. 工业 4.0：最后一次工业革命. 北京：电子工业出版社，2014.

设备智能化

在未来的智能工厂中，每个生产环节清晰可见、高度透明，整个车间有序且高效运转。在"工业 4.0"中，自动化设备在原有控制功能的基础上，附加一定新功能，就可以实现产品生命周期管理、安全性、可追踪性与节能性等智能化要求。这些为生产设备添加的新功能是指通过为生产线配置众多传感器，让设备具有感知能力，将所感知的信息通过无线网络传送到云计算数据中心，通过大数据分析决策进一步使得自动化设备具有自律管理的智能功能，从而实现设备智能化。

在"工业 4.0"中，生产线、生产设备上配备的传感器能够实时抓取数据，然后经过无线通信连接互联网，传输数据，对生产本身进行实时的监控。设备传感和控制层的数据与企业信息系统融合形成了信息物理系统（CPS），使得生产大数据传到云计算数据中心进行存储、分析，形成决策并反过来指导设备运转。设备的智能化直接决定了"工业 4.0"所要求的智能生产水平。

能源管理智能化

近年来，环境问题和节能减排已成为制造业最重视的课题之一。许多制造业都已经开始应用信息技术对生产能耗进行管理，以最具经济效益的方式，部署工业节能减排与综合利用的智能化系统架构，从资源、原材料、研发设计、生产制造到废弃物回收再利用进行系统管理，形成绿色产品生命周期管理的循环。

供应链管理智能化

在传统的制造业生产模式中，无论是工厂还是供应商，都需要为制造业的零部件或原材料的库存付出一定的成本支出，由于供应商和工厂之间的信息不对称和非自动的信息交换，生产的模式只能采用按计划或按库存生产的模式，灵活性和效率都受到了约束。

供应链管理（SCM）系统应运而生。它是随着 20 世纪 90 年代信息技术特别是互联网的发展，在全球制造业出现企业经营集团化和国际化的形势下提出的新型管理模式。供应链管理是对由供应商、制造商、分销商直至最终顾客构成的供应链系统中的物流、信息流、资金流进行计划协调、控制和优化，旨在降低总成本的同时，提高服务水平的一种先进的管理模式。

"工业 4.0"时代，复杂的制造系统在一定程度上也加速了产业组织结构的转型。传统的大型企业集团掌控的供应链主导型将向产业生态型演变，平台技术以及平台型企业将在产业生态中展现出更多的作用。因此，企业竞争战略的重点将不再是做大规模，而将是发展智能化的供应链管理，并使其在不断变化的动态环境中获得和保持动态的供需协调能力[5]。

实现上述四个智能化体现了"工业 4.0"的宏大愿景。"工业 4.0"

---

[5] 王喜文. 工业 4.0：最后一次工业革命. 北京：电子工业出版社，2014.

认为实现上述四个智能化其实是一个简单的概念：将大量的人员、信息管理系统、自动化生产设备等物体融入到信息物理系统（CPS）中，在制造系统中，利用产生的数据为企业服务，协同企业的生产和运营。

“互联网+工业”告别微笑曲线

无论是德国的“工业 4.0”，还是美国的“工业互联网”，其实质与中国工业和信息化部推广的“两化融合”战略大同小异。在某种程度上而言，新一轮工业革命或许对于中国制造业是一个很好的机会，也可能是中国制造业转型升级的一个重要机遇。

制造业是国家经济的命脉。没有强大的制造业，一个国家将无法实现经济快速、健康、稳定的发展，劳动就业问题将日趋凸显，人民生活水平难以普遍提高，国家稳定和安全将受到威胁，信息化、现代化将失去坚实基础。分析目前美国的产业结构，尽管服务业对国民经济贡献的比例很高，但制造业对国民生产总值的直接贡献始终超过 20%，拉动经济增长率 40%。日本政府也认为，日本的高速经济增长是以制造业为核心进行的。可以说，制造业对于一个国家现代化建设具有不可替代的重要地位和作用。

由于缺乏自主品牌、缺少知名品牌，2009 年统计数据显示，我国 90% 左右的出口商品属于代工生产或者贴牌生产，产品增加值只相当于日本的 4.37%、美国的 4.38%、德国的 5.56%。

2011 年底，美国学者发布了一份名为《捕捉 Apple 全球供应网络利润》的报告，其中针对 iPhone 手机利润分配的研究显示，2010 年 Apple 公司每卖出一台 iPhone，就独占其中 58.5% 的利润；除去主要原料供应地占的利润分成，其他利润分配依次是：未归类项目占 4.4%，非中国劳工占 3.5%，Apple 公司以外的美国从业者获得 2.4%，中国大陆劳工获得 1.8%，欧洲获得 1.8%，日本和中国台湾各获得 0.5%（见图 8-8）。正因为在价值链中没有技术含量可言，中国劳工尽管付出强劳动力，其背后的获得却是最底层的、少之又少的微薄利润。

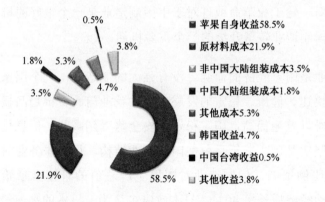

图 8-8　iPhone 手机利润的分配构成

（数据出处:《捕捉 Apple 全球供应网络利润》, 2011）

传统工业化的技术特征是利用机械化、电气化和自动化，实现大规模生产和批量销售。在当前复杂的国际竞争和国内环境下，为提升我国制造业在全球产业价值链中的地位，解决制造业大而不强的问题，必须从传统生产方式向智能化生产方式转变。

现代工业化的技术特征，除了物理系统（机械化、电气化、自动化）之外，还要通过融合信息系统（计算机化、信息化、网络化），最终实现信息物理系统（智能化）。"互联网+工业"将有效推动中国制造业向智能化发展，存在着巨大的空间和潜力。

提到中国制造业不得不提微笑曲线。微笑曲线是宏碁集团创办人施振荣于 1992 年提出的著名商业理论，因其较为贴切地诠释了工业化生产模式中的产业分工问题而备受业界认可，已经成为诸多企业的发展哲学。

微笑曲线将一条产业链分为三个区间，即研发与设计、生产与制造、营销与服务，其中生产与制造环节总是产业链上的低利润环节。于是，生产与制造环节的厂商不断地追求有朝一日能够走向研发与设计和品牌与营销两端（见图 8-9）。而在国际产业分工体系中，发达国家的企业往往占据着研发与设计、营销与服务的产业链高端位置，发展中国家的厂商则被挤压在低利润区的生产与制造环节。在国际产业分工体系中走向产业链高端位置，向微笑曲线两端延伸，已成为发展中国家的制造厂商们可望而不可及的顶级目标。

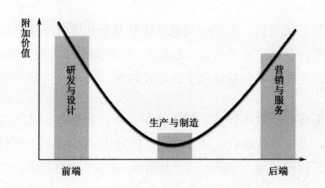

图 8-9 微笑曲线（图片来源《工业 4.0：最后一次工业革命》：）

　　如图 8-9 所示，在产业链中，附加值更多体现在两端，即研发与设计、营销与服务，而处于中间环节的生产与制造附环节加值最低。就全球产业链来看，尽管"中国制造"铺天盖地，但是，中国制造大多是处于"微笑曲线"中间区域的生产与制造环节，投入大量的劳动力，却获得少得可怜的利润。

　　以往，企业以大规模生产、批量销售为特征，通过规模化生产，提供标准化产品，获取行业平均利润，各企业按其所处研发与设计、生产与制造、营销与服务的产业分工位置分享利润。处于"微笑曲线"两端的研发与设计、营销与服务是利润相对丰厚的区域，盈利模式通常具有较好的持续性。处于"微笑曲线"中间底部区域的生产与制造只能无奈地维系相对较少的利润；而且由于技术含量低，进入门槛也相对较低，致使竞争更为激烈，可替代性强，从而又进一步挤压了利润空间。

　　因此，停留在"微笑曲线"的底部，并非制造业的长久之计，制造业升级转型刻不容缓。首先，中国的资源环境正在发生变化。除了高能耗带来的环境恶化难以为继之外，随着人口红利的消退，中国劳动力资源将不像往昔那么有竞争力。其次，劳动力成本的上升使得在中国生产制造的吸引力在不断下降。例如，富士康开始在越南投资建厂，阿迪达斯和耐克也已将主要工厂从中国迁往东南亚地区。也就是说，中国制造业的"微薄利润"甚至很难维持下去。面对制造业越来越严峻的竞争局面，中国制造业转型升级已经迫在眉睫。

　　但是，中国制造业想要走出"微笑曲线"的底部区域绝非一夕之功。以往的思路认为，想要摆脱传统制造业的低附加值境地，就必须向"微笑曲线"的研发和服务这两端延伸，通过高新技术实现产业升级和发展制造业周边服务业是必经之路。从产业层面来看，研究与设计环节意味着发展高新技术产业，营销与服务环节则是要提高制造业周边服务业的比重。但是，这一过程会遇到诸多挑战，既不能实质性地走出微笑曲线的底部，也不能短期内走出微笑曲线的底部。

　　但是，"互联网+工业"时代，我们不用再纠缠这个难题了。因为，制造业传统意义上的价值创造和分配模式正在发生转变，借助互联网平台，企业、客户及利益相关方纷纷参与到价值创造、价值传递及价值实现等生产制造的各个环节。因为 "互联网+工业"不仅仅是"信息共享"，还将广泛开展"物理共享"，从而形成新的价值创造、分享模式，开创全新的共享经济，带动大众创业和万众创新（见图 8-10）。

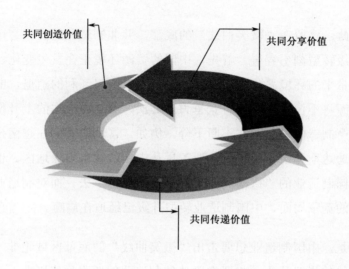

共同创造价值

共同分享价值

共同传递价值

图 8-10　新的价值创造和分享经济模式

（图片来源：《工业 4.0：最后一次工业革命》）

　　未来的工业体系将更多地通过互联网技术，以网络协同模式开展工业生产，以开发能够完全适应生产的产品。这种适应性将使企业在面对客户的需求变化时，能迅速、轻松地做出响应，并保证其生产具有竞争力，满足客户的个性化需求。制造业企业将不再自上而下地控制生产，不再从事单独的设计与研发环节，不再从事单独的生产与制造环节，也不再从事单独的营销与服务环节。与之对应的是，制造业企业从顾客需求开始，到接受订单、寻求生产合作、采购原材料、共同进行产品设计、制定生产计划，再到付诸生产，整个环节都通过网络连接在一起，彼此相互沟通，而信息会沿着原材料传递，指示必要的生产步骤，从而确保最终产品满足客户的特定需求。这种生产制造的灵活程度无疑代表着制造业未来的发展方向，也预示着全球制造行业将迎来技术升级的激烈竞争。

更主要的是，伴随着社会生活的日益多元化，消费者的消费意识更加个性化。无论是研发与设计、生产与制造，还是营销与服务都必须以满足消费者需求为出发点和归宿点，消费者体验式的参与彻底颠覆了传统生产的垂直分工体系，"微笑曲线"的理论基础将不复存在。

在"微笑曲线"理论的分工模式下，企业通过规模化生产、流程化管理，提供低成本的标准化产品，获取竞争优势，企业的规模和实力发挥着决定性作用。而在"互联网+工业"模式下，企业、客户及各利益方通过互联网，广泛地、深度地参与到价值创造、价值传递、价值实现等环节，客户得到个性化产品、定制化服务，企业获得利润。

Apple 的 iPhone 是一个值得借鉴的成功案例。iPhone 手机的系列产品包装内一如既往地写着，"Designed by Apple in California，Assembled in China"。意即"Apple 是在美国本土西部太平洋沿岸的加州进行产品研发与设计，在中国实施的产品组装"。但是，除了很少一部分零部件外，Apple 其他的大多零部件都不是 Apple 公司生产的，这已经不是一个秘密了。Apple 公司对全球各类优秀零部件供应商的产品进行了组合，生产出了 iPhone、iPad。所以，iPhone 是"中国制造"吗？是"美国制造"吗？显然都不是。据日本媒体报道，iPhone6 中，摄像头由索尼供货，液晶面板由夏普供货，高频零部件由村田制作所或 TDK 供货，LED 背光模块由美蓓亚等日本企业供货，只不过组装过程是由位于中国境内的富士康公司来完成的。

也就是说，随着"互联网+工业"的发展，价值链中的各个环节将共同创造价值、共同传递价值、共同分享价值。

共同创造价值。基于互联网，工业体系通过生产管理网络化和生产系统智能化水平的提升，构建基于顾客需求的生产组织体系，将大规模制造的高效率和手工作坊的个性化有机融合，推动生产流程的重新设计，组织模式的重新解构，形成大规模定制生产，创造价值。

共同传递价值。互联网使得制造业正在突破价值传递环节的时间和空间束缚，减少更多的中间环节，实现人力、物品、信息、资金等资源的无缝连接，使得信息世界和物理世界完美融合。

共同分享价值。社交网络使客户关系从"产品购买"变为"共同设计"，从"一次性购买"变为"多次互动"。在此背景下，制造业企业通过有效互动，能够实时掌握市场需求变化、快速实现产品更新换代，让顾客全方位、多角度、体验式参与，从而最大限度地实现潜在商业价值。

这样一来，"互联网+工业"将对制造业"微笑曲线"这个价值链进行一次颠覆性的重塑。个性化定制把前端的研发与设计交给了用户；用户直接向企业下达订单，也弱化了后端的销售，从而拉平"微笑曲线"，并重新结合成价值环。

告别"微笑曲线"，这是"互联网+工业"时代下未来制造业发展的必然趋势[6]。

“互联网+工业”开创制造业新思维

● ● ● ● ● ● ● ● ●

从全球来看，制造业比重持续增长。制造业产值约占 16%的全球 GDP（国内生产总值），以及 14%的就业机会。新一轮工业革命已经向我们袭来。随着“工业 4.0”和“工业互联网”时代的到来，制造业正在发生变化。无论是制造业的参与者、制造的理念、制造模式还是驱动力，都在出现颠覆与重构。为了应对全球制造业面临的资源、环境、人口等方面的挑战，一些创新的制造理念和制造模式将不断涌现，比如，智能制造、智能工厂、网络协同、以人为中心的个性化定制等。未来制造业的最终目标，是以极高的质量、效率和合理的成本，以对环境最小的代价，智能生产出个性化产品。

对未来制造业，发达工业国家都提出了各自的愿景。美国利用互联网优势，让互联网囊括制造业；德国基于制造业根基，让制造业互联网化；今年两会期间，国务院总理李克强在政府工作报告中提出了“互联网+”。而“互联网+工业”将开创制造业的新思维。

---

[6] 资料来源：百度百家．“互联网+工业”开创制造业新思维．2015.3.25.

互联网对传统商业的重构过程完整地为我们展现了互联网思维带来的颠覆。与互联网渗透并融合到各个领域、各行各业一样，互联网思维也将影响各个领域、各行各业。随着工业和信息化的深度融合，信息时代的制造业也面临着巨大变革。信息技术向制造业的渗透和融合，也将给制造业带来新的思维。制造业新的价值创造和分享模式如图 8-11 所示。

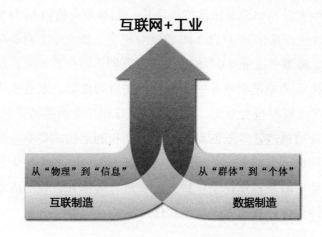

图 8-11　新的价值创造和分享模式

（图片来源：《工业 4.0（图解版）：通向未来工业的德国制造 2025》）

从"物理"到"信息"

以往，每当提及制造业，恐怕都认为是各种零部件构成硬件产品的核心。但是，随着封装化、数字化的发展，零部件生产加工技术加速向新兴制造业市场国家转移，随之而来的是零部件本身的利润难以维系。因此，发达国家制造业开始更加注重通过组装零部件进行封装，将部分功能模块化，将系列功能系统化，来提升附加价值。

模块化是将标准化的零部件进行组装，以此来设计产品。因而，企业能够快速响应市场的多样化需求，满足消费者的各项差异化需求。以往，在产品生产过程中，需要付出很多时间和成本，如果将复杂化的产品通过几个模块进行组装，就能够同时解决多样化和效率化的问题。

但是，模块化本身不过是产品的一项功能，未来制造业将更加重视通过模块化和封装化进行系统化，拓展新的应用与服务。如果以系统化为主导，就能相对于"物理"意义上的零部件，获取更多的带有"信息"功能的附加价值。相反，如果不掌控系统的主导权，无论研发出的零部件的质量和功能多么好，也难以成为市场价格的主导者。

使"物理"意义上的零部件，附带更多"信息"功能的通用做法是给零部件一个智能身份证，即贴上一个二维码。供应商出厂时为零部件贴上二维码，每经过一个生产环节，读卡器会自动读出相关信息，反馈到控制中心进行相应处理。这样一来，一方面，工厂库存能够大幅减少，生产效率能够大幅提高，由此节约制造成本；另一方面，也使得整个产品生命周期的控制更加透明化、实时化，实现了可视化管理。二维码本身是物联网感知层的重要技术之一，就其在我国工业领域的应用而言，由于国外码制进入中国市场较早，二维码应用市场完全被国外码制所充斥。"互联网+工业"将带动我国自主知识产权的CM/GM 二维码在工业领域的推广应用，实现制造业产品生命周期的追踪溯源。

从"群体"到"个体"

在发达国家，以规模化为对象的批量生产制造业将生产基地转移至新兴市场国家，以定制化为重点的多种类小批量制造业渐渐成为主流。未来发达国家制造业就像许多专家的共识那样，将在"大规模定制"的潮流下，根据多种多样的个性化需求来制化。同时，消费者本身也将有能力将自己的需求付诸生产制造。

也就是说，"大规模定制"随着以 3D 打印为代表的数字化和信息技术的普及带来的技术革新，制造业的进入门槛将降至最低，不具备工厂与生产设备的个人也能很容易地参与到制造业之中。制造业进入门槛的降低，也意味着一些意想不到的企业或个人将参与到制造业，从而有可能对商业模式造成更大的影响。

互联制造

我们身边的很多产品都开始能够连接互联网了，各种工具都在不断网络化。智能手机如此，智能家电亦如此，随着汽车渐渐步入自动驾驶时代，或许汽车的作用将仅仅变为一个网络的终端而已。就这样，人类身边的产品在不断网络化，如同系统化的重要意义一样，"互联制造"代表着掌控网络的主导权。而且，从网络外部性来看，率先掌控主导权的企业将长期获取先行者利益。

随着信息技术、互联网和电子商务的普及，制造业市场竞争的新要求出现了变化。一方面，要求制造业企业能够不断地基于网络获取信息，及时对市场需求做出快速反应；另一方面，要求制造业企业能够将各种资源集成与共享，合理利用各种资源。

互联制造能够快速响应市场变化，通过制造企业快速重组，以动态协同并快速配置制造资源，从而在提高产品质量的同时，减少产品投放市场所需时间，增加市场份额。此外，还能够分担基础设施建设费用、设备投资费用等，减少经营风险。

通过互联网实现企业内部、外部的协同设计、协同制造和协同管理，实现商业的颠覆和重构。通过网络协同制造，消费者、经销商、工厂、供应链等各个环节利用互联网技术实现了全流程参与。传统制造业的模式是以产品为中心，而未来制造业通过与用户互动，根据用户的个性化需求部署产品的设计与生产制造。

另外，作为一个未来的潮流，工厂将通过互联网，实现内、外服务的网络化，朝着互联工厂的趋势发展。采集并分析生产车间的各种信息，结合消费者的反馈，解析从工厂采集的大数据信息，能够开拓更多的、新的商业机会。从车间采集的海量数据的处理方式，也将在很大程度上决定服务、解决方案的价值。

过去的制造业只有一个环节，但随着互联网进一步向制造业各环节渗透，网络协同制造开始出现。制造业的模式将随之发生巨大变化，它会打破传统工业生产的生命周期，从原材料的采购开始，到产品的设计、研发、生产制造、市场营销、售后服务等各个环节构成了闭环，彻底改变了制造业以往仅有一个环节的生产模式。在网络协同制造的闭环中，用户、设计师、供应商、分销商等角色都会发生改变。与之相伴而生的是，传统价值链也将不可避免地出现破碎与重构。

数据制造

近年来，随着互联网、物联网、云计算等信息技术与通信技术的迅猛发展，数据量的暴涨成了许多行业共同面对的严峻挑战和宝贵机遇。"人类正从 IT 时代走向 DT（Data Technology）时代"，阿里巴巴集团创始人马云在各种场合都不遗余力地推销自己的观点，信息社会已经进入了大数据时代。大数据的涌现改变着人们的生活与工作方式、企业的运作模式。马云认为，IT 时代是以自我控制、自我管理为主，而 DT 时代是以服务大众、激发生产力为主。这两者之间看起来似乎是一种技术的差异，但实际上是思想观念层面的差异。

随着制造技术的进步和现代化管理理念的普及，制造业企业的运营越来越依赖于信息技术，以至于制造业的整个价值链、制造业产品的整个生命周期都涉及诸多的数据，制造业企业的数据——工业大数据也将呈爆炸性增长的趋势。但是，只有将生产设备等通过物联网标识统一管理起来，才能将采集的工业大数据有序管理，从而具备进一步挖掘的价值。2013 年 7 月，国家发改委正式批复了由 CNNIC 牵头建设的"国家物联网标识管理公共服务平台"，该平台通过提供国家级物联网标识管理公共服务，实现了物联网各重要环节之间的信息贯通，提供着物联网信息溯源、物联网信息搜索、物联网信息挖掘等信息公共服务。这也为工厂采集工业大数据的物联网设备提供了统一管理支撑平台。

随着大规模定制和网络协同的发展，制造业企业还需要实时从网上接受众多消费者的个性化定制数据，并通过网络协同配置各方资源，组织生产、管理更多的各类有关数据。大数据可能带来的巨大价值正在被传统产业认可，它通过技术的创新与发展，以及数据的全面感知、收集、分析、共享，为企业管理者和参与者呈现了一个全新看待制造业价值链的方法。

大数据支撑智能制造。在"智能制造"时代，工厂/车间的设备传感和控制层的数据与企业信息系统融合，将生产大数据传到云计算数据中心进行存储、分析，最终形成决策并反过来指导生产。具体而言，生产线、生产设备都将配备传感器，传感器抓取数据，然后经过无线通信连接互联网，传输数据，对生产本身进行实时监控。而生产过程中产生的数据同样经过快速处理、传递，再反馈至生产过程中，将工厂升级成为可以被管理和被自适应调整的智能网络，使得工业控制和管理最优化，对有限资源进行最大限度的使用，降低工业和资源的配置成本，使得生产过程能够高效进行。

大数据为大规模定制提供依据。大数据是制造业智能化的基础，其在制造业大规模定制中的应用包括数据采集、数据管理、订单管理、智能化制造、定制平台等，其核心是定制平台。定制数据达到一定的数量级，就可以实现大数据应用，通过对大数据的挖掘，实现流行预测、精准匹配、时尚管理、社交应用、营销推送等更多的应用。同时，大数据能够帮助制造业企业提升营销的针对性，降低物流和库存的成本，减少生产资源投入的风险。对这些大数据进行分析，可以使得仓储、配送、销售的效率大幅提升，而相应地使生产成本大幅下降。这将会极大地减少库存，优化供应链。可以说，智能工厂已经为制造业大规模定制生产做好了准备。

人人制造

随着互联网技术的发展以及消费理念的普及，人们的需求正在细化，大公司的批量生产模式已经不再符合时代潮流。未来需要更多的是个性化的产品，这些产品规模太小，大公司顾及成本不愿生产。因此，个性化产品强劲的需求必将催生制造业的新形态，一个利用互联网平台、人人都能成为制造商、人人都能进行硬件生产制造的时代即将到来，利用别人的工厂和网络，进行自主创业的个人企业家已经开始出现。只要消费者想得到，产品就会出现在市场上。

开发成本的大幅下降，让个人也可以开发各种商品。过去，开发产品时，先要制作模型，不仅花钱多，还要花费时间等待模型的完成。早在 1982 年 Autodesk 公司成立之初，就推出了 AutoCAD，这极大地解放了工程师和设计师，从此开创了计算机辅助设计。近 10 年来，AutoCAD 产品完成了从 2D 向 3D 设计的过渡。3D 打印技术随之诞生，引发了制造业产品设计的巨大转变。3D 打印机的加工方法非常简单，只要输入 3D CAD 数据，半天时间内，立体模型就能做好。

产品设计之后，生产的门槛也越来越低。比如，近年来兴起的 EMS（电子产品代工服务），不用投资建厂，不用购买生产设备，不用雇佣工人，只要委托 EMS 即可进行生产，且不会有任何风险。

如果是极少量生产，可以在互联网上找"创客空间"。随着机床价格的下降，过去只有工厂才有的昂贵生产设备也逐渐普及到了城镇作坊，"创客空间"就是这样的加工作坊。"创客空间"上世纪 90 年代发源于德国，是在城镇中开设的加工作坊，现在全世界已经达到数千家。在"创客空间"，大家可以相互学习对方的强项，进行生产制作。随着"互联网+工业"的发展，未来人人都能在家中开一个生产制造公司，"人人制造"时代或许真的可以成为现实。

总之，在"互联网+工业"时代，互联网技术全面嵌入到了工业体系之中，打破了传统的生产流程、生产模式和管理方式。生产制造过程与业务管理系统的深度集成，将实现对生产要素的高灵活度配置，实现大规模定制生产。因而，这将有力推动传统制造业加快转型升级的步伐。毫无疑问，"互联网+工业"将会改变制造业思维，给制造业带来更多的灵活性和想象空间，也或将颠覆制造业的游戏规则。

让"互联网+工业"来驱走雾霾

环境污染、生态破坏、资源能源日趋匮乏已经成为人类社会共同面临的严峻挑战，解决这些全球性社会问题，实现可持续发展已经成为人类的共识。雾霾来源于工业，而无论是发电、汽车，还是钢铁、水泥都与工业息息相关。"节能减排"、"绿色低碳"、"淘汰落后产能"俨然成为当今社会的热门词汇。为此，许多国家对工业节能减排提出了的更高要求。德国的"工业 4.0"，美国的"工业互联网"有一个相同的愿景，那就是工业节能减排与综合利用。

其实，在工业化进程中，每个国家都不无例外地遭遇过经济发展、资源利用和环境保护之间的失衡，德国亦是如此。20 世纪 60 年代至 70 年代德国的经济增长被称为德国的"经济奇迹"。德国在走出战争的废墟、跻身世界经济强国之列的同时，也破坏了自然环境。煤炭和钢铁中心鲁尔区污浊的空气令民众呼吸困难，雾霾也成为那时的普遍现象。因此，20 世纪 70 年代以后，节能减排成为德国发展工业经济的一项基本国策。

资料显示，自 1994 年起，德国政府把科技政策的支持重点集中在了发展环境保护技术和能源技术上，并且出台了很多新的能源和环境政策，旨在促进经济发展和环境保护的和谐。20 世纪 90 年代以来，德国的能源消耗在经济增长的同时却保持不断下降趋势，逐步解决了工业化过程中的污染问题，环境质量得到明显改善，实现了经济发展模式的转变。尽管如此，德国能源署的数据显示，2010 年工业占德国总能耗的比率仍然高达 16%。

我国是世界第一制造业大国，存在着制造业能源消耗大、环境污染严重的问题。2012 年的调查数据显示，工业占我国国内生产总值的 40%左右，工业是能源消耗及温室气体排放的主要领域，工业能耗占全社会总能耗的 70%以上；再加上我国单位产品能耗远高于国际先进水平，而单位产值产生的污染却远远高出发达国家。因而，我国工业节能减排技术的发展尤为重要。

单位 GDP 能耗，一般用来反映一个国家经济活动中对能源的利用程度，反映经济结构和能源利用效率的变化。2009 年，我国单位国内生产总值能耗是德国和日本生产总值能耗的 5 倍多，是美国的 3 倍多；2010 年我国单位国内生产总值能耗仍然是世界平均水平的 2.2 倍，且主要矿产资源对外依存度逐年提高，石油、铁矿石等对外依存度均已超过50%。

我国的"互联网+工业"不仅要体现在先进制造上，还应体现在能源管理之中。就制造业工厂而言，除了仪器仪表等传统硬件的改进之外，更重要的是要建立能源管理系统。能源管理系统能够科学地把能源管理起来，使工厂在生产制造过程中可以实现现场管理、能源监控，从而能够高效地使用能源。

"互联网+工业"，通过互联网等通信网络，使工厂内外的物品与服务相互合作，形成了智能制造，实现了机器和原材料、机器和机器、机器和产品的"网络协同"。这不仅能够大幅提升生产效率，还能够解决能源消耗问题。生产车间利用传感器和互联网技术将能源生产端、传输端、消费端等众多设备连接起来，形成一个可以有效管控的能源系统，从而可以整合生产资源数据、生产环境数据、外部气象数据、电网数据以及市场数据等，对这些数据进行统一的数据分析，调整设备负荷、平衡生产调度计划，使能源管理系统成为一个有机整体。

可以说，"互联网+工业"渐趋渐进，智能制造将引领制造业向绿色工业转型——杜绝或减少工业环境污染。

09

第九章

互联网 + 服务业 = 传说中的 O2O
+中国经济结构调整

互联网渗透下的服务业历史性巨变

● ● ● ● ● ● ●

　　20 世纪 90 年代，国内互联网诞生，从最初始的信息处理逐渐延伸到生活服务领域，以上海篱笆网上线为标志性事件。2003 年，大众点评、赶集网、58 同城等一批为生活服务提供信息选择及决策的本地生活服务平台的上线，开启了"互联网+生活服务"的时代。这种线上线下互动的新经济消费模式被称为O2O。

团购是最典型的O2O模式，2010年团购模式被引入国内，拉手、美团等一批团购网站兴起，不仅将O2O模式普及到大众，同时也将互联网结合服务业的理念深入人心。2013年，O2O模式下的生活服务互联网化出现井喷发展态势，从最初的餐饮行业逐步波及零售、旅游、家政、短租、出行等各行各业。从2013年下半年至2015年，这段时间一度被称为"O2O的风口"，大量资本涌入，新兴"互联网+生活服务"的创新项目层出不穷，传统服务业的经营模式、商业形态不断遭到挑战。以资源整合、去中介化、打破信息不对称为主要特征的生活服务O2O模式给传统服务行业造成了巨大压力，互联网尤其是移动互联网的快速发展和普及，使万物互联成为大势所趋，传统服务行业正在发生着空前的历史性巨变。

去中介化破除信息不对称

不仅服务行业，绝大多数缺少信息化支持的传统行业普遍存在中间链条冗长、生产端与消费端严重信息不对称现象，造成了人为成本上升及市场反应迟钝。传统零售行业的运作流程通常包括：生产端生产产品，通过多层级渠道转之销售终端，再由销售终端送达消费者手中。销售中途每增加一个环节就会出现一次成本叠加，往往到消费者手中时，销售价与出厂成本相差几倍甚至几十倍。互联网连接生产终端与消费终端，使生产端决策更快速灵活，又因为没有过多中间环节，使得成本下降、销量增长，企业发展更健康。

线上线下互动提升服务质量

传统服务行业获取用户反馈的途径通常比较单一且有限，因而用户反馈难以成为产品或服务的决策依据。以餐饮为例，消费者通常只有实地去餐饮门店体验消费才能得出下次要不要来二次消费的决定。对于商户来说，多数消费者不会把自己的体验结果说出来，而是直接以行动表明对餐厅的评价，这让商户很难弄清楚自己的优势与不足。2003 年上线的大众点评开启了"生活服务+互联网"点评的新纪元，从餐厅点评发展到现在几乎任何服务都可以实现网络点评。消费者通过查看点评决定自己是否想要此服务，商户通过消费者的点评弄清楚自己的服务优劣及与用户要求的差距。

免费服务背后的商业逻辑

近来不断出现的一些生活服务平台为用户提供了一些免费服务项目，这在传统企业眼中是不可思议的事情。然而，这样的现象正越来越多地呈现出来。平台方给出免费服务不是以服务本身作为其盈利点，而是更多地将平台看作媒介，从巨量用户身上挖掘产业链的价值。比如，一家做同城配送的 O2O 平台，他们不收司机的钱，也不收供应商和渠道商的钱，平台搭建起来就是让大家免费使用。免费背后是他们看中的来此平台消费服务的用户本身的价值，这些用户都是与同城配送有关系的精准用户，在这条物流链条上的一切有接触的服务都可以挖掘，包括司机的礼仪培训、汽车后服务、供需双方的对接等。

互联网+餐饮：触手可得高性价比美食

自古"民以食为天"，中国更兼有"食不厌精"的饮食传统。改革开放以来，中国城市化进程加快，大众的饮食习惯也随之发生了很大变化。与此同时，国内餐饮企业也面临着日益变化的外部环境和发展形势。2012年以来，中国餐饮行业进入了调整期，"三高一低"大背景下餐饮企业的生存状况急剧恶化，越来越多的餐饮企业开始寻找新的销售及营销渠道。

同时，互联网作为一种先进的工具对传统餐饮行业的渗透作用也更加明显，线上互联网和线下餐饮商户相结合的餐饮行业O2O市场随之走热。

从国际背景来看，OpenTable、Groupon和Yelp等企业的顺利上市为国内同行树立了学习标杆；从国内背景来看，以百度、阿里和腾讯为代表的三大巨头纷纷争夺餐饮O2O市场，直接推动了整体行业的发展。

中国餐饮行业O2O市场目前还处于早期阶段，餐饮行业O2O市场规模绝对不小，但和餐饮整体行业相比，渗透率还非常低，市场依然处于早期发展阶段。

团购网站是目前餐饮在线销售最为重要的渠道，在各大团购网站中，美团网、大众点评网和拉手网的餐饮销售额排在前三位；在移动端，各大餐饮O2O企业中大众点评网、美团网、糯米网占据优势。

大众点评网成立于2003年4月，是中国领先的本地生活消费平台，也是全球最早建立的独立第三方生活消费点评类网站，餐饮是其最主要的品类。大众点评网服务餐饮商户和用户的主要途径是信息点评、预约、优惠券、团购、电子会员卡。点评是餐饮商户非常看重的口碑评价途径，是线上宣传的主要渠道之一。凭借丰富的商户资源积累和优质的点评信息，大众点评网已经树立了一定的行业壁垒；现阶段大众点评网的重点是发展团购业务，大力布局移动端，并向中小城市扩张业务。和其他餐饮O2O企业相比，大众点评网长达十多年深耕于餐饮领域，积累了较高的门槛，它具有以下两个方面的核心优势：一是丰富的商户资源积累；二是优质的消费决策入口。

大众点评移动端在2014年3月与腾讯达成战略合作，获得了微信的超级入口，这为大众点评移动端增色不少，其客户端在各大应用商店的下载量高居餐饮O2O类榜首。值得一提的是，大众点评从2014年开始加大了上下游企业的合作，从战略入资开始，不断入股多家餐饮ERP厂商，联合腾讯投资WiFi运营商迈外迪，最近又领投了美餐网，让用户通过大众点评获取优质的本地生活内容，获得品质更高的本地生活服务，同时为商户提供强大的O2O解决方案，进而增强产品或平台的黏性和价值。

海底捞成立于1994年，在2003年之后，海底捞开始和互联网结缘，并利用互联网为其发展壮大创造条件[1]。

2003 年 5 月，当时仅在简阳、西安和郑州三地有店的海底捞因为提供火锅外卖服务被央视《焦点访谈》节目作为在"非典"时期的重大创新进行了专题报道，这给海底捞带来了较大知名度。同样是在"非典"时期，普通消费者使用互联网多了起来，海底捞适时地在 2003 年上线了官方网站。2004 年 7 月，力图建立全国影响力的海底捞正式进入北京，在海淀区大慧寺路开了第一家店；一年后的 2005 年 7 月，海底捞在北京的第二家分店——牡丹园店成立。

2005 年 7 月，海底捞北京牡丹园店成立后仅几天，就开始有网友在大众点评网上对其进行点评。2005 年 7 月底，在大众点评网有强大号召力的钻石级食神"李鸿章大杂烩"（俗称"李大人"）去海底捞用餐时对一道菜提了个小意见，海底捞店长态度特别好，这给"李大人"留下了良好印象，"李大人"在大众点评网上给了海底捞 5 星的评分，这给海底捞直接带去了大量新客流，受益的海底捞开始把"李大人"这样在美食爱好者中有影响力的意见领袖当成座上宾。

2006 年，海底捞在北京新开了三家分店，每次都特意请像"李大人"这样的意见领袖前去试吃；2006 年 12 月，海底捞在上海开了第一家店——吴中路店，并采取了与北京同样的方法邀请网上意见领袖前往试吃，甚至远在北京的"李大人"也被专门请去上海。

---

[1] 案例来源：品途网. O2O 来了. 第 2 章：让吃饭更方便——餐饮.

正是意见领袖在网络上的大力推荐吸引了大批网民的关注，海底捞也因此受益，迅速在北京和上海打响了知名度。到 2007 年时，海底捞在北京的名气已经非常大，并被网友评为"最受欢迎"的餐厅之一，仅 2007 年在北京就新开了 5 家店。

2006 年至 2007 年，海底捞利用点评类网站在互联网上建立了较高知名度，由于积极"触网"，利用信息化手段提升服务，海底捞成为了 2008 年度中国企业信息化 500 强的入选企业。2010 年 7 月，海底捞成为最早开通新浪微博的火锅企业之一，并迅速在微博上积累了大量粉丝。2011 年 4 月，海底捞开通了腾讯微博，利用该微博和网民进行频繁沟通交流。2011 年 8 月，和"凡客体"相似的"海底捞体"在微博上走红，"人类已经无法阻止海底捞"之类的语言为海底捞带来了极高的关注度，很难说清海底捞是否策划了微博上那些话题，但海底捞的微博粉丝活跃度和微博转发量一直都比其他同行要好不少，可以看出其确实在微博上花了不少心思。此外，海底捞在其他社会媒体和网络（如开心网、人人网）上也开设了账号；海底捞甚至还派员工组建了海底捞粉丝 QQ 群以维护客户关系。

在用社交媒体和社交网络营销推广的同时，海底捞还利用互联网进行产品销售。海底捞十分重视官方网站的建设，除了有最基本的餐厅位置和最新菜品的查询服务外，海底捞还开通了官网的电子商务功能。

早在 2011 年初，海底捞就有了网上订餐和外卖服务，但这两项服务并没有大规模推广开来。2012 年 10 月，海底捞的"Hi 捞送"实现了 24 小时营业，为不能到店消费的用户提供外卖服务；2013 年 4 月，海底捞在官网全面开通了"Hi 订餐"，为用户提供"网上订座+网上点菜"的服务；这两个服务在一定程度上解决了海底捞等位难的问题。除了官方网站，海底捞也积极推进其他渠道的产品销售，其淘宝天猫网店在 2007 年 9 月成立，主要售卖海底捞底料及其他调料产品；2010 年团购在中国兴起后，海底捞还和部分口碑不错的团购网站合作，以配合新菜品和新店开张开展团购，并迅速取得了不错的效果。

加强客户关系管理一直是海底捞的追求，特别是在移动互联网时代，新技术手段层出不穷，选择更好的管理方式成为线下商家努力的方向。2012 年 9 月，海底捞上线移动客户端，可以实现随时随地查询门店和在线订座，并且初步融合了社交功能，消费者还可以通过客户端申请电子会员卡。2012 年 11 月，随着微信的日益流行，海底捞进一步开通了微信公众账号，门店查询、在线预订座位、叫外卖都可以通过公众账号实现，和用户建立了一对一实时的沟通渠道。

海底捞在 2012 年 5 月上线了门店信息化系统应用，服务员可以通过 iPad 等移动设备提供电子化点餐服务，使餐中业务各环节实现了信息一体化和智能化，有效地提高了顾客的就餐体验，加强了客户关系管理。

互联网+家政：去中介化生活服务

在中国传统的价值观里，家政最初的含义是维护家庭人伦秩序的一种管理活动，而近代西方观念认为，家政主要是家庭经济的管理活动，直到现代，东西方的观念才逐渐统一，家政已涉及家庭生活的方方面面。

在我国，家政服务对于普通人群而言在几年前还是一个很陌生的词。随着中国市场经济不断发展、成熟，居民消费水平也在不断升级，第三产业在整体经济中所占的比重也在逐年加大。目前，我国的家政服务业已经初具规模，有的甚至已经形成了一定的品牌影响力，其服务种类更加丰富，内部分工也更加细致。

同时，互联网特别是移动互联网，对人们日常生活的参与程度正在不断加深。当对互联网更为依赖的年轻人群逐渐成为家政服务的消费主力时，线上线下相结合（O2O）的商业模式同样也被应用到了家政行业。在一线城市，通过微信、PC端网站找合适的保姆或者月嫂已经成为一种时尚。

在消费者体验到更多便利的时候，家政O2O平台企业已经做了大量辛苦工作。O2O实践在家政行业是一件难事，线上平台与传统家政企业的合作难度相当大。

　　首先，传统企业出于保护自身利益的心理往往不会透漏家政员真实的个人信息，这主要是担心家政员被线上企业掌控。

　　其次，传统家政企业手握人力资源，基本处于绝对强势的地位，在合作过程中很可能将服务质量较差的家政员派遣到线上企业。

　　最后，线上平台与传统家政公司合作时，线上企业负责汇聚流量，带来客流；线下企业则提供家政员和实际的服务，而当家政员的服务出现问题时用户却不知道该向谁投诉以及反映问题。因为消费者最开始接触的是平台，而实际提供服务的却是隶属于线下家政公司的家政服务人员，这就很容易导致线上平台和线下家政企业的品牌信誉度都受到损害。

　　但即便如此，互联网还是使家政行业的面貌发生了很多改变，消费者再也不需要在外面漫无目标地碰运气，去一家门店一家门店地找自己满意的家政服务人员；他们只需要在搜索栏里输入自己要求的条件就可以找到满意的家政员。国内外已经产生了一大批优质、规范的线上家政平台，它们正逐渐成为当今人们日常生活中随叫随到的居家助手。

国外企业案例：Care.com [2]

Care.com 的成立缘于其创始人希拉·马塞洛（Sheila Mercelo）一

---

[2] 案例来源：品途网. O2O 来了. 第 3 章：改变活生生的服务——家政.

段特殊时期的经历。马塞洛女士是 Care.com 的创始人兼 CEO，她在菲律宾出生、长大，曾获得哈佛大学的 MBA 和法学博士学位。

马塞洛的长子出生时她还是哈佛的在读学生，孩子出生后她的家人都不在附近，当时马塞洛就想找家政人员帮忙，但没有找到；其后，次子出生时，马塞洛的父亲不巧又犯了心脏病，因此她不得不为父亲和两个孩子寻找家庭看护，但仍旧未能如愿。

在那段时间里，她就深切意识到市场对家庭看护服务存在很大的需求，经过一番努力，马塞洛终于在 2006 年创立了 Care.com，希望为消费者解决这一难题。

Care.com 很快赢得了一批热情拥趸者，包括：需要保姆照顾孩子的家长、有父母要照顾的成年人、需要托管小动物的宠物爱好者等，Care.com 会替他们安排合适的护理人员，让他们的生活更加轻松方便，降低各种家庭事务带来的压力。

Care.com 是连接雇佣者和服务人员的家政服务平台，同时也是雇佣者和服务人员分享经验和建议的平台。2012 年年初，Care.com 开始进行国际化扩张，其先后进入英国和加拿大，并于 2014 年 1 月 24 日在美国纳斯达克挂牌上市，目前覆盖 520 万个家庭、450 万个护理人员，全球会员达到 970 万，会员满意度 85%，用户对平台的重复使用率超过 50%，商业匹配率达 80%。

在发展初期，Care.com 主要提供儿童看护服务，随后其提供的服务范围逐步拓展到照顾老人、宠物看护、房屋清洁、家教等。

在该平台上，用户的使用流程主要包括免费注册、查阅建立档案、发布职位、雇佣服务人员、支付、评价；服务人员的使用流程与家庭稍有区别，包括免费注册、发布简历、搜索职位、被聘用、获取薪水等步骤。

家庭注册账户时，只须填写个人资料，包括地址、邮编、电子邮箱即可加入，再根据自身需求对服务要求进行细化。

家政服务人员在网上注册个人信息后，则需要提供家政服务的类型，服务人员的相关背景、评论、社会鉴定等关乎服务安全的信息用户都可以查阅到，为此 Care.com 建有专门团队负责审查服务人员的信息，以确保及时发现可疑信息及不当内容，此外他们还会为家庭提供合理的考核与面试建议。

目前，Care.com 的盈利模式大致可分为以下几种。

第一，个人付费服务。家庭和家政服务人员在网上注册后，一段时间内 Care.com 为注册的家庭和服务人员免费提供市场上的供需信息，在免费试用期过后，如果用户还想继续享受该项服务，则需要支付一定费用。

先免费有一个好处，企业可以充分分析用户在前端的浏览行为，从中获知他们都想在网站上看到什么、需要什么，然后有针对性地对服务做出改进。比如，在美国，有很多家庭需要女管家，于是 Care.com 就新增了此项服务，结果大受欢迎。

第二，商业配对。帮助传统家政服务公司或者代理中介公司在网上寻找需要家政服务的家庭，对接家庭与家政服务公司或代理中介，并以此收取商业配对费用，其中，家政服务人员个人不需要支付任何费用。

第三，付费增值服务。Care.com 为家庭和公司提供制定看护计划等付费增值服务。Care.com 依托丰富的家政服务人员数据库及可选对象的多样性，向谷歌、Facebook 等公司提供各类家政服务，作为公司提供给员工的一种福利。

互联网+出行：随时呼叫的"私人司机"

随着智能手机的迅速普及，欧美等国涌现出各类形形色色的租/打车应用：提供按需打车服务的 Uber、Hailo，提供搭车共乘服务的 Lyft、SideCar，提供 P2P 租车的 Getaround、RelayRides，以及主攻机场租车的 Silvercar 等。其中，规模最大、发展势头最为强劲的就是 Uber。

从 2009 年到 2013 年，Uber 共经历了五轮融资；2014 年 6 月 7 日，Uber 宣布完成高达 12 亿美元的新一轮融资，到目前为止其总估值已达到 182 亿美元，在这短短不到一年的时间内，就暴涨了 5 倍多，足可见资本市场对这种分享型模式的高度青睐。

2014 年 2 月 13 日，打车应用 Uber 在上海举办发布会，宣布正式进军中国市场，并在中国市场更名为"优步"。目前 Uber 的业务已经覆盖了上海、广州、深圳、北京、成都、重庆等地，在下一步的扩张计划中，Uber 还打算推进到中国更多的一二线城市，包括宁波、杭州、南京、青岛、天津、武汉、苏州等。

跟 Airbnb 一样，Uber 也是一家敢于烧钱并且善于烧钱的公司；不同的是，Airbnb 是让游客找到价格便宜的空房间，而 Uber 则是一款能够随时满足你出行需求的打车应用——Airbnb 整合的是闲置的房屋，而 Uber 整合的是闲置的车辆。

Uber 成立于 2009 年，致力于为中高端用户提供私家车用车服务。它的两位创始人——特拉维斯·卡拉尼克（Travis Kalanick）和加勒特·坎普（Garrett Camp）在创建 Uber 时就树立了一个目标——只需要按下手机按键就会出现一辆汽车。

Uber 以整合闲置车辆为主，向消费者提供打车服务，"做每个人的私人司机"是 Uber 的发展愿景。Uber 并非一家纯互联网公司，而是以线上带动线下的 O2O 模式。它并没有重新开辟一块市场，而是在现有基础上进行了创新。

用户在手机上打开 Uber、选择某款型号的汽车、确定目的地，然后通过信用卡完成付费，就能轻松享受到便捷、专业的私家车服务了。不仅如此，用户还可以通过谷歌地图查看到车辆的实时位置，通常来说，预约车辆会在 5～10 分钟之内到达，抵达目的地之后，用户还可以对此次用车体验给予评分。

创立初期，Uber 并未定位在中高端私家车服务，直到 2011 年 5 月，公司被美国运管部门以没有出租车公司相关执照为名处以罚款后，它才开始专注于中高端市场。

尽管面临着无可回避的监管压力，但 Uber 发展的脚步并未被羁绊：2012 年 7 月落户伦敦，首次扩张至欧洲；2013 年扩张到亚洲市场，先后在新加坡、首尔、中国台北、深圳等地提供服务；随后又进军东欧市场，入驻俄罗斯。

目前来看，Uber 在我国内地走的还是高端服务路线，与国内各路打车 APP 之间暂时不会形成正面竞争和冲突，其主要对手仍旧是滴滴专车、易到用车及拥有高端代驾租车服务的汽车租赁公司。

随着业务的快速发展，现在 Uber 已经不仅仅局限于一个打车应用公司，而是逐渐涉猎到各种生活服务业务中来。

未来，Uber 或许将成为能够为用户提供各种交通和物流服务的"数字网络"，它除了能为用户提供手机叫车的服务，还可以利用同样的后台技术吸引用户使用各种送货服务——送冰激凌、玫瑰花、圣诞树、烧烤等，最终 Uber 或许会成为用户获取某物或去往某地的全能型工具。

和 Uber 类似，易到旗下车辆主要也是来自租车公司，由于政策限制，易到用车所整合的并非闲置私家车资源，而是为用户提供私人高端用车服务。

互联网+旅游：缩短与世界的距离

· · · · · · · ·

旅游活动所涉及的行业非常广泛，航空公司、酒店、旅行社、景区都是旅游领域生态链的重要环节。随着互联网尤其是移动互联网的迅猛发展，互联网结合旅游生成的在线旅游形态，正作为旅游整体行业内最引人关注的部分，给未来旅游领域的生态带来无限可能。

在线旅游业的快速成长形成了"叠加"效应，促进了行业整体的强劲增长。随着在线旅游市场的快速增长，以携程为代表的在线旅游企业作为市场经营主体也随之迅速成长，推动了在线旅游市场的发展，在线旅游市场经营主体正在日益多元化。

在这些企业里，发展态势最为醒目的就是OTA企业，它们凭借强大的技术优势、雄厚的资本背景和清晰的商业模式，成为在线旅游市场的主要力量。

在竞争边界模糊的互联网世界里，巨头或精于圈人，或擅长圈流量，随着互联网对人类生活参与程度的进一步加深，互联网端更进一步地下沉到线下场景中来。同时，人的线下活动也大规模地走到线上，二者结合、交互联动的O2O大潮让今天的互联网世界充满变数。

在旅游领域活动的航空公司、公路铁路客运、邮轮、酒店、传统旅行社、景区等，它们的信息化程度都比较高，整个旅游领域上下游的玩家特别多，而且彼此之间的商业关系相对复杂。

垂直攻略案例：蚂蜂窝[3]

蚂蜂窝的核心产品是旅游攻略，目前它已经成为国内领先的旅游信息社区，拥有大量高质量旅游攻略，信息规范、全面，而且时效性很强。

在蚂蜂窝，用户能够找到各种旅行资讯，包括目的地介绍、精美照片、游记、交通、美食、购物等信息，其中的照片和文字都来自用户的真实反馈和评价，旅行范围覆盖了出境游中90%的热门目的地。

蚂蜂窝是一个UGC网站，编辑会对用户分享的游记进行审核，然后将其编辑成攻略，攻略中包含了行、住、食、游、购、娱等丰富详实的出行信息。并且，这些攻略还会持续更新，补充更多内容进去。用户可以根据自己要去的目的地进行下载，攻略有PDF等版本，下载打印非常方便。

以前蚂蜂窝的攻略在系统性上做得还不充分，而现在很多攻略的信息都已经编辑加工，并且以后将朝个性化定制的方向发展，不同用户在蚂蜂窝上下载到的攻略将是不一样的，社交网络和精准推荐的结合将是非常好的发展方向。

---

[3] 案例来源：品途网. O2O来了. 第6章：让世界距离缩短——旅游OTA.

蚂蜂窝很善于对创作游记的用户进行激励，和穷游网一样，它很善于运用社交元素。武侠小说里丐帮"九袋长老"、"八袋弟子"的说法被穷游网巧妙地与自己的"穷"结合起来，用户长老是穷游用户的等级单位，等级越高代表该用户在创作游记攻略、点评目的地、回答问题等方面贡献越多。蚂蜂窝采取的是"蚂蜂窝分舵"机制，网站的部分内容是通过生活在各"分舵"的用户来维护更新的，他们对当地非常熟悉同时又非常了解出行时的各种需求，这些 Core User 无疑是蚂蜂窝的宝贵资源。

与 PC 端相比，社交显然与移动端联系更加紧密。目前，蚂蜂窝移动端访问的用户数已超过 PC 端，越来越多的旅行者选择使用移动应用、产品以及服务。

商业化方面，蚂蜂窝的收入来源主要可以分为三块：撮合交易服务费、特价产品佣金、广告展示费用。蚂蜂窝开辟的特价频道主要以出境游产品为主，也有少量国内游产品，一旦有订单来自蚂蜂窝，则可以从 OTA 收取交易佣金。

互联网+零售：大数据助力精准营销

现在，越来越多的消费者在商场看好什么商品，转身就从网上购买，他们甚至趁导购员不注意偷偷去扫标签上的条码，回去再看看几家购物网站有没有这件商品，价格都是多少。商场、超市似乎越来越像一个商品的展示台，只要不是特别急用，消费者总能在网上找到更价格便宜的相同产品。

消费者的这种做法直接把电商的威胁带到了传统零售业门口。不过，实体零售商大多还是认为，购物是一个体验的过程，现场氛围对销售的带动作用不可忽视，虚拟网络无法提供丰富、感性的环境。在当今移动互联网发展越来越快的形势下，实体零售商和电商谁会在未来走得更远目前尚无法断言。

不难观察到，传统零售业面临着电商的巨大冲击，增长正在放缓。为了抵御冲击，它们或是与电商合作，共同探索线上线下（O2O）融合发展；或是自己操刀，进军电商，推进 O2O 全渠道战略。

梅西百货成立于 1858 年，是美国历经百年发展的主流百货公司，隶属美国联合百货公司旗下。它主要经营服装、鞋帽和家居用品，且一直以优质的服务赢得美誉。该公司的规模虽然不是很大，但在美国和世界一直享有很高的知名度。

梅西百货从 2010 年开始发力移动购物业务，目前它已成为移动购物发展情况最好的公司之一。在电子商务迅猛的发展形势下，他们非常重视线上业务，已经有大约 15%的销售额来自电子商务，其在北美门店的布局、品牌的组成、货品的组成等也都根据用户的消费数据统一安排规划。梅西百货通过数据测算技术精准分析顾客的个人购买行为，推出了十几万份产品手册，而每一位消费者收到的手册都是专门为他准备的那一份。

现在，消费者在购物时经常是来回于线上和线下，商家很难将某一次销售归于线上或者线下。梅西百货的大多数门店都承载着为线上订单提供配送的任务，同时，消费者在梅西百货购物还可以实现线上购买、线下取货，方便快捷。

由于美国的品牌商大部分都是直营的渠道体系，没有大量的代理商和经销商，所以它们更容易做到线上线下同价，梅西百货就是 80% 自营，而这无疑有利于线上、线下的对接和互动。

面对越来越司空见惯的"展览室效应"，梅西百货做了很多新的尝试试图提高消费者的购物体验。最好的渠道服务和最好的消费环境将最终赢得消费者的流连，而其他的渠道则会沦为"展览室"，但并不是说，线下的百货商场一定是"展览室"。

梅西百货主要通过 WiFi 建设、精准服务、优惠券互动、提升支付体验、赞助综艺节目等方式来打造最佳消费体验。

王健林曾在演讲中这么描述万达电商的盈利模式："我们的电子商务模式是什么呢？简单说就是建立会员体系，用现代的移动终端的先进技术，这个很简单，把会员消费的次数、额度、喜好和所有的一切东西建立和掌握起来，然后根据大数据做出分析。根据这个针对性的分析结果来进行下一阶段的招商和调整商家布局，就是做这种模式。"

在后商业地产时代，会员大数据的挖掘或许是商业地产企业财富和转型之路的关键。海量会员数据不仅有利于商业地产的招商运营和商家的精准营销，同时对消费者行为的了解逐步加深后，完全可以携"用户"以令诸侯，跨界运营，拓展自身的业务空间。阿里巴巴、腾讯相继申办银行，小米做手机、做电视，都是这样的道理。

互联网+短租：住进陌生人家里

在社会资源配置的现实情况下，存在着几项比较大的闲置资源：房屋、车子、人力等，这些东西都很有价值，如果不能充分利用、合理配置的话，会造成极大的浪费。在线短租就是近期颇受追捧的热门市场。

"短租"的前身是"家庭旅馆"，同 O2O 一样，"家庭旅馆"也是个"舶来品"，这一概念起源于欧美，也被称为"b&b"（即"bed and breakfast"），是居民将自己的房屋作为旅馆出租的一种经营形式。

在线短租是从国外开始流行起来的。在欧美，假日到郊区度假旅游是一种历史悠久的生活方式，大多数中产阶层都在郊区拥有私人房产，这些房屋基本都坐落在风景秀丽之地，专门用来度假旅游，平时则闲置一边。所以，碰到一家人外出旅游前来投宿时，屋主大多愿意把空屋子出租几个晚上赚到租金；同样，在城市中心区，把一间屋子出租给陌生人赚取租金，也是司空见惯的事。

在欧美，Facebook、Twitter 等账号的信息真实度非常高，通过这些账号可以获得一个人的真实身份、信用记录、社交圈子等，当地的短租平台就是通过跟这些账号绑定让房客和房东彼此建立信任的。

互联网让找不到临时住处的人和有空房间的人之间建立起一个"连接"，使闲置资源得到了最大程度的利用。

成立于 2008 年的 Airbnb 是联系旅游人士和家有空房出租的房主的服务型网站，目前已成为短租市场举足轻重的企业，也是现在最受追捧的分享经济商业模式的缔造者。

2012 年初，Airbnb 上陈列的只有 12 万间房，在一年时间里，这个数量涨到 30 万，并且这一年他们在巴黎、伦敦、新加坡等地新开了 11 个办公室。2014 年 7 月，Airbnb 全球总订单刚超过 1000 万间夜数，而它公布的用户数据显示，已有 400 万顾客在 Airbnb 上订过房，单 2012 年用户数就增加了 300 万。

为了保障房东与房客的双向安全，Airbnb 在服务上做了多重努力，包括对房东的房屋保障计划、对租客的权益保障条款等。

国内的小猪短租于 2012 年 8 月正式上线，它是国内领先的、基于分享经济模式的短租民宿在线预订平台。截至 2014 年底，小猪短租平台已拥有 12000 多个房源，覆盖全国 160 多个城市。与 Airbnb 的盈利模式类似，小猪短租的主要利润来源于从房东与租客交易中抽取的佣金。随着市场逐步扩大，短租平台越来越受人重视，其最终的盈利模式将来自多个方面，除租住双方的交易佣金，还会有平台服务费、第三方服务费、广告费等。

互联网+社区：人人都能享受 VIP

互联网在改造各行各业的同时，也在不断提升社区服务的效率，还在逐渐改善社区居民的生活质量。2014 年以"互联网+社区服务"的社区 O2O 项目开始不断涌现。社区是人们生活聚集的场所，生活、娱乐消费的 80%与社区有关，或在社区消费，或以社区为起点，或从社区进入用户视野。而互联网尤其是移动互联网的普及，使人们更加依赖于网络带来的生活便利，让社区成为网络延伸到用户的最后一段实体前端。

O2O 模式的典型特征之一就是资源整合。互联网形态下的社区服务一方面是资源的整合，另一方面是将原有信息的传递通过网络变得简单、快捷和透明，这不仅有助于社区居民的生活便利，也方便居委会、物业等服务管理。目前，针对社区生活服务做互联网结合的项目有各个垂直行业的服务商和 O2O 平台，例如，做洗衣服务的 e 袋洗、做家政服务的云家政、做生鲜配送服务的爱鲜蜂、做家庭餐饮外卖服务的到家美食会，也有将所有涉及居民需求的社区服务整合到一起的在线综合平台，如小区无忧、彩生活等。

互联网对服务行业产生的影响及未来趋势

随着国家对互联网经济作用的不断重视及移动互联网的持续快速普及，生活服务业的信息化改造将持续加快，去中介化使服务行业精细化运营和精准匹配越来越明显。未来服务行业将呈现集中化、个性化、产业化趋势。

集中化：资源高度整合，异业合作成为常态

从生活服务O2O平台发展趋势来看，一站式家庭生活服务将成为接下来生活服务领域竞争的焦点，而这又反映出互联网形态下服务业资源整合趋于集中化，跨界、异业合作将成为发展常态。例如，一家便利店，在未来不仅仅只是提供日常用品的标准化商品输出，同时也是家政、维修、洗衣、生鲜、外卖的集合点，便利店承担着更多社区生活服务汇聚中心的角色，同时也担负起部分媒介作用。资源整合更趋明显，人们的闲置时间和闲置技能被充分挖掘利用，基于职业、收入、消费水平等各种维度划分的相关服务的异业合作更加常态。服务项目集中在一个平台或本地社区一个实体门店上。

个性化：人人都是生产者，消费更趋个性化

互联网打破信息不对称有两方面优势。一方面，渠道成本下降，

利润空间扩大；另一方面，信息及时交互，个性化服务能力获得释放。与此同时，闲置资源的整合利用被投入到每个人身上，未来服务业中，每个人都可以是生产者，供给的扩大带来个性化需求的大幅提升。比如，一个普通职员下班，可以顺路为其小区的用户代购商品；或者他/她是自驾上班，可以提供拼车服务；因为有一些兴趣爱好，可以通过一些教学视频网站提供自己的经验供学习者学习，平台给出相应的广告分成等。

产业化：分工越来越细，相互协作更加紧密

服务行业正朝向精细化垂直化方向发展，一个大而全的生产者很难生产出品质绝佳的产品，而一个垂直生产商则能在某个领域很快崭露头角。大工业时代的分工协作在标准化产品生产上发挥了巨大的作用，在互联网时代信息透明背景下，非标服务将借助互联网的优势，使服务更垂直精细产业化运作，各生产商（生产者）相互协作更加紧密，合作共赢。比如，婚纱摄影O2O服务商，摄影是其中一个环节，为了给用户呈现良好的作品，包括相框生产商、车辆道具提供商等相互协作，各自做自己最专业的领域，从而呈现一个更良好的服务体验。

第十章

互联网 + 政务 = 开放、透明、服务的政府

10

当前，我国经济正处于提质稳速、产业转型升级的发展新常态下，如果能够深化互联网应用，持续改进和发挥政府的社会治理能力，提高治理与服务效率，可以进一步激发市场活力，释放增长潜力，并为经济的长期增长提供动力源泉。

党的十八届三中全会提出，要推进国家治理体系和治理能力现代化。国家治理体系的现代化基础是政府治理能力的现代化。当前，经济快速增长导致各种社会矛盾累积；前期刺激政策带来的产能过剩需要进一步化解；历史遗留的改革难题亟待攻坚克难；第二大经济体的规模与二元经济结构仍存在。互联网所代表的科技创新力量成为经济增长的新引擎，未来中国经济的转型升级要依靠互联网及相关产业发挥支撑作用。2015年政府工作报告要求，实现治理现代化，全面实行政务公开，推广电子政务和网上办事。我们可以充分借助互联网的技术平台和优势，在"互联网+"计划中推动产业转型升级、融合发展的同时，积极转变政府职能，将互联网与政府治理有机地结合起来。"互联网+政务"，其核心就是利用互联网先进技术，借助互联网思维先进理念，促进互联网与政府关键要素职能的深度融合，从而促进政府职能向法治化、服务型政府转型，极大限度地提升政府治理能力和现代化水平。

"互联网+政务"有助于提高政府决策科学化和智能化水平

互联网大数据提升决策的智能化水平

随着互联网大数据时代的到来，传统的决策模式越来越受到挑战。《时代杂志》宣称，"依靠直觉与经验进行决策的优势急剧下降，在商业领域、政治领域以及公共服务领域，大数据决策的时代已经到来"。互联网大数据的特点在于数据量大、类型多、更新速度快，而政府在占有数据方面具有天然的优势。因此，政府更能够从大数据的使用中受益，这种受益最明显的体现就是大数据可以提升政府决策的智能化水平。一方面，大数据可以使政府更广泛地占有各方面的信息，并通过挖掘不同来源、不同格式数据的相关性，为智能决策提供更加全面客观的依据。例如，在 2013 年 4 月 15 日美国波士顿的马拉松赛爆炸案发生后不到 24 小时内，美国联邦调查局就搜集到了海量的手机网站日志、短信、社交媒体数据、照片和视频监控录像等不同格式的、多样化的数据，试图通过数据分析快速找出嫌疑人[1]。另一方面，大数据可以将纷繁复杂的多源异构数据快速处理成具有决策价值的有效信息，这一点在应急管理中具有特别重要的意义，因为应急决策的挑战主要来自信息不完备和时间压力大，而大数据可以实现在高度不确定性和高度时间压力下的快速分析决策，有效提升应急管理能力和公众满意度。这一点对我国政府来说也极为重要。有研究认为，我国应急管理工作主要采用"预测—应对"模式，主要依赖经验决策、专家咨询、临场会商等传统手段，对于一些前兆不明、不能准确预测、具有灾难性后果的非常规突发事件，该模式难以满足突发事件的时效性和动态性要求。利用大数据，可以实时地对海量数据进行分布式数据挖掘，极大限度地缩短应急管理决策时间，快速部署有关措施。例如在

---

[1] 资料来源：IT 经理网. 波士顿马拉松爆炸案的大数据难题.

突发大型交通事故时，通过通信基站可以快速确定通过手机等通信设备发出应急信号的人员位置，而急救车、消防车等应急设备的运动轨迹也可以通过 GPS 等卫星定位系统进行定位和追踪。通过对这些数据的分析可以在短时间内完成对应急人员的组织和对应急物资的调配，快速缓解和消除危机负面影响。

互联网大数据有助于提高决策质量

高质量的决策，依赖于真实情况的反映。政府如果不能获得反映真实情况的数据，就很难更好地进行决策。但是现实生活中，各种信息相互混杂、真伪难辨，为科学决策带来诸多困难。大数据的倡导者认为，"有了足够的数据，数据自己会说话"。利用大数据工具，可以设定数据指标、建立关联模型、对大数据本身的真实性进行印证检验，从而快速发现异常。比如，2001 年美国加州州政府推行的数据挖掘项目"保险补助双向核对"，将医疗保险和医疗补助两个项目的数据进行相互核实比对，设计计算机算法检测出相互矛盾的支付记录，发现数据造假行为[2]。又如在证券交易过程中，证监会通过调取监察系统中的有关数据，对证券交易活动进行实时动态监控和统计分析，从而发现了一批利用未公开信息交易股票、非法牟利的嫌疑账户。

另外，利用互联网大数据可以模拟真实环境，建立决策效果评估

---

[2] 涂子沛. 大数据：正在到来的数据革命，2013.4.

模型，通过对决策成效和可能产生的后果进行模拟，提高决策的精确性。例如，在生态环境治理方面，由于生态环境是由其中的每一个分系统相互作用、相互影响而构成的有机整体，每一项生态治理举措在治理一个或者多个生态系统时，都必须要考虑它对其他系统的影响。利用大数据技术，可以全天候不间断地对环境变化情况进行监测，在分析管理平台对收集的监测数据进行可视化演示，并模拟构建环境模型和治理方案，评价不同的治理和人员干预对于环境的各种影响，以保证环境治理方案的有效性和适用性。在金融领域中，以阿里的金融系统为例，通过互联网交易平台累积的各类数据，如商家及个人消费者的历史交易信息，阿里可以充分利用这些大数据的资源建立模型进行分析，通过模型计算，有针对性地对企业进行信用评级。

互联网大数据促使协同决策更加便利

协同决策是现代社会治理与传统治理最大的区别之一。协同决策的概念最早出现在美国联邦航空管理局的一次实验中。1993 年 9 月，美国联邦航空管理局通过航空数据交换协议实验，考察航空公司给空中交通流量管理部门提供的航班时刻表数据是否能提高空中流量的管理效率。实验表明，协同决策的应用能够大幅减少航班总体延误。

在复杂社会问题的管理决策中，针对同一个问题，往往需要多个部门、组织甚至个人的广泛参与。如果缺少协同，就会导致在各部门和组织之间决策目标的不一致，决策所需数据的掌握不及时或者存在偏差，最终导致决策的相互矛盾和冲突。

大数据可以为协同决策提供巨大的帮助。首先，大数据可以为相关部门和组织建立信息资源的共享平台，通过信息交换、数据共享，帮助相关部门和组织及时、准确、全面采集到决策所需信息。其次，通过大数据技术、服务和应用可以整合社会各方资源，依托互联网、物联网以及宽带移动通信来实现高效多元的协同模式。如在空气治理方面，通过建立由空气质量监测系统、排放清单系统、数值分析预报系统、计算资源与环境系统、可视化系统、区域预报服务系统等构成的预报预警业务平台，开展区域污染形势预报，开发区域分级业务预报产品，指导城市空气质量指数预报业务等工作，为预警决策、科学治理大气污染工作提供技术支持，进而科学规划大气污染防治。再次，大数据可以促进各参与主体主动优化组织管理，支持整体的协同决策。通过大数据和云计算技术，各方参与主体能够更清晰理解决策目标，看到自身行为在决策中的作用和与目标的差距，从而促使其自发地调整自身行为，为顺利实现总体决策目标创造更好的条件。例如，在市场监管中，通过对监管对象信息的公开以及与信用体系的关联，使得各市场主体能够自觉调整自身经营行为，实现依法、诚信经营。

互联网大数据有利于提高政府决策效率

互联网大数据还善于通过相关性分析快速发现社会事务的未来变化趋势。在面对复杂社会问题时，能够快速掌握相关情况，缩短社会治理的响应时间，甚至是实现提前预警，从而使治理目标定位更准确，治理政策、治理方式和手段更加符合客观现实，治理进程和治理成效更加满足社会期待。例如，北京市交通委分析了近几年 9 月路面车辆出行数据，综合学校开学、大型活动、商场打折、节日出行、高速免费等各方面信息，发布了 2014 年 9 月拥堵日历，提前预测了 9 个重点拥堵日，并划设了校园周边及主干道、大型活动场馆周边道路等交通管理重点区域。根据交通拥堵的原因、时段及易发区域，交通委有针对性地部署了 8 项措施，包括增开地面商务班车线路、缩短地铁晚高峰最小运营间隔时间等[3]。这些措施有效减缓了当年 9 月交通拥堵情况，取得了良好的成效。

"互联网+政务"推进简政放权

互联网思维推进政府简政放权

用户思维是互联网思维的核心，它的重点在于"不是你做了什么，而是用户感受到了什么"，这种"用户至上"的思维，对很多传统行业有着颠覆性的改造。站在用户角度思考的互联网公司的产品逐渐受到人们的青睐。同样的思维也能运用于政府管理工作。政府的"用户"是人民群众、各类企业以及经济社会发展中的各种市场主体。以往去政府部门办事，不少人感慨办事难。比如，办理结婚证、生育证等需

---

[3] 北京市交通委. 关于印发 2014 年 9 月缓解交通拥堵专项行动方案的通知，2014.

要盖章签字很多次，办理事项非常繁琐，有时需要来回奔波数次，一旦发现证件不齐，或有变化，就只能耽误数日，造成了不好的影响。这种经历对于用户而言便是不好的体验。如果政府部门能够采用互联网思维，遵循"用户至上"的理念，将大大促进政府部门简政放权，真正实现便民利民。在 2015 年首次国务院常务会议上，国务院总理李克强曾提出结合互联网思维的创新模式，从制度建设上破解"审批难"。强调政府在行政审批改革中更需要胆量和气魄，实行"限时办理"，严格"规范办理"，坚持"透明办理"，推进"网上办理"。在形式上规范、流程上革新、注重内涵、简化程序、节约时间、减少奔波，在提高政府部门办事效率的同时，真正体现便民利民。政府部门可通过创新行政审批方式，取消一些中间环节，推出某种形式的"网上业务"，既能实现行政效能，又能方便企业和个人，提高整体的行政效率，最大限度地激发市场活力。通过减少政府对资源的直接配置，真正发挥市场配置资源的基础性作用，依据市场规则、市场价格、市场竞争实现效益和效率的最大化，进而推动经济的稳步发展。

互联网应用推进政府阳光执政

大数据战略的基础是大力推进数据开放。通过数据的开放，一方面，促进了社会治理的公开透明，强化了社会监督；另一方面，为社会组织和个人挖掘数据价值、调节自身行为、进行协调配合和参与社会管理提供了极大的便利，提高了政府治理的共同参与和治理效能。大数据平台的出现，将政府的各种政务行为置于阳光之下，将关心某一政治经济社会问题的公众聚合到一个社区，使政府工作更加公开透明的同时，也让政府和公众在重大问题决策中的合作成为可能。例如，国家发展和改革委通过建立政务服务大厅，将过去分散在各个业务司局的行政审批事项集中到政务大厅统一管理，通过集中收件、统一答复，实现政务公开、阳光审批、透明服务。各种行政审批手续的透明化、标准化、程序化，在极大程度上避免和限制了人为因素在各种审批事项中的作用。

与此同时，社交网络新媒体的出现，打通了政府和企业、个人间的信息壁垒，基于社交网络形成的协同共享系统，极大地提升了政府社会治理能力和公共服务能力。新媒体时代的政府网站，集政务微信、政务微博、政务 APP 于一体。《2014 年全国政务新媒体发展研究报告》数据显示，目前已经有 1.72 万个政务微信公众账号；截至 2014 年 11 月 30 日，推送内容超过 300 万次，推送微信文章达到 1200 余万次，累计阅读量超过 15.3 亿次。政务新媒体的发展应用，不仅营造了良好的舆论环境；而且通过微博微信的线上线下互动，更加密切了政府部门的群众关系，提高了政府部门的公信力，对政务信息公开和政策宣传起到了良好的促进作用。这将使公众对公众事务的掌握达到前所未有的程度，对政府决策的依据、实施效果等清楚感知，一方面倒逼政府自身决策的科学性，另外一方面通过公众的广泛参与，汇集了更多智慧，有助于帮助提高阳光决策、民主决策和公众参与水平。

互联网应用可以有效推进政府机构间的信息共享

当前我国部分地区和部分领域的信息化建设各成系统、各自为政，缺乏统一的规划和标准，造成网络间不能互联互通，形成许多低水平的"信息孤岛"。这些"信息孤岛"使得大量的信息资源不能共享，不能充分发挥应有作用。不仅让诸如征信体系建设、不动产登记等改革举措推进受到影响，同时也引发了数据库重复建设等浪费现象。

然而，随着大数据的迅猛发展，政府的管理模式将发生极大的改变。其包容性将模糊掉政府各部门间、政府与市民间的边界，信息孤岛现象将大幅消减，使信息资源共享和政府业务协同成为可能。利用大数据整合信息，将工商、国税、地税等部门所收集的企业基础信息进行共享和比对验证，通过分析，可以发现监管漏洞，提高执法水平，达到促进财税增收、提高市场监管水平的目的。与此同时，有了互联网大数据的支撑，有助于实现多维度、立体化的政府公共服务体系，推进数据开放、信息公开和共享，为智慧政府、服务型政府转型奠定基础。以深圳市社会建设"织网工程"实践为例，深圳市委、市政府通过数据化、物联化搭建了一个智慧平台，着眼于社会治理体系和治理能力的现代化探索，在这一工程中，通过建设大数据中心，首次实现了我国特大型城市政府数据的大集中和大共享，实现了市、区、街道、社区四级统一部署的综合信息管理平台[4]。

---

[4] 中共深圳市委办公厅、深圳市人民政府办公厅. 深圳市社会建设"织网工程"实施方案，2012.

"互联网+政务"有利于更好地提供公共服务

通过数据公开促进创新应用

国务院会议提出，依法实施政府信息公开是建设现代政府、提高政府公信力和保障公众知情权、参与权、监督权的重要举措。美国联邦政府报告《利用数据的力量服务科学和社会》指出，"数据没有被它所激发的思想和创新消耗，相反，它可为创新提供相当多的燃料。很小一部分信息，可以促进创新迈进一大步。"

当前互联网大数据的价值为大家所认同，政府信息公开有助于打破信息壁垒，有利于企业和公众更大程度地利用政府数据价值，有效实现自我服务。通过政务平台有效、及时地公开政府信息成为国家治理中提供公共服务的一个更有活力的途径。在美国，联邦政府数据公开网站 Data.gov 上线以后，软件程序员利用美国交通部开放得的全美航班起飞、到达和延误数据，并向全社会免费开放。这个系统的全面开放，帮助客户找到了最合适自己的航班，还有效降低了客户等待的时间。通过数据公开平台，政府为数据使用者、技术人员和应用开发者创造了一个良好的创新环境。由于推进了政府关键数据的开放，企业和民间的创新队伍迅速壮大，创新的软件和服务大量涌现。在我国，近年来信息公开的进程在逐渐加快，比如，国家统计局建立了与美国类似的数据开放网站 Data.stats.gov.cn，但数据的开放和利用机制还需要进一步完善。

通过信息设施建设改善基础公共服务

基础公共服务是指为公民及其组织提供从事生产、生活、发展和娱乐等活动所需要的基础性服务，例如，提供水、电、气，交通与通讯基础设施，邮电与气象服务等。

通过互联网，政府能够主动感知和预测社会所需求的各类服务和信息，及时捕捉需求热点，为用户提供更加智能化的便民服务。利用数据工具和智能终端设备对公众需求进行多层次分析，可以强化对需求细节的感知，使政府服务更精细化和更具针对性。政府部门可通过融合互联网、宽带移动通信等信息技术，并充分考虑公共区、商务区、居住区的不同需求，发展社区政务、社区智慧服务、安全管理等智慧应用系统，提供智慧化便民服务。政府部门通过建设互联网+交通，可以建立智慧化的城市交通管理和服务系统，实现交通信息的充分共享、路况状况的实时监控及动态管理，全面提升管理水平，确保交通运输畅通安全。

大数据来源于数据管理系统的存储数据、这些数据网络和移动终端的用户原创数据，以及传感器的自动生成数据，记录了社会事件的发生和发展，体现了社会各类主体对社会管理和社会问题的反映与互动，为社会治理提供了更加真实、全面、及时的客观事实和民情民意。互联网大数据在交通、环保等方面具有不可估量的作用，通过将社交网络、路况监测、城市摄像头、位置信息等协同处理，对复杂多样的异构数据进行管理和融合，来发现城市中的交通异常，并分析异常产生的源头，让交通拥堵提前疏导，防患于未然，会大大减轻拥堵现象。通过公共交通系统的智慧化，可以随时随地用手机查阅交通工具到达时间。例如，杭州的智慧城管主要为老百姓解决出行难的问题。自2014年4月上线以来，该系统已经提供各种市民服务280多万次，其中，共为2900辆电动车提供服务，减少二氧化碳的排放5000吨。截至2011年1月，在经济较发达的地区已有17个省（直辖市）先后建成并开通运营了不停车收费服务系统。根据北京市对不停车收费系统的调查，每条ETC车道与人工收费车道相比，其排放二氧化碳量可减少50%，一氧化碳排放量可减少约70%，节能减排效益显著。

通过智能化应用有效保障公共安全

利用互联网思维，政府部门可实现安全防范、数据与监管过程的可视化，监管过程智能化和自动化，能够有效升级传统的安全生态，协助有关部门提供公共安全服务。"7·21"北京暴雨发生时，由于求救人数众多，救援电话被打爆，被困人员无法从官方获得帮助，从而转向微博平台[5]。一条包含人物、时间和地点三要素的微博可迅速了解救援所需，打开微博附加坐标数据即可实现地图定位，为及时救灾提供方便。雅安地震中，除了微博再次凸显新媒体传播优势外，微信群

---

[5] 孟书强. 政务微博的信息发布与危机应对——政务微博对北京7·21暴雨的舆情处置分析[J]. 青年记者, 2013, (21):83-84. DOI:10.3969/j.issn.1002-2759.2013.21.047.

及各大互联网公司推出的寻人平台也为救灾提供了多渠道支持。基于数据采集、分析处理和应用于一体的完整体系，政府有关部门可以建立一个公共安全的生态系统，提高反恐和破案效率。密歇根大学曾在网上发布报告指出，研究人员正在用"超级计算机以及大量数据"来协助警方定位那些最易受到不法份子侵扰区域的方法，从而创建一张波士顿犯罪高发区域的热点图。同时，利用互联网大数据可以预测危机和测算风险，进而预测诸如恐怖活动和突发事件，预测自然灾难及传染疾病等的发生，为线上线下的联合治理赢得主动。

第十一章

互联网 + 民生 = 真正意义上的智慧城市
（安居+智能医疗+现代教育）

互联网+教育：知识传播普惠化

· · · · · · · ·

　　技术的每一次进步都会带来新的知识传播形式。收音机发明之后产生了广播函授；电视发明之后有了广播电视大学；互联网特别是移动互联网的发展，创造了跨时空的生活、工作和学习方式，使知识获取的方式也发生了根本变化。教与学可以不再受时间、空间、地点、条件的限制,知识获取渠道变得灵活与多样化。慕课则是互联网与教育的深度融合,是经过多年摸索出来的一种知识传播模式。"互联网+教育"不仅为我国全面提高国民受教育水平提供了新的机遇,同时也对传统教育模式和教育体系提出了挑战。

在线教育:快速发展的市场

我国在线教育的发展已有近 10 年的历史。作为一种全新的学习方式,网络课堂、网校等在线教育模式在悄然改变着人们的教育观念。尤其是 2013 年开始,在线教育行业突然获得了众多投资者的青睐。在资本的推动下,以互联网技术为载体的在线教育开始以传统教育行业颠覆者的姿态蓬勃发展,甚至各类并无教育根基的创业型公司也如雨后春笋般冲入教育行业,包括百度、阿里、腾讯在内的 IT 大佬和投资机构纷纷布局在线教育。继零售、餐饮、金融、打车等传统行业被互联网渗透之后,规模庞大的教育行业也正被互联网介入。

在线教育在我国仍处于起步阶段。2013~2014 年中国在线教育的一份网络调查报告显示,有 66.3%的受访者认可在线学习方式。而在美国,超过 70%的青少年使用互联网进行学习,91.2%的美国教师认为网络学习是 21 世纪不可缺少的学习方式。因此,绝大部分对在线教育持高度乐观态度的创业者都认为,教学由传统学校向互联网转型,已经成为信息时代的必然趋势。

在这种形势下,众多 IT 大佬早已纷纷进军在线教育领域。"淘宝同学"、腾讯教育、百度教育之后，京东也开通了教育频道。阿里巴巴集团宣布投资在线英语学习网站 VIPABC，投资额近 1 亿美元。新东方分拆 Web 业务部门，凭借其自身强大的线下教育资源和优势，突出了对在线教育的重视和肯定。除了原本就在互联网市场占据高位的网易、腾讯等公司外，YY、51Talk、沪江网、91 外教网、多贝网、猿题库等创业型公司也纷纷加入在线教育资本市场之战。

近两年，众多在线教育网站都获得了数额较大的投资。比如，51Talk、沪江网、91 外教网、多贝网、猿题库等都获得了融资，数额从数百万元到上千万元不等。就在 2015 年 2 月，阿里巴巴领投在线教育 TutorGroup 集团的 B 轮融资，以 1 亿美元的额度成为在线教育业界最大的一笔融资。

清科数据显示，2013 年至今，中国在线教育领域投资案例共 25 笔，总金额约 1.97 亿美元。而 2012 年在线教育领域投资案例数目仅 8 笔，涉及投资金额仅为 1700 万美元。据不完全统计，2013 年有数十亿资金进入在线教育行业，平均每天新增 2.6 家企业，全年新增近千家企业。国泰君安证券分析认为，我国在线教育未来发展空间巨大，到 2017 年市场规模有望达到目前的三倍。一方面，我国教育行业支出与 GDP 比值不到美国的一半，仅为印度的 3/4，未来教育支出仍有巨大提升空间；另一方面，我国互联网渗透率由 2008 年的 23%提升至 2013 年的 45%，随着互联网的快速兴起，教育从线下逐渐转移到线上是发展的必然趋势。

在线教育在国外经过近 20 年的发展才逐渐培养起固定用户，并探索出多种盈利模式。当前，国外在线教育机构纷纷瞄准中国市场。2014年，印度在线教育公司 Embibe 完成了 400 万美元融资，投资方为 Kalaari Capital 和 Lightbox。这些资金将被用于进一步开发产品，增加新课程，并向中国等新市场扩张。早前语言学习软件 Duolingo 就已针对 IOS 版进行了优化，向汉语用户提供英语学习。庞大的国内在线教育市场的竞争势必越来越激烈。

慕课：人人都可以上"名牌大学"

近几年，慕课引起了各国教育界、企业界、媒体、政府及各类国际组织的广泛关注和热议。慕课的出现是信息技术创新应用和互联网资本在教育领域结合的产物，必将成为信息时代重要的教育和学习方式。

慕课是大规模网络开放课程（Massive Open Online Course）的首字母缩写 MOOC 的音译名。其中，M 代表 Massive（大规模），指的是参与的学校和师生人数多、课程资源多等；第二个字母 O 代表 Open（开放），指凡是有需要的人都可以进来学习；第三个字母 O 代表 Online（在线），指时间空间灵活，"7×24 小时"全天候开放，还能利用开放网络实现互动交流，并可进行自动化的线上学习评价；C 则代表 Course（课程），但这里的"课程"不是狭义的，而是包括了师生实时交互的整个教学过程。

一般认为，Dave Cormier 与 Bryan Alexander 于 2008 年第一次正式提出了慕课的概念。实际上，早在 2001 年，美国麻省理工学院就宣布实施开放课程（Open CoureseWare，OCW）计划。随后，世界各地兴起了一股课件开放的潮流，在欧盟、非洲、中国、韩国、日本等地相继出现了开放教育资源计划或联盟组织，"知识公益、免费共享"的教育理念得到广泛认同。慕课出现井喷式发展是在 2012 年前后。2011 年秋，来自 190 多个国家的 16 万人同时注册了斯坦福大学的一门《人工智能导论》课，并催生了 Udacity 在线课程；2012 年 4 月，斯坦福大学两位教授创立 Coursera 在线免费课程，一年不到学生数突破了 234 万，后来 62 所知名大学加入合作共建在线免费课程；2012 年 5 月，麻省理工学院和哈佛大学宣布整合两校师资，联手实施 edX 网络在线教学计划，秋季第一批课程的学生人数突破 37 万，已有全球上百家知名高校申请加入。2012 年也因此被称为"慕课元年"。

此后，欧洲、亚洲和拉丁美洲国家纷纷跟随，有的加入美国主流平台，有的则推出了自己的平台。与此同时，私人成立的小型在线教育网站更是数不胜数。国外慕课平台概况如表 11-1 所示。

在我国，教育部 2003 年就启动了国家精品课程建设。2011 年国家精品开放课程与共享系统建设项目启动。2012 以来，原 3909 门原国家精品课程中的 2911 门完成转型，升级为国家精品资源共享课，其中 1402 门课程已在爱课程网上线。2013 年，我国出现了慕课建设热潮，一些知名高校纷纷加入慕课平台。2013 年 5 月，清华大学、香港大学、香港科技大学成为 edX 首批亚洲高校成员；2013 年 7 月，上海交通大学、复旦大学、台湾大学加入 Coursera，北京大学同时加入 edX 和 Coursera 两个平台。另外，部分中小学探索建立慕课联盟，网络运营商也纷纷行动起来努力抢占慕课市场制高点。也有人将 2013 年称为中国的"慕课元年"。

表 11-1　国外部分慕课平台情况[1]

慕课平台	国家	概述
Udacity	美国	2012 年 2 月，斯坦福大学两位教授联合创办 Udacity 平台，属营利性平台。课程覆盖计算机科学、数学、物理、商务等多个领域；颁发结业证书，通过考试后可进行学分互认
Couresera	美国	2012 年 3 月正式上线，属营利性平台。课程覆盖计算机数学、商务、人文、社会科学、医学、工程学和教育等；颁发结业证书，通过考试后可进行学分互认
edX	美国	2012 年秋由美国麻省理工学院和哈佛大学联合创办，属非营利性平台。课程覆盖化学、计算机科学、电子、公共医疗等，课程和在线教育混合的教学模式；颁发结业证书
NovoED	美国	以商科为主，专业性强，部分课程收费。鼓励用户组建学习小组，以小组为单位完成作业
OpenupED	欧盟	汇集了 12 门语言的欧盟平台，OpenupEd其实是一个 MOOC 课程列表，提供了欧洲和阿拉伯等国家各大学的近 170 门课程，大多数是自适应模式。课程按照学科和语言分类
FutureLearn	英国	2012 年 12 月进入慕课市场，2013 年 9 月推出首批 20 门在线课程，涵盖文学、历史、社会科学、计算与 IT、环境与持续发展、市场营销、心理学、物理学等。目前有 20 多个合作伙伴和课程提供商，有来自 165 个国家的学习者在其平台上注册了课程
iversity	德国	成立于 2011 年，最初主要开发在线学习的写作工具，2013 年 9 月推出首批上线课程。目前主要集中于欧洲本土市场

---

[1] 李曼丽等. 解码MOOC——大规模在线开放课程的教育学考察. 北京：清华大学出版社，2013.

续表

慕课平台	国家	概述
FUN	法国	全称"法国数字大学城"，2013 年 3 月成立，是一个为法国大学服务的教学管理机构。2013 年 10 月，法国教育部宣布利用利用 edX 开源代码开发国家慕课平台，超过 100 所法国高等教育机构加入，首批 20 门课程于 2014 年年初开课
Veduca	巴西	首个拉丁美洲地区的大规模在线课程品牌，与圣保罗大学、哈佛大学、哥伦比亚大学合作，课程视频配有葡萄牙语字幕；具有首页推荐课程功能
Schoo	日本	日本的第一个慕课平台，2012 年 1 月创建。提供在线测试，界面设计注重用户的互动交流。该平台仅面向日本，将目标锁定在日本 20～30 岁的公司职员
WizIQ	印度	印度著名在线教育公司，成立于 2007 年。2012 年开始向慕课领域发展，致力于打造与美国 edX 相媲美的在线课程平台，与印度理工学院德里分校合作，推出在线课程项目认证

　　总体来看，我国高校慕课建设大致可分为四种方式：一是通过国外已有平台推出课程，如北京大学、复旦大学、上海交通大学等；二是学校自建慕课平台，如清华大学"学堂在线"、上海交通大学"好大学在线"；三是政府主导、企业参与建设的 MOOC 平台，如爱课程网推出的中国大学 MOOC 平台；四是企业主导建设的 MOOC 平台，如果壳网 MOOC 学院如表 11-2 所示。

表 11-2　国内部分慕课平台情况[2]

类型	名称	概述
加入国外平台	Udacity	2013 年 6 月，中国第一视频网站优酷与 Udacity 达成独家官方合作，成为国内首个 Udacity 课程发布平台
	Coursera	2013 年 2 月以来，台湾大学、香港中文大学、香港科技大学、上海交通大学、复旦大学、北京大学均与 Coursera 建立合作关系
	edX	2013 年 5 月，清华大学、北京大学、香港大学和香港科技大学正式加盟 edX，成为 edX 首批亚洲高校成员
高校自建平台	上海高校中心	2012 年 12 月上线，国内第一个类似 MOOC 的教学平台，其课程呈现方式、评价机制、考核体系均与 MOOC 类似
	东西部高校课程共享联盟	2013 年 4 月上线，截至目前，已有 87 所国内高校加入，其中 "985" 高校 24 所，开设共享课程 30 门，共有 1800 人次学生在线修完所选课程
	学堂在线	2013 年 10 月上线，由清华大学研发，是免费公开的 MOOC 平台，也是教育部在线教育研究中心的研究交流和成果应用平台，合作伙伴包括北京大学、浙江大学、南京大学、上海交通大学等部分 G9 联盟高校
	好大学在线	2014 年 4 月上线，由上海交大自主研发，面向全球提供大规模中文在线教育，2015 年内将有更多地区高校的精品课程陆续上线，课程量增至 30 门以上

---

2 李曼丽等. 解码 MOOC——大规模在线开放课程的教育学考察. 北京：清华大学出版社，2013.

续表

类型	名称	概述
政府主导 企业参与	中国大学 MOOC 平台	2014 年 5 月上线，由网易云课堂与爱课程网合作推出，最初有北京大学、浙江大学、复旦大学、哈尔滨工业大学等 16 所"985 工程"高校推出的 61 门课程
企业自建	果壳网 MOOC 学院	2013 年 7 月创立，是全球最大的中文 MOOC 学习社区，聚集了 50 多万名华语 MOOC 学习者，覆盖超过 50% 的 MOOC 中文用户。目前，MOOC 学院已收录来自 20 多个 MOOC 平台的 1400 多门课程

制度创新："互联网+教育"发展的保障

互联网教育的发展是我们建设学习型社会、公众实现终身学习的重要途径。但其发展仍面临诸多问题。十八届三中全会提出"试行普通高校、高职院校、成人高校之间学分转换，拓宽终身学习通道"。教育规划纲要更是明确提出要"建立学习成果认证体系，建立'学分银行'制度"。制度创新无疑是互联网教育快速发展的重要保障。

"慕课"出现后，我国曾一度出现"慕课"学习热潮，但跟踪调查发现，这股热潮并没有持续多久，而且也仅有少数几门课程受追捧，对于一些系列课程，耐心听完的人少之又少。社会上的"名校情结"却依然故我。一个重要的原因就是，对于在线上大学，我国教育制度、人才评价体系的支持还不够，通过考试上大学获得文凭，几乎是被社会认可的唯一成才模式。学生可以上"慕课"，但学分会被承认吗？达到一定学分可以获得学校的文凭吗？在这种情况下，"慕课"要引起受教育者的关注，必须和现实相结合，也就是给予网络学习相应的学分，累积到一定程度可获得学位。

从未来发展看，随着慕课的不断发展，慕课平台与合作伙伴的相互认证将是必然趋势，现存的认证技术难题、制度难题有望得到根本解决。

韩国的"学分银行"制度值得我们借鉴和思考。韩国教育改革委员会于 1996 年 2 月提出了"学分银行制"具体实施方案。韩国教育开发院和韩国平生教育振兴院数据显示，截至 2013 年 8 月底，韩国学分银行制系统包括 218 个专业、6112 个教学科目、567 个评价认证机构的 27019 门课程，登录注册人员高达 130206 人，毕业生人数为 69773 人。

"学分银行"的管理机构设在韩国教育开发院的终身教育中心，附属在大学或大专的终身学习中心是具有授予学分资格的教育机构主体。运营"学分银行制"需要很多机构合作，如韩国教育人力资源开发部、韩国教育开发院、市/道教育厅以及被"学分银行"认定资格的教育机构。按照韩国《学分认证条例》的规定，可设认证课程的各类学校有成人继续教育学院或由终身教育法案批准的私人教育机构、职业教育和培训法案批准的职业教育和培训机构、高级技术培训学校或相关部门的专修学校、具备成人继续教育功能的大众传媒机构、与大学或职业培训中心挂钩的企业等。其中，非正式教育机构只有通过评估确认合格，才能成为"学分银行"承认的可提供教学计划和课程的学校，主要评估依据是师资力量、教学设施和教学管理等。取得"学分银行"的学分有以下途径：一是在大学进修的课程；二是参加各种培训班学习的课程；三是为获得各种职业资格证书所参加的培训课程；

四是在成人学校或社区学院进修的课程等。

韩国"学分银行制"取得成功最重要的是其有法律保障和完善的管理体系。韩国是世界上为数不多的颁布了《终身教育法》的国家之一，此外还颁布《学分认证法》。同时，在教育科学技术部的带领下，韩国终身教育振兴院负责具体的计划运营工作，还有市、道教育厅，以及全国可以开设"学分银行"相关课程的机构，组成了较为完善的"学分银行"的管理体系。

互联网+医疗：智慧健康助理

医疗健康问题牵涉国计民生，尤其是在老龄化问题日益凸显的大背景下，医疗健康问题越发成为公众关注的焦点和政府工作的重点所在。我国医疗卫生体制改革进行了多年，尽管有所进展但成效不尽如人意。李克强总理在 2014 年政府工作报告中曾说过，要"用中国式方法解决世界性难题"，坚定不移地推进医疗卫生体制改革，全面提高公众的医疗健康水平。在 2015 年的政府工作报告中，医疗则成为"互联网+"战略的内涵之一。

"口袋里的医院"

"互联网+医疗"的模式意味着"口袋里的医院"将成为现实。

目前全国已有近 100 家医院上线微信全流程就诊,超过 1200 家医院支持微信挂号,服务累计超过 300 万患者,为患者节省超过 600 万小时,大大提升了就医效率,节约了公共资源。例如,把广州 60 家医院装进微信的"广州健康通"公众号于 2014 年 11 月正式启用。这使得市民不仅可以了解广州市各大医院预约挂号信息,而且还可以通过微信预约挂号,实现"随时随地触手可及"的预约挂号服务,这也解决了看病"三长一短"(挂号排队时间长、看病等待时间长、结算排队时间长、医生看病时间短)的问题。

支付宝早在 2014 年初就开始推进"未来医院"计划。患者可以直接在支付宝中完成预约挂号、候诊叫号、缴费取药、查看检查报告、与医生互动、评价医院等流程。目前,全国已有 25 个省市 37 家医院进驻支付宝"未来医院"。此外,支付宝正计划打通商保,将电子病历、电子处方实时自动传给保险公司,以实现快速赔付。

上海儿童医院则推出了微信挂号服务来解决医疗服务中的信息不对称问题,提高了医院的医疗服务质量。家长只要添加上海儿童医院微信并绑定孩子的就诊卡,就可以在任何地方,通过微信完成"在线挂号、预约服务、报告查询、候诊排序"等服务,从而大幅度缩短候诊时间,实现出门前挂好号,算好时间到医院即可诊治的快速就医服务。而到了医院之后,全新的三维导诊图还可以引导家长根据医院三维实景图快速定位并找到相应候诊或诊疗区域(图 11-1)。

图 11-1 中国上海儿童医院"微信挂号服务"界面

在北京，2014 年 2 月，北京中医医院微信平台"挂号预约登记"功能试运行，2014 年 7 月北京大学第一医院开通微信挂号服务。随后，中日友好医院也开通微信挂号。北京中医医院、同仁医院、北京大学第三医院、朝阳医院等 8 家医院陆续在微信平台上推出预约服务。

2015 年，"北京 114 预约挂号"平台再次开启微信公众号挂号新模式。目前该公众号支持全市 146 家医院进行挂号，其中，三级医院 68 家，二级医院 78 家。据该公众号指南显示，公众号上各家医院的放号时间有所不同，具体以各家医院预约须知为准，但公众号预约为 24 小时开放，用户可随时自行操作预约。与网站挂号相同，用户将在手机上接收预约成功短信及唯一的 8 位数字识别码，用于随时查询和取消预约信息。该公众平台不收取预约挂号费，各家医院仅收取与医生职称相对应的挂号费（或医事服务费）。

互联网医疗市场之争

尽管之前不少互联网企业纷纷进入医疗健康领域，但伴随着"互联网+医疗"模式的普及，我国互联网医疗市场的竞争才刚刚开始。不同于其他行业，医疗这个领域比较特殊，第一需要高度监管，第二需要非常明确的解决需求的方式，而且非常专业，所以更需要跟线下的医疗机构进行紧密合作。目前 BAT 联合传统医疗企业或有希望打造大型医疗健康平台，制定新的行业规则，而中小互联网公司和创业团队在各自的细分领域为用户提供服务。易观智库最新数据显示，2013 年中国移动医疗市场规模为 19.8 亿元，同比增长 50.0%，预计 2017 年将达到 200.9 亿元，4 年复合增长率高达 78.5%。移动医疗未来两年将高速发展。

2013 年"百度健康"悄然上线，这是百度打造的一款全新的医疗就诊问询平台，旨在为成千上万的患者提供寻找医院、咨询医生、预约就诊、诊后反馈的一整套寻医问药解决方案，是百度未来的一大发展方向，致力于让网民快速高效地获取信息、找到所求。

2015 年 1 月，百度与全军规模最大的综合医院 301 医院达成战略合作，探索建立医疗领域的 O2O 新型服务模式及创新运营模式。2015 年 2 月，百度战略投资医护网。医护网是面向社会大众提供专业就诊服务的门户网站，医护网在挂号、导医导诊和转诊等业务上已经深度合作了 300 家三甲医院，约占全国三甲医院数的 28%，并与 5 万多名医生展开了深度合作，新业务微导诊也快速覆盖了 500 家三甲医院。

当医疗数据积累足够大之后，这些数据的应用场景就极具想象力，包括疫情监测、疾病防控、临床研究、医疗诊断决策、医疗资源调度、家庭远程医疗等方方面面。

2014 年 1 月，阿里以 1.7 亿美元入主医药企业中信 21 世纪，被视为医药电商行业的一次地震。阿里不仅借以拿到了全国第一块第三方网上药品销售资格证的试点牌照，而且还拿到了后者手里中国仅有的"药品监管码"体系——该体系可以实现扫描任何一药品的条形码和监管码，就可以知道该药品的真伪、使用说明、生产批次以及流通信息。这意味着阿里不仅获得网上销售处方药的许可证，还获得了中信 21 世纪苦心经营起来的国内最大医药数据库。

2015 年 1 月，阿里与广州白云山医药进行医药和医疗健康方面的战略合作。根据框架协议，二者不仅共同探索及开发药品"线上到线下"或"O2O"营销模式，还将共同开发"未来医院"、探索开发新业务，以及探索新运作模式以促进医院处方的社会化流转。阿里还与卫宁软件就云医院建设、电子处方共享等领域展开合作。

远程医疗：医疗资源共享的福音

远程医疗是指，依托现代信息技术，构建网络化信息平台，联通不同地区的医疗机构与患者，进行跨机构、跨地域医疗诊治与医学专业交流等医疗活动。远程医疗由远程医疗服务、业务监管和运维服务三大体系构成。

目前，开源的远程医疗平台已经开始在欧美发达国家流行。例如，由瑞士巴塞尔大学创建的 iPATH 远程医疗平台，患者和医生都可以用移动设备把病例上传至服务器，建立和充实病例档案，从而进行远程咨询和病例管理。在南非，有 110 例皮肤病患者进行过这种远程的医疗求助，其中 57 例都取得了积极的治疗效果。另外一个知名的远程医疗平台是由美国麻省理工大学和哈佛大学共同创建的 Sana Mobile，它的功能主要包括身体诊断（如宫颈癌筛查、儿童期疾病诊断、皮肤诊断）、术后观察、应急反应（车祸现场的评估）和 Moca Benefits（现场筛查、诊后）等，支持语音、图像、文本，视频功能也将在不久的将来实现。同时，这个平台将卫生工作者与医学专家相联，加快了数据的收集和分析，同时也提供了更有效和权威的医疗支持。

由斯坦福大学学生创办的移动医生组织（medicmobile.org）开发的可于手机使用的电子医疗记录系统 FormHub 和 OpenDatakit，社区的卫教人员可将访察的初步诊断结果传回大医院，作为病历资料建档和分析研究，而具备照相技术的手机，只要照下病患血液样本，就能将资料传回医院进行血液检查，检查是否罹患霍乱、结核病和艾滋病等。此外，移动医生组织为了有效整合资讯，还建立了 kujua 核心应用平台，以汇集、接收病历数据和资料，并便于管理者用于分析与决策。此平台自 2012 年起开始在非洲和亚洲的数个国家使用，用于追踪当地疾病、医疗监测等。目前已有超过 1500 名医疗卫生人员使用他们的系统服务了 350 万名病患。截至 2013 年底，移动医生组织开发的工具帮助的医护人员已达到 16000 名，受益 750 万人，他们来自非洲、亚洲、拉丁美洲和美国。

远程医疗有助于推动医疗系统降本增效。当前我国存在明显的医疗资源分配不平衡、三甲医院人满为患、社区医疗机构门可罗雀等突出问题。2014 年国家发布的《关于推进医疗机构远程医疗服务的意见》首次明确"积极推动远程医疗服务发展"，有人将其称之为我国远程医疗的重大转折性文件。《意见》允许远程医疗开展 B2C 业务，远程医疗从 B2B 的大病会诊向 B2C 的常见病问诊转变。

远程医疗用三级医院的医生作为首诊及疑难杂症等诊疗中心，促进常见疾病、慢性病长期看护治疗下沉到社区，降低成本、提高效率。丁香医生、春雨医生等手机医生问答类 APP 通过医生在线问诊，远程即可解决患者 30%～40%的咨询问题，在一定程度上缓解了医疗资源的紧缺。目前，试点省份正在研究将远程医疗纳入医保，远程医疗已进入高速增长期。

必须指出的是，尽管远程医疗、移动医疗将是未来医疗领域的大方向，但是目前参差不齐的发展现状也说明理想和现实之间的差距。就我国目前现状看，远程医疗服务发展面临不少制约因素，例如，没有收费项目或者收费标准偏低，医疗机构开展远程医疗服务无法收取费用或者低于成本，积极性不高；医保政策不统一，很多地方远程医疗服务未纳入医保报销范围，患者使用积极性不高；远程医疗双方法律责任和义务不明确等。

互联网+交通：让出行更智能

●●●●●●●●

互联网技术的应用，已经显著改变了交通的面貌。当人、车、物品的位置信息实时联网，交通就会变得更加智能、精细和人性。开车族的手机导航取代了车载导航仪；乘坐公共交通工具出行的人们开始查询下班车的到站时间；走高速公路的朋友们听起了路况广播；到高速收费口不再停车交费改走 ETC 车道；路遇事故的交通参与者实时向各类信息平台传递实况；利用大数据进一步分析出每周的不同时段哪些路段拥堵哪些路段畅通，以此进行精确出行路线规划……所有这些变化，都指向一个词："互联网+交通"。

实时路况信息传递：出行选择更加"靠谱"

早在 2008 年奥运会时，我国就建成了智能化交通管理系统，集成了交通信息采集与处理、交通信号控制、交通指挥与调度、交通信息服务、应急管理等 22 个子系统。覆盖北京市的交通信息服务系统则是直接服务于出行者，在奥运会前在北京城市主干道和快速路上设置了近 300 块交通诱导显示屏，如今已经超过了 500 块，该系统两分钟更新一次信息，每天发布几十万条实时路况信息。可以说，目前在北京市已经形成了一个体系化的、以图形为主文字为辅、实时准确的交通诱导系统，2008—2009 年统计数据显示，这一系统的应用，使道路的综合通过能力提高了 15%以上。

在上海世博会期间，世博园在近 200 天内接待了 7000 多万位观众，上海市既不限制外地车进入也不实施"单双号限行"，依靠智能交通系统实现了全市交通的平稳运行，受到了上海市民和国内外游客的一致好评。

除了刷卡乘地铁和公交车，人们还能借助移动互联网获的出行信息。大量智能公交 APP 被用户下载到智能手机终端，乘客可以获知下一趟车什么时候到站，做到心中有数，不再干等；驾驶员可以享受全天候智能化路网交通信息服务。除城市交通广播的实时交通路况节目广受出行者关注外，经由多种移动终端、移动互联网传递的实时路况信息，得到越来越多的应用。车载导航、手机导航软件等服务不断升级，如今不管是在城市内，还是在高速公路、国省干线上出行，借助多种手段传递的实时交通路况信息、未来路段交通预判信息等，都为出行者更加"靠谱"出行提供了帮助。

"定制班车"：城市上班族的福音

"定制班车上班"应用的出现，更是使得上班一族从 "我等车"变为"车等我"。在深圳，2012 年年底，东部公交率先在该公司的公交线路上，陆续安装了公交"神器"。市民只要通过手机下载"酷米客公交"手机 APP，系统自动定位所在的公交站台，并且实时告诉你，最近的公交车还有几个站，大概需要等待多少时间。随后，深圳市交委推出了功能更为强大的"交通在手"手机 APP，逐步将全市公交线路收录其中。最新数据显示，深圳 864 条公交线路，大约 1.5 万辆公交车已经全部安装了 GPS,通过"交通在手"不但可以查到公交电子站牌信息和实时公交信息服务,还能查到公交和地铁换乘方案,让出行变得更加通畅。目前,"交通在手"的下载总量已经突破了 110 万。不少深圳上班族通过互联网为自己定制一趟心仪的班车。

2014 年 3 月,深圳巴士集团率先试水定制班车业务。所谓定制班车,是指市民通过一定渠道向运输企业提出自己的乘车需求,企业根据需求和客流情况设计出线路,并相应安排班次,为其提供定时定点的运输服务。定制班车通常是从居住地直接往返工作地。深圳巴士集团是深圳最早开行定制班车的企业,据了解,截至 2015 年 1 月底,其运营的定制班车线路已经由最初的 2 条增加到了 7 条。

紧随巴士集团之后,定制班车这一模式在深圳"风生水起",已吸引众多企业参与,包括中南运输集团、侨城旅运、深圳市公路客货运输服务中心、新纪元运输发展有限公司等。据不完全统计,目前深圳已开行的定制班车班次已超过 100 班。各企业开行的定制班车,其始发地、目的地和开行时间完全由乘客和企业协商确定,政府交通部门无须核定定制班车的行驶线路。班车按照市场化模式运营,自负盈亏。区别于普通公交,定制班车采用预付费模式,不能够随车卖票,通常是"月票制"。

智能汽车:互联网的下一个战场

当前方的车刹车时,无须再看车尾红灯,车内语音会自动提示;当驾车面对分岔路时,车内显示屏会告知离目的地最近的路线;因为分神,驾驶汽车偏离车道时,车内设备会发出警报予以提示……借助车联网，驾驶者在使用过程中产生的信息可以得到及时反馈，未来汽车将变得更加智能。智能汽车的发展意味着以往人与车的交流，将转向车与车、车与路、车与基础设施的交流，人、车、路和基础设施的四维交互则是"互联网+"带来的趋势，而这也将为无人驾驶技术的完善打下基础。

"互联网+"时代，传统汽车制造业也开始向互联转移。自动驾驶、智能汽车等近年已经开始被越来越多的厂商关注。继上汽与阿里巴巴、北汽与乐视联合之后，东风与长安汽车也相继与华为签约。对于国内市场来说，车联网与智能汽车或将为产业链带来更多机会。据信达证券研报发现，从2010年开始，车联网市场正在以每年20%～60%的速度增长，未来几年中国将会迎来汽车服务市场的高速发展，2015年前将拥有高达4000万的用户和超过1000亿元的产值，中国汽车业将全面进入车联网时代。

国际车企积极进入智能汽车市场。2009年3月，丰田率先将GBook引入中国。2010年上海世博会期间，通用汽车展出了EN-V概念车，通过整合GPS导航系统、车对车交流技术（V2V）、无线通信及远程感应技术，实现了手动驾驶和自动驾驶的兼容。2014年9月，通用汽车宣布将在两年后推出其首款能够与其他汽车互相通讯的汽车，同时还将开发更加先进的、特定情况下支持免手动驾驶的技术。大众汽车车联网除常见的导航功能之外，还提供了一整套安全保障和维修支援。

国内，上汽已经率先在车联网领域展开了自己的探索。2010年4月，上汽推出了第一款基于联通3G网络的前装Telematics服务——

inkaNet，成为自主品牌企业中最先推出类似系统的企业。比亚迪汽车也在车联网领域试水，其已经在 G5 上搭载了基于 Andriod 平台的 Carpad 系统。2015 年 3 月，上汽集团与阿里巴巴联合公布设立 10 亿元"互联网汽车基金"，吸引更多参与者共同推进互联网汽车开发和运营平台建设。双方将合作开发 YunOS 车载系统（YunOS for Car），建立专属的软硬件平台和应用服务。据不完全统计，至 2015 年中国汽车产量有望达到 2500 万辆，其中搭载车联网系统的车型，将逐渐从高端车型产品向普通车型普及。届时中国车联网用户的渗透率将有望突破 10%，这一市场规模将超 1500 亿元。

移动打车服务：争议中迅速发展

如果说无人驾驶汽车距离普通人日常生活较远的话，"互联网+交通"概念中的"出行"一项，已然在改变着每个普通人的日常生活。

在国外，打车应用 Uber 称得上是风投界的宠儿。2013 年 8 月，Uber 完成 C 轮融资，筹得 3.6 亿美元投资，估计市值达 35 亿美元，甚至有美国投资者认为它的市值未来会超过 Facebook。Uber 成立以来不仅致力于拓展国内国外市场，更是在服务模式创新上进行着持续不断的探索。Uber 一开始就定位小众的高端市场，用户可以订到如奔驰、凯迪拉克、宝马等豪华私家车，租车费用比普通出租车高出 50%，用户月均支出超过 100 美元。Uber 的车源覆盖私家车公司、出租车运营公司、汽车租赁公司。有内部财务信息表明，Uber 用户每周发出的租车请求为 110 万次，每周营收达 2000 万美元。据不完全统计，Uber 已经在全球 50 多个国家 280 个城市开展了服务，包括中国的北京、上海、深圳、南京等地。2014 年 12 月，百度宣布与美国著名打车公司 Uber 达成合作和投资意向，未来双方将在技术创新、开拓国际化市场、拓展中国 O2O 服务三个方面展开合作。Uber 的打车服务将接入百度地图、百度移动等 APP 之中，百度钱包作为支付体系也将纳入合作之中。

在我国，2012 年兴起至今的以快的、滴滴打车为代表的打车软件成为很多人手机中的必备软件，移动打车软件应用让打车变得更加轻松容易，"专车"服务也逐渐为越来越多的人熟知并广泛应用。

易观国际发布的《中国打车 APP 市场季度监测报告》数据显示，截至 2014 年底，我国打车 APP 累计账户规模达 1.72 亿，其中，快的打车、滴滴打车分别以 56.5%、43.3%的比例占据打车 APP 市场累计账户份额领先位置。快的打车的单季活跃用户人均启动次数达到了 15.82 次。滴滴打车用户则超过 1 亿，覆盖全国 178 个城市，每天使用打车软件产生的订单最高达 500 多万个。

2014 年下半年，快的打车和滴滴打车先后推出了"专车"服务。"专车"是商务车，包括各种车型，属于汽车租赁公司，不在马路上巡游，只能通过电话或软件召车，提供点对点服务。专车服务由企业自主运营，司机作为劳务公司员工，仅提供驾驶服务，交通部门负责发放营运证，并进行监管。"专车"服务收费根据车型、里程和耗时来计算，通过绑定软件的信用卡扣除。利润由打车软件平台、租车公司和司机三方分成。滴滴专车自 2014 年 8 月上线以来，业务已覆盖了北京、上海、广州、深圳等 16 个大型城市，其业务范围还在进一步扩张中，日订单已经突破 15 万单。2015 年 2 月，快的打车与滴滴打车两大巨头宣布实施战略合并。

移动打车应用在为出行者提供便利的同时也遭受了不小的争议。打车软件实际上是将移动互联网与城市交通深度融合的跨界产品，其快速发展必然引起 IT 领域和城市公共交通服务领域等多方高度关注。支持者认为，打车行为本身具备使用频次高、普及率广的特点，移动打车应用将出行与移动支付相结合，适合广泛传播。专车服务是市场需求的产物，可以打破长期的单一出租车模式，帮助缓解现有的交通压力，甚至可以促进经济发展、解决就业；移动打车服务所呈现的社会价值，表现于通过移动出行平台来实现公用、个体的交通资源的复合性整合利用，这是移动互联网时代的共享经济特征，可以最大限度地节约能源、节约地面交通资源；依托市场化运作的专车服务出现，会在服务理念、服务体验等方面全面提升，从而倒逼出租车行业进行改革，朝着提升服务质量改进。反对者则认为，各种打车软件和专车服务刚刚兴起，还存在一定的监管空白。甚至有专业人士提醒，这个看似合理的模式背后，对于乘客来讲也有风险，因为"代驾"服务目前属于管理的盲区，并没有一个专门的主管部门进行管理。尤其是专车目前还处于粗放式的市场推广阶段，存在诸多监管漏洞，消费者权益难以得到保障。

这种情况下，有关政府部门出台了一些法规来规范和监管移动打车市场。例如，北京将打车软件纳入统一电召平台，订单全部备案，但政府只监管不调度，事后监管；上海在早晚高峰时段禁止使用打车软件；苏州则明令禁止出租车司机使用打车软件。2014 年 7 月 17 日，交通运输部颁布了《关于促进手机软件召车等出租汽车电召服务有序发展的通知》，交通部公布的新政策首次明确，出租汽车电召服务包括人工电话召车、手机软件召车、网络约车等多种服务方式。手机软件召车需求信息可在城市出租汽车服务管理信息平台运转后推送至驾驶员手机终端播报，但平台运转不得影响手机召车软件的正当功能及良性竞争。

2015年3月16日，合并后的滴滴快的发布了《互联网专车服务管理及乘客安全保障标准》，填补了互联网专车行业安全管理标准的空白，使专车服务做到事前严格准入、事中实时监控、事后全程可追溯，对规范和引导行业健康发展具有重要作用。

以滴滴专车为代表的移动互联交通服务新业态以"互联网+交通"服务新模式，通过技术创新和市场创新，改变了传统城市交通的运行环境，形成了新的供给模式和交易关系，不仅极大提高了效率，满足了社会需求，而且是"分享经济"在中国交通出行领域的代表。"互联网+交通"新兴生产力将成为推动出租车行业改革的重要驱动力。

12

第十二章

互联网 + 金融 = 异军突起的互联网金融

2015 年以来，中国的实体经济下行风险越来越大，在新常态下，金融也面临新的挑战与机遇，具体表现为以下几个方面。

（1）利率市场化。最近几年，中国的利率市场化进程不断加快，已经取得了突出的进展。2015 年，人民银行工作会议提出加快推进金融改革开放，重点包括加快利率市场化改革，继续完善人民币汇率形成机制，稳步推进人民币资本项目可兑换，建立存款保险制度，深化金融机构改革，推进外汇管理体制改革，促进区域开放与协调发展，促进互联网金融创新规范发展。

（2）人民币国际化。2014 年，资本项目可兑换和金融对外开放取得进展，推动沪港股票市场互联互通试点，继续推动境内金融机构赴境外发行人民币债券，人民币合作境外机构投资者试点拓展到 10 个国家或地区。2014 年，在 10 个国家新建了人民币清算安排，与 13 家境外央行或货币当局新签或续签双边本币互换协议。人民币越来越国际结算和储备货币受欢迎。

（3）中小企业融资难。据统计，目前我国中小微企业占全国企业总数的 99% 以上，提供了 80% 以上的城镇就业岗位，拥有 65% 以上的发明专利和 80% 以上的新产品。但现阶段我国中小微企业普遍面临融资难、融资贵的困境，并且已成为制约中小微企业生存和发展的瓶颈。

在新常态下，互联网在以上几个问题都表现出了明显的技术支持作用，甚至互联网与金融的叠加效用，在一定程度上带来了解决上述问题的曙光。毫无疑问，互联网与金融的+，就是互联网金融。

什么是互联网金融

根据中国投资有限责任公司副总经理谢平的定义：互联网金融是一个谱系（Spectrum）概念，涵盖从传统银行、证券、保险、交易所等金融中介和市场，到瓦尔拉斯一般均衡对应的无金融中介或市场情形之间的所有金融交易和组织形式。

　　理解互联网金融要有充分的想象力。目前，互联网金融的趋势已经很明显，有关创新活动层出不穷，各类机构纷纷介入，除银行、证券、保险、基金之外，电子商务公司、IT 企业、移动运营商也非常活跃，演化出丰富的商业模式，模糊了金融业与非金融业的界限。

互联网金融的"变"与"不变"

"不变"的方面

　　第一，金融的核心功能不变。互联网金融仍是在不确定环境中进行资源的时间和空间配置，以服务实体经济，具体表现为：①支付清算；②资金融通和股权细化；③为在时空上实现经济资源转移提供渠道；④风险管理；⑤信息提供；⑥解决激励问题。

　　第二，股权、债权、保险、信托等金融契约的内涵不变。金融契约的本质是约定在未来不确定情景下，缔约各方的权利义务，主要针对未来现金流。比如，股权对应着股东对公司的收益权和控制权，债权对应着债权人定期向债务人收取本金和利息款项的权利。

　　第三，金融风险、外部性等概念的内涵也不变。在互联网金融中，风险指的仍是未来遭受损失的可能性，市场风险、信用风险、流动性风险、操作风险、声誉风险和法律合规风险等概念和分析框架也都适用。

"变"的方面

互联网金融的"变"主要体现在互联网因素对金融的侵入。

第一，互联网技术的影响。互联网技术主要包括移动支付和第三方支付、大数据、社交网络、搜索引擎、云计算等。互联网能显著降低交易成本和信息不对称，提高风险定价和风险管理效率，拓展交易可能性边界，使资金供需双方可以直接交易，从而影响金融交易和组织形式。

第二，互联网精神的影响。互联网精神的核心是开放、共享、去中心化、平等、自由选择、普惠、民主。而传统金融则有一定精英气质，讲究专业资质和准入门槛，不是任何人都能进入，也不是任何人都能享受金融服务。互联网金融反映了人人组织和平台模式在金融业的兴起，金融分工和专业化将会淡化，而金融普惠性将增强。

互联网金融的三大支柱

互联网金融的三大支柱如下所述（见图12-1）。

第一支柱是支付。支付是金融的基础设施，会影响金融活动的形态。在互联网金融中,支付以移动支付和第三方支付为基础,在很大程度上活跃在银行主导的传统支付清算体系之外,并且显著降低了交易成本。

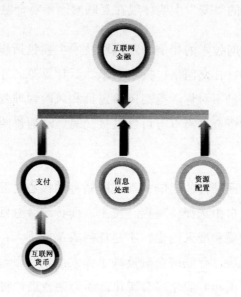

图 12-1　互联网金融的三大支柱[1]

　　第二支柱是信息处理。信息是金融的核心,构成金融资源配置的基础。在互联网金融中,大数据被广泛应用于信息处理,提高了风险定价和风险管理效率,显著降低了信息不对称。

---

[1] 谢平. 互联网金融三要义,金融读书会,2014.

第三支柱是资源配置。在互联网金融中，金融产品与实体经济紧密结合，交易可能性边界极大拓展，资金供求的期限和数量的匹配，不需要通过银行、证券公司和交易所等传统金融中介和市场，完全可以自己解决。

任何金融交易和组织形式，只要在支付、信息处理、资源配置三大支柱中的至少一个上具有上述特征（注意：不要求三大支柱都具有相关特征），就属于互联网金融。

互联网+银行

最近这段时间关于网络银行、民营银行的消息甚嚣尘上，那么到底什么是网络银行，它跟传统的银行有什么区别？它的好处在哪里？又能为普通老百姓带来什么样的益处呢？

一是账户维护方便。传统银行账户维护烦琐，用户必须到银行的网点去开户，要是卡丢了，补卡就得在那儿排队排老半天，效率实在太低了。如果是网络银行，支付宝/微信号/微博号这些就直接就可以变成客户的银行账户，非常方便。如果要销户、转户、申请信用卡，都可以在网上实现，从技术上来讲，完全没有问题。BS 架构支持大并发数据，可以同时供几千万人使用。

二是转账不要钱。现在银行间的转账、跨行跨地区转账都是要支付费用，最贵的时候要付 1% 的手续费。另外，在商场买东西的时候刷 POS 机，商家要给银行付钱，羊毛出在羊身上，商家实际上把商品价格提高了，还是老百姓付钱。支付宝客户端进行跨行转账是免费的，包括微信红包、支付宝红包等方式转账都不要手续费。网络银行系统成本非常低，完全可以打这样一个价格战，没有必要通过转账来剪羊毛。

三是存款利息更高。网络银行之所以能够提供比较高的利率，根本原因是在于它的成本低。这也是互联网为什么能够颠覆我们传统大多数行业的原因。同样在互联网金融时代，网络银行运营成本要低很多，第一它没网点，第二它推广成本很低，因此完全可以把这部分让利给普通的储户。

四是贷款利率更低。现在传统银行基本上都是为大机构服务，或者有抵押，民营企业向银行贷款非常难，江浙一带民间借贷利率是25%～40%，而阿里小贷的平均年化收益率只有 18%，虽然比银行贷款利率要高，但是比民间资金依然便宜了很多。

五是理财很方便。互联网金融产品对接基金产品非常方便。阿里巴巴跟民生银行做直销银行，就是民生银行把它的金融产品，比如各种理财产品，放到阿里巴巴来卖。所以未来可能大家会看到，在网络银行里面会有很多金融产品供大家选择。有了这个平台以后，网络银行做了很多中间业务，可以一下子买到很多基金产品，非常方便。

国外网络银行

美国 SFNB 银行是全球第一家纯网络银行，是第一家获得联邦监管机构认证、可以在互联网上营业的银行，也是第一家获得联邦保险的网络银行，更是第一家在美国 50 个州都有客户和账号的银行。开业之初，它只雇用了 15 名员工，就为 12000 万个因特网用户，几乎提供了全部的金融服务，并一度成为美国第六大银行，资产达到 1260 亿美元。但是，随着电子商务低谷的到来，1998 年 SFNB 因巨额亏损，被加拿大皇家银行收购，成为 RBC 的一个有机组成部分。此外，由荷兰国际集团 1997 年在加拿大创立的 ING Direct 网络银行，虽然一直与传统银行并存，但鲜为世人所知，其业务量也一直未成气候。

未来，网络银行肯定会提供给普通用户非常好的体验和服务，给传统银行带来巨大的冲击。以中小白领为代表的城市居民，可能成为网络银行的重要用户，因此网络银行真正挤压的是中小股份银行。

互联网+证券

佣金宝一石激起千层浪

2014 年 2 月，国金证券推出首只互联网金融产品"佣金宝"，并扛出了"万二佣金"的大旗。投资者通过腾讯股票频道进行网络在线开户，即可享受万分之二的交易佣金。低廉的佣金与券商实体店普遍的万分之八左右的佣金形成强烈对比。

2014 年 8 月，大智慧公告称，将以增发股份和现金的方式购买新湖中宝等股东所持湘财证券 100%的股份。2015 年 2 月，传言东方财富将收购浙商证券。从这一系列的消息可以看出，互联网证券时代正在加速到来，那么大量的互联网公司介入证券领域，会带来哪些好处呢？

第一个好处是可以网上开户；第二个好处是它几乎零佣金；第三个好处是佣金宝等提供了余额理财服务，闲置的资金可以通过佣金宝来买货币基金等理财产品，从而提高收益率。

佣金宝的推出受到了市场热烈的追捧。但也意味着国金证券从经纪业务中将无法获得一分钱的收入，并且还要承担相关人员和机器的成本。下一步，腾讯和国金证券可能将会采用嘉信理财的方式。

嘉信理财模式

国外类似于佣金宝模式的有两种。一个叫 E-Trade，另一个叫嘉信理财。其中 E-Trade 是纯粹低价开户的方式，网络交易。从佣金宝以及腾讯目前的发展战略来看，它更像嘉信理财。

90 年代中期，互联网大规模兴起，嘉信理财公司大胆地预见到，互联网将会成为对中小零散客户进行大规模收编集成的重要平台，于是率先加大了对互联网在线交易系统的投入。从此开始，嘉信理财公司把传统的经纪和基金等业务捆绑在高速前进的互联网列车上，整个公司的业绩突飞猛进，迅速成为美国最大的在线证券交易商。此后，整个美国资本市场进入了互联网交易时代。目前，公司为780万客户管理着8600多亿美元的资产，对股东的投资回报率一直高居美国"财富"500强公司前10名。

嘉信理财提供一个开放的服务平台，可以为所有人使用，研究报告、数据，都是公开的、免费的。当客户习惯了使用这些数据以后，他就会产生依赖性，不再去别的地方去做交易，那么这时侯嘉信理财就可以利用资产管理去赚钱。

嘉信理财的盈利方式完全是基于互联网思维的，重要的不是一单或者个别客户带来的收益，而是要创建这样一个有大量客户聚合的平台。一个资产管理产品管理费收1%，那收益也非常地可观，佣金万三万二别人都会觉得很贵，那是因为资产管理是真正的增值服务，佣金是一个纯粹的通道业务，不具备核心竞争力。

券商惨烈竞争

在互联网领域往往就是强者恒强。所以当腾讯和国金证券开发了佣金宝以后，短期内别的券商想超越佣金宝恐怕比较困难。因为大量的客户喜欢用佣金宝转到国金证券的平台上做交易，这会带来明显的先发优势与规模优势。对客户来讲，选择第一个已经很好了，实在没有必要冒险去选择第二个类似的产品。所以说互联网时代永远只有第一，没有第二。

任何一个行业不可能被别的行业的一两个产品打败，但是以余额宝和佣金宝为例的互联网金融产品,它实际上是对整个行业的游戏规则进行了改写。互联网企业会发现,券商与银行相比更加地不堪一击,并且互联网企业作为一个渠道方具备天然的优势,其点击率和影响力不是一般的券商所能比拟的。

大的券商只有往高端走,服务真正的机构投资者比如银行、保险、对冲基金等。这些大的基金其实对于佣金并不是太敏感,需要的是更加高端的服务,而不是目前券商所提供的那些可有可无的研究报告。第一,需要提供大数据支撑,也就是说将各种各样的数据都买全,并且将这些数据整合到一个统一的数据平台;第二,需要提供极速交易平台,对一类需要高速交易的投资者而言,传统的经纪业务通道的速度显然是不够的;第三,需要创造一些高端的投资者俱乐部交流的机会,请到一些很有影响力的专家投资者做交流。

对冲基金蓝海

与传统公募基金相比,对冲基金是属于另外一个特性的投资产品。传统的公募基金主要是以获得相对收益为主,对冲基金则不一样,它会将市场的下行风险对冲掉,这样使得在熊市中依然可以获得绝对收益,当然这个绝对收益可能不太多,一年 15%～25%。比如海外最大的对冲基金桥水联合基金,每年的平均收益率也就是 10%左右,但是规模做得非常大。

这样一种稳定收益的产品,得到高净值客户,以及如银行、保险这样的机构投资者的青睐,这就是中国本土的对冲基金产品过去几年得到爆发式增长的重要原因。

以传统投资相比，对冲基金团队背后一般都有强大的数据做支撑，以模型为核心。用一个简单的比喻，散户用的是小小米加步枪，公募基金差不多就是飞机大炮，而这种基金差不多就是巡航导弹这个级别。对于这些机构而言，他们更在乎的是券商能提供数据和交易方面的支持，而不仅仅是佣金。

所以未来的券商会两极分化，一部分为对冲基金提供高端服务，一部分为散户提供廉价的服务。其中，高端服务包括产品发行服务、运营及清算服务、数据平台服务等。

互联网+保险

2013 年 2 月，阿里、腾讯、平安投资设立的中国第一家互联网保险公司"众安在线"正式获得保监会批复，允许其开展互联网相关的财产保险业务，标志着中国保险业与互联网融合实现了重大突破。

根据林涛的分析[2]，中国保险行业仍面临四大痼疾。

国内保险四大痼疾

（1）保险意识依然薄弱。以寿险深度（总寿险保费相对于 GDP 的

---

[2] 林涛. 互联网保险解读，2014.

比）为例，中国大陆的寿险深度不到 2%，而同比中国香港地区是 11%，中国台湾地区是 15%，即使印度也有 3%。尽管近几年来大家对保险的意识越发强烈，但总体来说中国的广大人民群众对保险的认识仍然以被动推式为主，而非主动拉式。

（2）渠道过于强势。国人买保险，一定是被动推式的，也就是说买保险一定伴随着具体的场景：只有在医院看到生老病死，才会萌生买寿险健康险类的想法；以航意险为例，大家在机场或者携程、去哪儿买到的航意险里 90%以上都是渠道费用。

（3）产品同质化严重。翻开一个保险公司的产品本，几乎都有成百上千上万的品类，但绝大部分人，包括很多保险从业人员，都看不懂这些产品，也挑不出来恰好适合消费者需求的产品。目前相当一部分消费者是把保险当作理财产品来看的，这就是为什么从险种上看，中国 80%以上的险种都是分红险，传统保障型险种不到 10%。

（4）从业人员综合素质不高。在西方，特别是以美国为例，保险销售员是很高大上的行业，美国的保险销售员都是大学生，而且都是成绩优异的大学生。

国内保险四大挑战

（1）保险的非标准化。P2P 为什么能爆发，很大一个原因是信贷／理财产品的标准化。对于投资人来说，绝大部分人只关心产品的回报和期限，而并不关注这些 P2P 和宝宝的投资标的。但保险不一样，保险是非标准化的。特别是寿险产品，当消费者面对几页或者几十页的产品说明书时，没有人敢说能完全看得懂。寿险产品的非标性导致了人的重要作用，而消费者真正购买的触发点只会有两个——要么是"场景"，要么是信任。

（2）保险的"场景"问题。保险的场景是广泛的，既有线下、又有线上——医院、机场、幼儿园、电商…线上的场景可以变成互联网保险内生的渠道，但线下的呢？既然说保险产品是顺人性的，那线下的场景能不能搬到线上呢？

（3）保险互联网化离不开保险公司。P2P两端，无论是标的还是投资人，从本质上是可以脱离银行的。好处是摆脱了监管从而可以野蛮生长，而保险不然，保险产品卖出去只是第一步，后面还有承保、赔付、投资等一大堆后续工作，这一切都离不开保险公司。这就意味着互联网保险从内生上便无法摆脱保险公司的魔爪，一定要与保险公司伴生。

（4）保险的逆向选择问题。从邪恶的角度看，保险最喜欢的群体，应该是那些被动说服的被危言耸听的群体，因为他们出险的概率不高，最不喜欢的群体一定是那些主动要买保险的人。所以这里推演出了互联网保险的另一个重要悖论：互联网渠道跳过了人做中介，意味着消费者一定是主动购买，而主动购买的群体很可能是出险概率偏高的，而出险概率偏高的群体很可能是提供不了太多利润的。

互联网保险七大趋势

（1）保险价值链分拆与细化。目前的保险公司从获客、承保、理赔、投资通吃。但理论上讲，其实获客、理赔、投资都可能出现细分玩家。保险公司不可替代的部分是资产负债表的承载体。

（2）基于大数据与人工智能的精算定价。作为金融机构，保险最为核心的地方，就是对风险的定价。伴随大数据与人工智能的发展，相信保险定价一定会出现颠覆性的变革，实现对各种风险更为精准、自我学习、动态的定价。

（3）基于个体的定制化定价。围绕保险产品，以后必然会出现差异化的定价、差异化的产品以致差异化的分工。

（4）基于云+端的远程信息获取、处理、定价系统。以寿险为例，结合可穿戴设备，可以对用户的体征进行更为精准的采集，进而实现饮食、行为的推荐，达到对保费的重新定价。

（5）无缝的数字化中后台与大数据的变现。中国目前大部分的传统保险公司在中后台管理和自身数据的分析处理上仍以手工、静态为主，自动化程度仍有进一步提升空间。

（6）基于互联网场景的险种。传统的保险产品是由传统的线下场景伴生出来的。伴随着互联网的不断普及，无论在产品、需求、客群等方面均出现新的"线上场景"，比如虚拟生活与虚拟资产、简单明了的专项重疾险、适合家庭群体特征的捆绑险、赔付灵活（日缴月缴）的意外险等。

（7）构造纯粹的"互联网保险"形态。保险最原始的本质是互助，互联网其实是最可能实现互助的载体，"相互保险"很可能未来会出现真正的、大众的、纯粹的互联网保险形态：有相同需求和利益的群体将资金放到统一的互助池中，出险以后从池子里来，不出险就分还互助人。

互联网+基金

● ● ● ● ● ● ● ●

基金，通俗一点说，就是由一个有公信力的、专业的人或机构，将零散投资人的钱聚集到一起，投资到股票、债券、货币等金融产品上，为投资人获得收益。目前中国的公募基金总数为1466只，资产总规模达28133亿元，由约817名基金经理掌管。

自从余额宝成功后，基金公司仿佛忽然发现了一块新大陆，所以他们大量在淘宝上开基金店，但是结果却差强人意，我们来看一个数据。2013年11月1日中午12时，工银瑞信、国泰、鹏华、德邦、富国和易方达等首批17家基金公司淘宝店正式上线营业，誓要与余额宝一决高下。但不容乐观的是，纵然使尽了浑身解数，开张三天总成交量仅388万元，首批上线的116只基金产品中，20％的产品无成交记录。

为啥淘宝基金预期差距这么大？其根本原因在于基金的销售和普通商品的销售是完全两个概念。其实很多基金公司在上淘宝开店的时候，根本就没搞清楚余额宝成功的关键在哪里。其实余额宝成功的核心在于支付宝、或者说阿里巴巴集团，做了一个信用背书。

余额宝为什么会成功呢？关键在于：余额宝是支付宝的余额宝，客户不是因为相信天弘基金来买的，而是因为相信支付宝。

所以其他货币基金放到淘宝基金上去卖的时候，老百姓会想这到底是个什么东西啊，根本不知道这是啥玩意儿嘛。虽然同样的货币基金，但是天弘货币基金跟其他基金公司的货币基金是完全不一样的东西。因为天弘的货币基金由淘宝做信用背书，而一般的基金公司没有这个，在这种情况下，淘宝基金它只是一个普通的渠道而已。

互联网基金最关键的在于投资者教育，要让投资人明白基金到底是什么，有哪些基金产品？第一个叫固定收益类。它主要分为货币基金和债券基金两大种，一般来说，都会给投资者一个较为稳定的收益；第二种叫做主动管理类的股票型基金，是风险收益基金，可能很赚也可能很亏；第三类称之为被动类股票基金，主要有：指数基金，ETF基金和指数增长基金等；第四种叫杠杆类的产品，也就是分级基金。

金融行业的本质是信用。虽然余额宝是货币基金，淘宝基金里卖的也是货币基金，但是由于背后的信用背书不一样，所以余额宝会越来越好，越来越大，普通的基金公司跑到淘宝上去开店，那肯定是不行的。就算淘宝短暂给你引来流量，也只是昙花一现而已，在这种情况下淘宝基金只是一个第三方销售渠道。第三方销售渠道对投资者而言最重要的是什么？是咨询服务。想将基金在淘宝上卖得好，小二很重要，你得告诉大家，这家基金公司卖的是什么。特别是股票型基金最近几年亏得也比较多，在老百姓中的口碑也不是很好。通过一个装修就想来吸引到大量资金，这种可能性是微乎其微的。所以对于高净值客户来说，基金产品通过互联网的方式进行购买，恐怕不如想象中的那么有效，互联网基金未来的路途还相当遥远。

众筹与 P2P

●●●●●●●●

什么是众筹

伴随着互联网金融的热潮，一个新的"舶来品"概念也在中国引爆：众筹（Crowdfunding）。尽管众筹在中国目前还是规模较小的市场，但关于众筹的各类故事和概念正在进一步发生。众筹译自英文Crowdfunding，即大众筹资，是指小企业家、艺术家或个人通过公开展示产品或项目的创意，用捐赠资助、预购产品或是债权、股权的形式，向公众募集项目资金。

众筹模式的创造者是美国的 Kickstarter。2009 年甫一上线就受到了外界的追捧，在美国引起一轮跟风，即后出现了众多类似网站。其中，既有 Indiegogo 这样的综合类众筹网站，更多的则是专注某垂直领域的众筹平台，如专注于房地产投资的 Fundrise、酒类的 Craftfund、写作类的 Wattpad 等。截至 2013 年，Kickstarter 已累计融资将近 6 亿美元，发布了 10 万多个创意。

Kickstarter 上的项目五花八门，有漫画书出版计划、盲文手表、纯手工糕点，还有令人扼腕称奇的 3D 打印机。但浏览 Kickstarter 跟逛亚马逊的感觉完全不同，这不仅仅是因为 Kickstarter 上有更多新奇的产品。Kickstarter 和亚马逊都可以为你提供一张演唱会门票或一袋蛋糕，但 Kickstarter 致力于让你忘掉购物这码事；在这个众筹网站上，你花出去的钱不叫购物，而被称为"资助了一个梦想"，你得到的不是单纯的服务或商品，而是一个故事发生的过程。

2011 年 7 月，众筹模式来到中国，国内第一家众筹网站——点名时间正式上线。此后，包括追梦网、淘梦网、乐童音乐、众筹网等在内的一批同类网站先后成立。这类众筹网站的投资者主要是 85 后的年轻人，其中又以学生为主，要么是前沿科技的爱好者，对东西的品质、设计有较高追求；要么则是一些文艺小清新。

2013 年，动画电影《大鱼·海棠》，在一个半月内通过网络筹集到 158.26 万元制作资金，这笔钱来自 3593 位网民，最少的给了 10 元，最多一个网友拿出了 50 万元。与此同时，另一部人气颇高的动漫《十万个冷笑话》为了拍摄剧场版，截至 2013 年 8 月 21 日也通过网络募集到超过 136 万元的资金，出资人数多达 5510 人。

其实，在国内，众筹模式最早为大众所熟知的方式应该是众筹咖啡店。目前，在北京、杭州、长沙等多个城市都出现了众筹咖啡店，由几十名甚至上百名股东共同出资，股东不论年龄、性别、职业、地位，只要出很少的钱就能在名义上拥有一家咖啡馆。

除了传统的"梦想资助"型众筹方式，今年来，一些新的模式也开始出现。国内一家光伏公司联合一家政策性银行通过众筹方式融资 1000 万元，用以建设一个小型的太阳能发电站。其中，银行负责众筹资金的监管，光伏公司负责担保工程质量及发电量。锁定两年期满后为投资者提供年化 6%的赎回。

在国外，众筹模式有四种表现形式，分别是募捐制、奖励制、股权制和借贷制。在国内做得比较多的是募捐制和奖励制项目，由于监管界限不明和立法缺失，国内的众筹企业也面临矛盾境地。一方面，众筹被视为互联网金融的一个创新，受到业界人士的关注；另一方面，这一模式的从业者和推广者们却极力撇清与金融的关系。夹缝之下，中国的众筹网站试图走出一条自己的道路：为创业者搭建市场验证和推广的平台；同时，帮助他们寻找到更多志同道合者，共同将创意转化为产品。

众筹风险与发展

项目的回报必须是实物，不接受股权或者是资金的回报，这也是目前中国大多数众筹网站小心翼翼规避监管红线的折中之举。2013 年 3 月，美微传媒在淘宝网公开售卖原始股权被证监会叫停。美微传媒最终承认不具备公开募股主体条件，退还通过淘宝等公开渠道募集的款项。这一事件暴露出了众筹在中国面临的三个政策风险点：不能网上直接买卖股权，不能出售标准化、份额化的股票，以及募资对象不能超过 200 人。

正当国内众筹网站出于对非法集资红线的忌惮，纷纷贴上"团购"

和"理想主义"的标签，或者转向营销和推广等职能的商业模式时，国外的众筹已经被正式界定为互联网金融的新模式，并在探索发展道路。2012 年 4 月 5 日，美国总统奥巴马签署了《创业企业融资法案》。JOBS 法案增加了对于众筹的豁免条款，这使得创业公司可以众筹方式向一般公众进行股权融资。

中国众筹行业在发展中的问题主要体现两个方面，一是项目发起方的创新不如美国，而那种精品的项目更是凤毛麟角。二是中国支持者通过资金资助的意愿不如美国强，众筹模式在中国目前没有跟 P2P 一样大肆流行的原因，分析称和社会以及人文环境有很大关系。国人刚刚富裕起来，支持帮助别人的心理还不够成熟，而更多人想到的还是"赚钱"，这也是 P2P（个人网贷）平台更受欢迎的原因。

中国的众筹行业未来将走向何方，世界银行给出了自己的判断。根据世界银行发布的最新众筹报告，世界银行预测到 2025 年，中国众筹规模将达 460 亿到 500 亿美元，将成为全球最大的众筹市场。

什么是 P2P

P2P 金融指个人与个人间的小额借贷交易，一般需要借助电子商务专业网络平台帮助借贷双方确立借贷关系并完成相关交易手续。借款者可自行发布借款信息，包括金额、利息、还款方式和时间，实现自助式借款；借出者根据借款人发布的信息，自行决定借出金额，实现自助式借贷。目前主要分为两种模式，基于电子商务的网络 P2P 金融和传统线下的 P2P 金融。

2006 年度诺贝尔和平奖得主尤努斯博士认为现代经济理论在解释和解决贫困方面存在缺陷，为此他于 1983 年创建了格莱珉银行，通过开展无抵押的小额信贷业务和一系列的金融创新机制，不仅创造了利润，而且还使成千上万的穷人尤其是妇女摆脱了贫困，使扶贫者与被扶贫者达到双赢。格莱珉银行目前已成为 100 多个国家的效仿对象和盈利兼顾公益的标杆。

创办以来，格莱珉的小额贷款已经帮助了 630 万名借款人（间接影响到 3150 万人），其中超过一半脱贫。而且格莱珉银行自 1983 年创办以来，除了创办当年及 1991 年至 1992 年两个水灾特别严重的年头外，一直保持赢利，2005 年的赢利达 1521 万美元。同时，格莱珉银行不仅提供小额贷款，而且也鼓励小额存款，并通过格莱珉银行将这些存款发放给其他需要贷款的人。这一模式就是最初的 P2P 金融雏形。

P2P 在国内外的发展

2005 年 11 月，美国 PROSPER 将这一思想进一步提炼和创新，创办了 PROSPER 网络小额贷款平台，让资金富余者通过 PROSPER 向需要借款的人提供贷款，并收取一定利息。从 2006 年 2 月上线到 2009 年 1 月 29 日，经由 PROSPER 的借贷金额共计约合 12.5 亿人民币，超过 3 个月的逾期还款率仅为 2.83%。2010 年 4 月 16 日，美国 PROSPER 宣布已完成了 1470 万美元的第四轮融资。至此，PROSPER 的总融资金额已达到 5770 万美元。

PROSPER 在本土的主要竞争对手 LENDING CLUB 也已上市。除了 PROSPER，2005 年 3 月在英国伦敦开始运营一家名为 ZOPA 的网站同样是目前最热门的 P2P 网络金融平台之一。这些网络 P2P 金融平台的成功让 P2P 金融真正开始在世界范围内获得认可和发展。

中国网络借贷平台已经超过 2000 家，平台的模式各有不同，归纳起来主要有以下四类。

（1）担保机构担保交易模式，这也是最安全的 P2P 模式。此类 p2p 金融平台作为中介，平台不吸储，不放贷，只提供金融信息服务，由合作的小贷公司和担保机构提供双重担保。此类平台的交易模式多为"1 对多"，即一笔借款需求由多个投资人投资。此种模式的优势是可以保证投资人的资金安全，由中安信业等国内大型担保机构联合担保，如果遇到坏账，担保机构会在拖延还款的第二日把本金和利息及时打到投资人账户。

（2）P2P 平台下的债权合同转让模式。可以称之为"多对多"模式，借款需求和投资都是打散组合的，例如宜信负责人唐宁自己作为最大债权人将资金出借给借款人，然后获取债权对其分割，通过债权转让形式将债权转移给其他投资人，获得借贷资金。宜信利用资金和期限的交错配比，不断吸引资金，一边发放贷款获取债权，一边不断将金额与期限的错配，不断进行拆分转让。其构架体系可以看作左边对接资产，右边对接债权。

（3）大型金融集团推出的互联网服务平台。与其他平台仅仅几百万的注册资金相比，陆金所 4 个亿的注册资本显得尤其亮眼。此类平台有大集团的背景，且是由传统金融行业向互联网布局，因此在业务模式上金融色彩更浓，更"科班"。拿风险控制来说，陆金所的 P2P

业务依然采用线下的借款人审核，并与平安集团旗下的担保公司合作进行业务担保，还从境外挖了专业团队来做风控。线下审核、全额担保虽然是最靠谱的手段，但成本并非所有的网贷平台都能负担，无法作为行业标配进行推广。

（4）以交易参数为基点，结合 O2O 的综合交易模式。例如联合贷为电商加入授信审核体系，对贷款信息进行整合处理。这种小贷模式创建的 P2P 小额贷款业务凭借其客户资源、电商交易数据及产品结构占得优势，其线下成立的两家小额贷款公司对其平台客户进行服务。线下商务的机会与互联网结合在了一起，让互联网成为线下交易的前台。

P2P 风控：大数据建模

2014 年十一国庆期间即有 5 家 P2P 平台出现失联或提现困难现象。风险管理能力是 P2P 公司的核心竞争力。一般而言，要建立职能明确的风控部门，坚持小额分散原则，并建立数据化风控模型。

小额分散最直接的体现就是借款客户数量众多，如果采用银行传统的信审模式，在还款能力、还款意愿等难以统一量度的违约风险判断中，风控成本会高至业务模式难以承受的水平，这也是很多 P2P 网贷平台铤而走险做大额借款的原因。可以借鉴的是，国外成熟的 P2P 比如 LendingClub，采用信贷工厂的模式，利用风险模型的指引建立审批的决策引擎和评分卡体系，根据客户的行为特征等各方面数据来判断借款客户的违约风险。美国的专门从事信用小微贷业务的 Capital One 是最早利用大数据分析来判断个人借款还款概率的公司，在金融海啸中，Capital One 公司也凭借其数据化风控能力得以存活并趁机壮大起来，现在已经发展成为美国第七大银行。

金融大数据

从不同行业来看，金融行业的数据强度为上述各个行业之首，因此大数据理念在银行业十分流行，但其潜在价值尚未得到充分的开发和利用。如果按价值链环节来看，客户细分、精准营销、定价、增值服务、风险管理都是大数据有非常好应用的领域。尤其在风险管理领域，在确定违约模式、完善评分、催收、检测以及异常情况的检测等。

大型金融机构大数据应用现状

如前所述，对于传统的大型机构而言，以银行为例，目前只用到一小部分与客户相关的数据，主要包括：交易数据、客户提供的数据、评分数据、渠道使用数据、移动银行业务用户的定位数据、社交媒体互动信息、交易数据等。根据 BCG 的调研，国内目前主要大型金融机构在大数据的应用情况如图 12-2 所示。

从调研来看，针对可用数据整体而言，大概银行只会收集 80%的数据。去掉一些低质量数据，可用的大概有 70%，真正能够在传统银行中得到应用的数据占比约为 34%。然而调研在七大主要领域中却发现了 64 项潜在大数据应用，遍布于零售业务、公司业务、资本市场业务、交易银行业务、资产管理业务、财富管理业务和风险管理等多个领域。

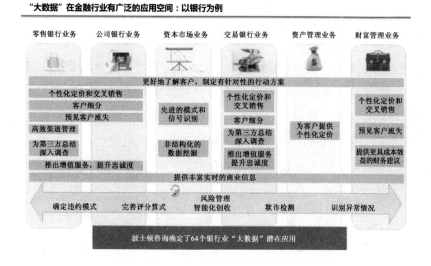

图 12-2　银行业大数据潜在应用空间[3]

目前从海外金融机构应用"大数据"的整体情况来看，有 1/3 处在普及和理解大数据概念阶段，1/3 处在试点阶段，另外有约 1/3 的金融机构已经谙熟于"大数据"的应用，正在按部就班地提升能力，并将"大数据"所要求的工作机制嵌入商业模式与运营模式中，进行了嵌入式变革阶段。

[3]　BCG. 金融大数据的应用与发展，2014.

大型金融机构大数据应用价值

既然目前大型金融机构以及收集了众多的大数据，这种数据在实际的业务中有什么样的应用价值呢？

（1）"大数据"为小微企业客户提供增值服务提高客户黏性。银行为其小微客户免费提供它们自己的客户和竞争对手分析：客户的财富结构，购买偏好，与竞争对手客户结构的差异等。由于银行掌握的数据海量而精准，这样的分析就比一般的市场分析机构的成果更富有洞察。此项服务不仅为该银行提高了存量客户的黏性，也成为它们吸引新客户的一个重要工具。

（2）通过"大数据"分析为企业客户提供营销支持。例如有一家银行为自己的一个卖手机的零售商客户分析了其客户在购买手机前后的其他购买行为，从而优化了客户的营销资源配置。

（3）通过"大数据"分析优化自身客户细分。传统银行做客户细分的主要维度是年龄、性别、职业、财富水平等。基于这样的细分做营销和产品设计容易"误伤一片"，浪费不少的资源。在"大数据"分析的帮助下，银行做客户细分的思路开阔了很多，而且细分对于行动的指导性也越来越强。例如，细分中发现了一类"临界点"客户，即很有可能换银行的客户。基于数据分析还发现，客户换银行一个重要原因是因为自己的朋友们都在使用目标银行。于是，稳住这些客户的一个手段就是营销他的朋友圈。

（4）"大数据"帮助金融机构发现可以指导行动、创造价值的关联关系。例如，一家西班牙大型银行就客户的兴趣爱好和其金融行为进行"大数据"分析时发现，高尔夫球爱好者为银行创造的价值最高，而足球爱好者的忠诚度最高。这样的分析不仅可以指导银行进行精准营销，也能够帮助银行进行更加有目的的数据收集。

（5）"大数据"在公司银行业务中的创新应用。一家加拿大银行对于自己的医药零售商客户群做了一个分析，发现特征类似的中小客户给银行带来的价值可以差异巨大。于是，这家银行为每一类客户找到了"标杆"，即对于银行贡献居中的客户，并分析其金融产品的配置情况。然后，这家银行比对每个客户与自己的"标杆"之间的差距，并用这些差距来指导客户经理进营销。

（6）"大数据"能够帮助金融机构提升风控能力。行业模拟在过去的技术条件下并不能广泛应用，但"大数据"极大地提高了这种分析的可行性。

（7）"大数据"助力银行优化贷中和贷后管理。Wells Fargo（富国银行）应用"大数据"分析识别客户的异常行为作为风险提示信号。分析的数据基础是银行自己海量的交易数据，即个人的支付数据、企业的交易数据等。在贷后管理中，"大数据"分析正在帮助银行优化催收管理。

综上来看，可以发现各家银行对于大数据的"玩法"各异，但是其核心在于通过自身已有的大数据基础，针对特定的客户群进行深度挖掘，从而通过创造性的洞察来实现对现有商业模式的颠覆和改善。但是具体到操作细节，传统金融机构仍然将面对大量不易克服的"拦路虎"。

互联网金融的趋势

互联网金融未来有极大想象空间；但是目前的过程中，可能没有大家想得那么震撼。互联网金融的未来发展路径如何？会对中国金融行业带来什么样的推动呢？

根据陈宇的观点[4]，互联网金融最大的价值在于打破层级限制，提高了金融的效率。

余额宝最大的意义其实是倒逼了金融机构的自我革命，变相推动了利率市场化的提前到来。这个对银行而言，很可能是噩梦的开始，现在已经不少银行不得不对存款利率进行市场调整。

互联网金融现在因为大量的套利，也使得金融监管的政策被倒逼了。因为里面的人都在呼吁，人家都能干，干得热血朝天，我就不能干，凭什么？P2P 干的事情跟银行一模一样，但什么都能干，明显的差别监管。我们一个注册资本一个亿的小贷公司只能做到 1.5 亿的事

---

[4] 陈宇. 互联网金融的干货解读与预言，2014.

情，而我们一个注册资本一百万的 P2P，可以干十几个亿的事情。这是明显的监管套利。

互联网回到最后，互联网代表了什么东西？互联网到底扮演了什么角色？目前大家谈得比较多的更多是渠道的概念。我们传统的金融机构干的事情，就是借钱给高富帅用，从来没有把高富帅的钱借给屌丝的习惯。因为那是慈善生意，不是金融机构干的事情。但是互联网干的事情，就是在渠道上把屌丝的钱拿进来，这点上是相同的。但是不同的是，现在互联网要借给屌丝用，而不是高富帅。因为高富帅可能不需要互联网。

互联网不是一种工具，它是通过工具建立的一种生态、模式。这样的世界里，互联网本身作为工具是影响人类生活可能只是优化改良的概念，但是通过工具形成的一种思维方式或者一种模式，则对人类生活的影响很大。

第一个是去中介化，即双边市场的概念。没有互联网之前，基本不太有双边市场。我们原先最早的双边市场是房产中介，卖房子，买房子，大家到房产中介挂个号，再做匹配。效率非常低，因为信息数据不足够大，很难进行，但也是一种生态。互联网最大优势，就是让两边信息海量增加，使得你自己寻找，自我匹配，就有了现实的可能性。互联网是技术催生的，但是对金融业有影响。目前可以看到很多这种业态。

第二个是打破层级制。互联网会给更多有能力的人脱颖而出的机会。比如中国好声音、好歌曲，很多人都不是音乐学院毕业的。还有很多投资天才干得很好，这些人都是市场里打拼出来的人，绝对不是一个统一体系选拔的结果，互联网给这些人更多机会。而以这些人为核心，就很容易形成小中心。过去十年，中国是全球最大的套利机构，债券没违约，就是无风险；国外的钱拿到国内，就可以有 8%的套利空间期，无风险的。回到最后就是比收益谁最高，从来没有风险定价。

　　在中国，互联网会倒逼金融监管的提前到来，最终提高整体的金融效率，这才是互联网金融的最大价值所在。

第十三章

互联网 + 海外 = 中国企业的国际化 +市场的全球主导

中国企业一直没停下国际化的探索步伐。不同历史时期，受资源禀赋、经济基础、国际环境等影响，中国企业的国际化发展水平也有所不同。

中国企业国际化演进[1]

1992 年，邓小平的"南方谈话"使改革开放加快了步伐，中国企业大大加快了国际化经营的步伐。总体来看，中国企业的国际化进程在 1992 年以后始加速。在对外直接投资方面，中国在这一阶段采取了积极鼓励的政策。1992 年，党的十四大明确提出"鼓励能够发挥我国比较优势的对外投资"。国家放松了对境外投资项目的审批，使一些具有民营性质的企业集团能够走出国门，进行海外投资经营。从此，中国企业国际化经营的主体发生了历史性的改变。在国家政策的引导下，许多大型国有企业和具有民营性质的企业集团纷纷"走出去"，形成了中国企业国际化经营的一个高潮。

2001 年 3 月，"走出去"战略正式写入全国人大九届四次会议通过的《国民经济和社会发展第十个五年计划纲要》。同年底，中国正式加入 WTO，并且在随后的几年里开始逐步落实"入世"承诺，继续调整相关政策。中国企业对外直接投资的规模水平和影响力都大大提升。中国企业对外直接投资时，越来越多地采用了跨国并购的方式，并且在跨国并购时不再满足于一些二、三流的国外中小企业，而是瞄准了世界上一流的著名企业。例如，2004 年 12 月，中国联想集团以

---

[1] 原磊，邱霞. 中国企业国际化的回顾与展望. 《宏观经济研究》，2009 年第 9 期.

6.5 亿美元现金及价值 6 亿美元的股票收购 IBM 包括 ThinkPad 品牌在内的个人 PC 业务（个人电脑事业部）。2007 年 10 月，中国工商银行以 54.6 亿美元收购非洲第一大银行南非标准银行 20% 的股权，成为该行的第一大股东。总体来看，中国企业国际化在 2001 年后进入了一个新的发展阶段。中国企业已经彻底摆脱了建国初期甚至改革开放初期那种封闭、落后的状况，全方位、深层次地融入到国际分工体系当中，对世界经济的发展产生了巨大的影响。中国企业的国际化演进如图 13-1 所示。

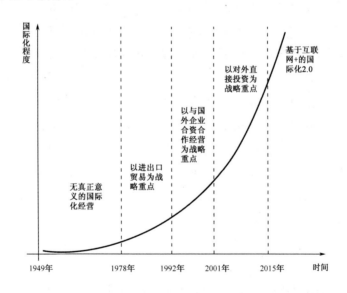

图 13-1　中国企业国际化经营的战略重点演进

由此可以看出，中国企业数十年的国际化历程大体上经历了进出口贸易、与国外企业合资合作经营、对外直接投资几个阶段；在与国外企业合资合作经营上，中国企业经历了一个从弥补资金缺口转变为以市场换技术，再到参与国际分工，优化资源配置的演进过程；在对外直接投资上，中国企业从寻求市场和寻求技术为主，转变为获取战略资源和获取效率为主。在这个过程中，中国企业从全球获取资金、技术、资源等各种要素发展经济，满足国内需求，成为全球制造中心，打造了中国企业国际化的 1.0 时代。

但在国内产能相对过剩、国际市场吸引力上升、国家外汇储备充足、本土人才与技术条件成熟、海外资产价格机会出现、跨国贸易非关税壁垒难以消除、加速获得创新和营销力量等多重因素驱动下，中国企业国际经营中过去热衷能源资源的传统驱动形式正在发生转变，目前逐步形成了能源资源驱动、市场驱动、技术驱动等多种驱动格局。李克强总理在 2015 年的两会政府工作报告中指出，加快实施走出去战略。鼓励企业参与境外基础设施建设和产能合作，推动铁路、电力、通信、工程机械以及汽车、飞机、电子等中国装备走向世界，促进冶金、建材等产业对外投资。在政府政策的推动下，越来越多的中国企业开始改变其低端落后的形象，将市场拓展至欧美等发达国家，中国企业国际化进入 2.0 时代。

中国互联网企业走出去的喜人现状及美好前景

互联网企业的国际化一直是我国企业国际化的重要组成部分。桌面互联网时代，中国的互联网企业就已经开始国际化的探索。例如百度曾经高调进军日本搜索市场，但以失败告终；阿里巴巴曾经联合雅虎日本试图进军日本，也以失败告终；腾讯的 QQ 业务一直没有大规模的国际化。究其原因，是因为那时的中国互联网公司无论技术实力还是产品实力，包括公司的资金储备、整个市场的资金储备都不足以开发海外市场，所以很难打开局面。

但到了移动互联网时代，中国互联网企业在技术产品、运营方式、对用户的理解等方面都有很大提高，甚至在某些领域已达到世界领先水平，所以此时的中国移动互联网公司的出海机会要远大于当时的桌面互联网公司，并已取得了不俗的成绩。

2012 年 4 月，微信推出了命名为"WeChat"的海外版；2013 年 7 月，微信在阿根廷、巴西、意大利、墨西哥、菲律宾、新加坡、南非、泰国和土耳其等国 App Store 移动通信应用榜登顶。2013 年 8 月，微信海外版用户超过 1 亿。

2014 年 7 月，在中国和巴西两国元首的见证下，百度葡语版搜索在巴西正式上线提供服务，并整合百度旗下 Hao123、Spark 浏览器、百度杀毒等产品线，由人工智能和大数据基础架构为葡语搜索服务提供技术支撑。目前，百度旗下 Hao123 桌面端用户已经突破 3000 万，成为巴西人民最常用的网址导航之一；百度贴吧、百度卫士、杀毒等产品用户也超过千万，拥有超过 30%的用户渗透率。

2014 年 6 月，阿里巴巴在美国的网上卖场 11 Main 正式开始营业。11 Main 主要服务于美国市场，目前已经覆盖到包括时装/设计、家居/户外，珠宝/手表、母婴用品、古董艺术，及手工艺品和玩具等品类。

开业初期，11 Main 已进驻商家有 1000 多家。

UC 是全球使用量最大的第三方移动浏览器，是印度市场第一大手机浏览器。

海豚浏览器 2011 年 7 月被 CENT 评为"最受欢迎的 Android 应用"第二名，仅次于谷歌地图；2011 年 9 月，iPhone 版在 85 个国家和地区的苹果 App Store 排名前五。2011 年 11 月，被 PCMAG 评为免费安卓应用第一名。

猎豹移动的 Clean master 和 CM security 在 2014 年 3 月份谷歌 Play 的全球下载榜当中分列一二位。其中，Clean Master 日活跃用户就超过了 1.2 亿，近 70%用户来自海外。

触宝输入法通过华为、中兴等手机厂商在美国市场、欧洲、俄罗斯、印尼等国家取得了很高的市场占有率。2009 年 2 月获得全球移动通信系统协会（GSMA）移动创新大赛总冠军。

久邦数码（3G 门户）是 2013 年全球排名前 3 的 APP 发行商。

名片全能王在美国、日本、韩国三个市场都是 App Store 商务类应用第一。

拼脸软件"脸萌"在 2014 年 6 月登顶国内 App Store 和全球的 App Store 排行榜后。推出海外版 Face Q，上线半个月，即在美国、英国，加拿大，澳大利亚等多个国家登上了娱乐排行榜或总榜第一位；在总榜中，Face Q 紧跟在 Facebook 的 messenger 应用之后，屈居第二。

木瓜移动，成立于 2008 年，主要业务包括中国最大的程序化移动广告平台 AppFlood，移动游戏和应用的研发。旗下的程序化移动广告平台 AppFlood 截止到 2014 年 4 月已覆盖全球 147 个国家和地区，有超过 1 万个移动开发者的加入，连接着 82000 款应用，每天提供近 50 万的安装量和超过八亿的日展示量。

触控科技维护的 Cocos2d-x 游戏引擎在日本、韩国、美国市场都是排名前三的移动游戏引擎。旗下的休闲游戏《捕鱼达人》在北美和中国区等地的 App Store 上线后即获得 iPad 中国收费应用总榜冠军，免费应用总榜冠军，美国免费游戏应用第 2 名，以及在 20 个国家收入总榜第 1 名，其国外和国内的收入比为 7:3。

中国电子互动娱乐媒体公司 IGG 专注于海外运营，早在 2011 年时，IGG 就已将 20 多款国产端游及页游推向海外市场，在全球拥有 2000 多万注册用户。2013 年开始，IGG 投入移动游戏市场，截至 2013 年已经推出了 9 款手机游戏，并在 2013 年 10 月份超过 Zygna 成为美国区谷歌 Play 收入排名前 10 的企业。

中国的棋牌类游戏开发商和运营商博雅互动目前已拥有分布在 100 多个国家和地区的超过 4 亿的累计注册玩家，在 APP Store 上拥有最大的移动棋牌类游戏组合，其 70% 的收入来自海外。

中国社交游戏公司乐元素在 Facebook、Mixi、腾讯、人人等 15 个社交平台成功运营四款游戏，成为 Facebook 前十名的开发商，是 Facebook 平台上亚洲最大的社交游戏公司。2009 年 8 月，乐元素的第一款原创社交游戏《开心水族箱》，登陆 Facebook 不到 3 个月就达到了 240 万的日活跃用户，开辟了 Facebook 养鱼时代，而该应用上线 3

年后依然高居 Facebook 排行前十。

互联网互动娱乐平台和智能交互平台的开发者与运营商晨炎信息技术有限公司（Triniti Interactive）的产品主要以欧美市场为业务重心，其中美国用户约占 57%，英国用户约占 11%，国内用户仅占不到 1%。该公司曾有 3 款产品进入 AppStore 应用总排行榜的 Top 10, 10 款产品进入 Top 100, 20 款产品进入不同类别 Top 100。

中国的社交游戏公司智明星通，在社交游戏领域，全球排名第五、亚洲排名第一。旗下社交游戏和网页游戏日活跃度已突破 800 万，遍布越南、俄罗斯、德国。土耳其、巴西等 30 多个国家。

除了中国互联网公司的产品在国际市场大受欢迎之外，随着自身经济、技术条件的增强，中国的互联网企业也加快了对外投资的步伐，在全球范围内配置资源增强自身竞争力。

表 13-1　2014 年以来 BAT 海外投资

时间	标的公司	标的公司所在国	投资方	金额	主要产品
2014 年 12 月	Uber	美国	百度	6 亿美元	打车软件
2014 年 11 月	Pixellot	以色列	百度	300 万美元	视频捕捉技术
2014 年 10 月	Peixe Urbano	巴西	百度	收购控股权	团购
2014 年 9 月	IndoorAtlas	芬兰	百度	1000 万美元	室内导航技术服务
2015 年 2 月	One97 Communications	印度	阿里巴巴	5.75 亿美元	电子商务
2015 年 1 月	Ouya	美国	阿里巴巴	1000 万美元	游戏
2015 年 1 月	Visualead	以色列	阿里巴巴	600 万美元	二维码技术

续表

时间	标的公司	标的公司所在国	投资方	金额	主要产品
2014 年 11 月	V-Key	新加坡	阿里巴巴	未透露	移动安全
2014 年 10 月	Peel	美国	阿里巴巴	5000 万美元	智能遥控应用
2014 年 8 月	Kabam	美国	阿里巴巴	1.2 亿美元	游戏
2014 年 5 月	新加坡邮政	新加坡	阿里巴巴	2.5 亿美元	物流
2014 年 4 月	Lyft	美国	阿里巴巴	未透露	拼车软件
2014 年 3 月	Tango	美国	阿里巴巴	2.15 亿美元	社交应用
2014 年 1 月	1stdibs	美国	阿里巴巴	1500 万美元	电子商务
2014 年 12 月	Playdots	美国	腾讯	未透露	游戏
2014 年 12 月	Kamcord	美国	腾讯	未透露	游戏
2014 年 12 月	Aiming	日本	腾讯	未透露	游戏
2014 年 11 月	4:33 Creative Lab	韩国	腾讯	未透露	游戏
2014 年 11 月	Heirloom	美国	腾讯	100 万美元	图片分享
2014 年 10 月	Tile	美国	腾讯	未透露	蓝牙追踪器
2014 年 9 月	PATI Games	韩国	腾讯	1.2 亿人民币	游戏
2014 年 9 月	Altspace VR	美国	腾讯	400 万美元	虚拟现实
2014 年 7 月	Scaled Inference	美国	腾讯	未透露	人工智能
2014 年 6 月	TapZen	美国	腾讯	800 万美元	游戏
2014 年 5 月	Whisper	美国	腾讯	未透露	匿名社交
2014 年 4 月	Weebly	美国	腾讯	未透露	企业服务
2014 年 3 月	CJ Games	韩国	腾讯	5 亿美元	游戏

　　由上表可以看出，不同于中国企业在国际化 1.0 时代海外投资对资源、市场的关注，中国的互联网企业更加关注对技术的投资，尤其

是具有领先技术的初创型公司。而中国互联网公司对先进技术的追求，不限于对技术的投资，还包括对海外高端人才的重视。百度在硅谷设立实验室，并请来智能领域最权威的学者之一——吴恩达（Andrew Ng）博士为百度首席科学家。腾讯从高盛挖来了詹姆斯·米歇尔（James Mitchell）担任腾讯公司的首席战略官，负责海外投资。阿里巴巴招聘 Liberty Media 电子商务部门的前主管迈克尔·泽瑟（Michael Zeisser）牵头进行投资，并任命谷歌前发言人简·彭纳（Jane Penner）为副总裁兼投资者关系部门主管。小米挖来了谷歌主管 Android 项目的副总裁 Hugo Barra 负责国际业务拓展。

移动互联网时代，中国的互联网企业越来越自信，正通过产品国际化、对外投资、海外建立实验室等多种方式参与到国际化的竞争中，不只是学习和合作，更开始引领行业发展。

中国互联网企业为什么会在国际市场成功

中国互联网企业，尤其是移动互联网企业在国际上成功，受益于政府的推动、企业的重视和时代的机遇。

政府和业界的重视

十八大报告提出："加快走出去步伐，增强企业国际化经营能力，培育一批世界水平的跨国公司"。李克强总理在政府工作报告中提出制定"互联网+"行动计划时，就将落脚点放在了"引导互联网企业拓展国际市场"上。

腾讯董事长马化腾早在 2013 年两会上就提出了《关于将互联网企业"走出去"提升为国家战略的建议》，指出"当前，互联网的竞争与合作已成为当今世界国际竞争与合作的重要组成部分，也是未来国际竞争中处于科技发展最前沿的竞争，唯有自身做大做强才可能拥有世界舞台的话语权"。"产业革命决定经济发展的未来，历史上，每一次工业革命都为后发国家成功实现'赶超'打开'机会窗口'，但中国并未抓住前两次工业革命的机遇"。他建议国家要因势利、导重点扶持一批国际一流、具有世界影响力的互联网知名企业与品牌。

中国的工程师人口红利

作为世界最大的智能手机生产及消费国，中国的移动互联网发展速度非常快，从应用及规模上来看都已经达到国际上首屈一指的水平，从智能终端研发到软件生态建设，技术储备及相关人才都非常成熟，特别是智能手机生产研发制造，形成一个成熟高效的链条。同时，依靠中国每年数百万的高校毕业生以及从产业中培养的高级技工，中国近五年科研人员年平均增长率为 20%，这些都为中国互联网产业发展提供了人才支撑，是中国互联网企业参与国际化竞争的工程师人口红利。

正是中国的工程师人口红利，保证了中国互联网公司在产品开发迭代方面的效率，让中国互联网公司在移动互联网时代的国际竞争中拥有竞争优势。传统的手机行业，软硬件的更新周期是半年；后来三星和诺基亚先后打破了这一周期，每年推出 4 款以上的产品。而在智能手机时代，谷歌利用 Android 平台将此周期又大大压缩，改为一个月更新一次操作系统，这使得包括摩托罗拉在内的很多硬件厂商被拖垮。而中国的优秀开发者们，如小米科技和 3G 门户网，已经可以把应用更新频率提高到每周一次。

移动互联网产品适合国际化

移动互联网时代，智能终端的普及和应用商店的出现，让运营商在 WAP 时代所设置的渠道壁垒完全消失，从销售到支付的各个环节都不再受运营商的管控，各国开发者开发的应用都可在 App Store 和谷歌 Play 上供全球用户下载使用，移动互联网市场是个天生的国际市场。同时，移动互联网还处在高速发展阶段，各类应用和产品还不成熟，应用需求的文化差异和本地化要求还不那么明显，这也为中国互联网企业的国际化提供了一个前所未有的窗口期。中国的互联网企业在这个历史机遇期，正可以发挥中国的工程师红利，快速的开发和迭代产品，占领市场。

中国传统企业借助"互联网+"走出去

目前，中国企业在全球范围内参与竞争已成趋势，中国制造的产品已占领世界。但一直以来，国际上对中国制造的印象都是低端、低附加值，品牌影响力低。下一阶段，推动从中国制造到中国智造、中国创造，提升中国制造产品的科技附加值和品牌附加值将是国家战略，是中国经济进一步发展的必经之路。

2014 年，中国"超级推销员"李克强总理将中国的高铁等装备制造业推销到了国际市场。2015 年，"走出去"的行业仍是以基础建设和装备制造业为主。政府工作报告中明确：鼓励企业参与境外基础设施建设和产能合作，推动铁路、电力、通信、工程机械以及汽车、飞机、电子等中国装备走向世界，促进冶金、建材等产业对外投资。

高铁等项目可以获得政府的背书，参与国际竞争。但对中国跟广大的传统企业来说，要想走出国门，让自己的产品在国际上拥有一席之地，还需更多地依靠自己的努力。新的互联网技术及互联网思维的应用则可为中国传统企业走出去助一臂之力。

互联网帮助传统企业打造国际品牌

在中国市场家电、移动通信和消费电子产品等行业的领军企业中，绝大多数早已进入了国际大市场。其中不少企业都曾经依靠贴牌代工、走 OEM 路线来实现发展壮大，然后打造自己的品牌。

品牌能够促进企业提高外贸盈利率，因此中国外贸企业都在积极地创立品牌。据统计，2012 年，95.5%拥有自有品牌的出口企业实现盈利，且出口平均利润率为 12.4%，整体经营业绩显著高于一般出口企业，这说明走外贸品牌建设之路将是外贸企业未来的转型必经之路。

几十年来，中国企业已经娴熟地掌握 B2B 商业模式，通过境内外展销会接订单，OEM 贴牌生产，以大客户为重心转。近年来，中国企业打造自有品牌，需要以全球消费者为导向，整合全球供应链，而互联网品牌作为企业整体品牌的重要组成部分，已经成为企业参与全球化竞争的重要工具和快捷工具。

据统计，互联网成为继传统商业展览的第二大品牌推广渠道。同时，数字和社交媒体等互联网信息发布平台的出现，降低了传播特别是媒体投放的成本，提供了一种全新的信息沟通与产品销售渠道，彻底改变了原有的营销推广和品牌塑造模式。

中国企业能够通过互联网平台树立起独特的品牌形象，巧妙地开发内容，与消费者和各利益相关方积极互动和沟通，将迅速有效地提升品牌的可见度和影响力。例如，2013 年 Huawei Ascend P6 上市期间，谷歌与华为合作实施了覆盖搜索引擎、展示广告、视频广告各平台的全面推广方案；最终结果是，华为终端的 YouTube 视频播放数在 2 个月的推广期间内，取得了超过 500 万次的在线观看，华为终端网站流量增长了 40%。此外，四川省旅游局利用谷歌的 YouTube，成功地向全世界推广了魅力成都。

互联网帮助传统企业拓展销售渠道

销售渠道是中国企业，尤其是制造类企业国际化的一大障碍。传统的制造类企业是订单生产，只需负责生产即可，品牌和渠道都由国外公司负责。中国企业在国际化的过程中，除了要打造自己的品牌，还要在目标国建设自己的销售渠道。

　　电商、网络推广等互联网技术的应用，让中国企业可以通过网络销售渠道的建立在全球范围内做产品推广。例如：外贸电商企业网胜科技，通过谷歌 AdWords，找到了海外的目标客户；传统矿山机械企业河南黎明重工，甚至通过谷歌互联网平台，将矿山机械销往全球 130 多个国家和地区；阿里巴巴的海外零售业务速卖通通过 B2C 方式将中国商品卖给国外消费者，自 2010 年 4 月上线以来，已覆盖全球 220 多个国家和地区；2014 年 5 月，刘强东在京东上市后的内部邮件中写到，上市之后，我们要有中国新经济推动者的使命感，要有帮助中国制造业走出去的责任感，更要有代表中国企业参与国际竞争的荣誉感；我希望通过京东的平台可以源源不断地将优质的中国商品递送到世界各地的消费者手中，通过我们的平台成就众多十亿、百亿甚至千亿级的中国企业，这才是京东未来最大的成就。

14

第十四章

互联网 + 创客 = 大众创业、万众创新

　　中国国务院总理李克强在年度政府工作报告中提到"打造大众创业、万众创新和增加公共产品、公共服务的双引擎",这意味着"大众创业、万众创新"已被提升到了中国经济转型和保增长的"双引擎"之一的高度。"互联网+"除了对传统行业的改造、对生产效率的提升、对经济增长的促进之外,还能激发、激活普罗大众对创新的追逐或对创业的热情。当"双创"逐步成为社会共识,年轻人洋溢青春的光彩,携手成为创新创业生力军和建设创新型国家主力军的时候,那才真正

是我们实现中华复兴与"中国梦"的前夜。

发现人力资本的力量：高手在民间，破茧可出蚕

李克强总理在 2014 年度国家科学技术奖励大会指出，国家繁荣发展的新动能，就蕴涵于万众创新的伟力之中。当前中国现代化建设正处于关键时期，将坚定不移地走创新驱动发展之路，使人人皆可创新、创新惠及人人。他还指出"人民是创新的主体"，要把更多资源投到"人"身上而不是"物"上面，敢于让青年人挑大梁、出头彩。

在达沃斯 2015 世界经济论坛上，李克强总理在阐述"双引擎"时强调，万众创新，要让中国经济的每一个细胞都动起来，以打造中国经济发展新的"发动机"。

2015 年两会结束回答中外记者提问时，李克强总理说，"我到过许多咖啡屋、众创空间，看到那里年轻人有许多奇思妙想，他们研发的产品可以说能够带动市场的需求。真是高手在民间啊，破茧就可以出蚕。"

中国国家主席习近平在一系列重要讲话中多次强调要"开创人人皆可成才、人人尽其才的生动局面"。从"人人皆可成才、人人尽其才"

到"大众创业、万众创新",一脉相承,表明国家实现创新驱动发展,已将着眼点放在了人人、大众、万众这些"细胞"上,所以,大众创业、万众创新迎来了前所未有的机遇和蓬勃发展的春天。

北京大学社会科学学部主任厉以宁认为,过去我们所习惯的靠数量规模的扩大、投资的驱动不能适应新的情况了,未来要靠广大人民的创新精神、创业活动。

李稻葵认为,总理讲到中国经济发展要靠两个引擎,据我了解这是第一次提出的概念。第一个引擎是市场的力量,主要体现在大众创业,万众创新,要让中国经济的每一个细胞都动起来,这样的话,中国经济就有希望了,中国的调整和升级就好办了。

全国政协委员左晖说,还处于发育期的中国创客,有望给中国创新带来三种东西:潜力无穷的产品、致力创新的精神、开放共享的态度。

张晓峰(2006)在《关键:智力资本与企业战略重构》一书曾把关键驱动要素分为三大类:资源、客户、创新。改革开放的前三十多年,资源驱动为主,客户驱动为辅,创新驱动不足。所以个人从来不担心中期中国经济的发展约束,因为生产力还未被有效解放,再结构化动能未充分释放,创新创造尚未被激活。只要找准这个牛鼻子,何忧之有?

根据郭莲的研究,当今在国际上得到认可度最高的创新指数报告是"全球创新指数"。该报告将创新描述为"导致产生经济和社会价值的发明和创造的融合"。2014 年中国排名第 29 位，当年报告以"创新中的人才要素"为主题，旨在探讨人力资本在创新过程中的作用。

全球创新指数由 5 个"创新投入指数"和 2 个"创新产出指数"，共计 7 大类指标构成，它们分别是：制度（政治环境、管理环境和商业环境）、人力资本和研究（教育和研发）、基础设施（信息/通信技术、能源和一般性基础设备）、市场成熟度（信贷、投资和贸易竞争）、企业成熟度（知识型工人、创新链和知识吸收）、知识和技术输出（知识创新、知识影响和知识扩散）、创新输出（无形资产创造力、创新产品和服务以及在线创新）。其中包括 7 个一级指标、21 个二级指标和 84 个三级指标。

这些全球创新指数领衔者创造了密切联系的创新生态系统，在这个系统中，人力资本的投资与强大的创新基础设施相结合，带来了高度创造力。尤其是全球创新指数位列前 25 的国家在多项指标一贯得分很高，并在如下领域具备优势：包括信息和通信技术的创新基础设施；包括知识工作者、创新链接和知识吸收的企业成熟度；以及诸如创意产品和服务与在线创造性等创新产出。

大众创业，万众创新，创新驱动，既是机制的改革，又是体制的重构，必定重塑创新生态、协作生态、创业生态、价值实现规则，是另外一层意义上的"开放"——由过去的对外开放为主转向对内开放为主，激发内生活力和每一个个体的创造性，从而推动整体开放生态的塑造。所以，克强总理说："大众创业、万众创新，实际上是一个改革。"

在这个由宏大叙事到具体而微的过程中，个体的角色更加多元化，可能不是创客，就是达人，就是大拿，就是合伙人、伙伴；个体的人力资本会更公平地参与到配置、分配和价值实现中去（这本身就是"中国梦"的一部分），甚至游戏规则的制定也更加"民主"化，可称之为"价值正义"。而互联网去中心化，"互联网+"就像一种新的机制、新的动态协议、新的议事规则，会激励这些智慧个体放大人力资本，并产生交互、跨界与协同，获得智慧化生存的体验。因而，权力向传统的消费者让渡，客户参与创造、产销融合、圈子社群化、分享创造价值、责任约束加大，这些将大行其道。

尊重人性是互联网最本质的文化。人性的光辉是推动社会进步、经济增长、科技发展、文化繁荣最根本的力量，互联网的力量之强大来源于对人性最大限度的尊重、对个人体验的敬畏、对人的创造性发挥的重视。分享经济就是其中的典型案例。

尊重人性、激活创造力是发挥引擎作用的基础。人力资本化、尊重创新劳动、重视知识产权的价值才会给创新驱动发展带来支撑，才能倒逼教育与社会治理、运营管理。尊重人性才能发挥"互联网+"的威力。互联网去中心化，"互联网+"就像一种新的机制、新的动态协议、新的议事规则，会激励这些智慧个体放大人力资本，并产生交互、跨界与协同，最终获得智慧化生存的体验。因而，权力向传统的消费者让渡，客户参与创造、产销融合、圈子社群化、分享创造价值、责任约束加大将大行其道。

"互联网+"与"创客"是不是两个独立事件

"互联网+"与"创客"同时被写进政府工作报告,并同时成为两会热词。它们是不是孤立的两个词,从概率论的角度看它们是不是两个完全独立的事件?如果不是,那么它们之间存在怎样的关联?

我们可以先来看对于"互联网+"和"创客"的释义。

"互联网+":代表一种新的经济形态,即充分发挥互联网在生产要素配置中的优化和集成作用,将互联网的创新成果深度融合于经济社会各领域之中,提升实体经济的创新力和生产力,形成更广泛的以互联网为基础设施和实现工具的经济发展新形态。

"创客":来源于英文单词"Maker",是指出于兴趣爱好,努力把各种创意转变为现实的人。创客以用户创新为核心理念,是创新 2.0 模式在设计制造领域的典型表现。

如果说"互联网+"的"+"指的是传统的各行各业,制定"互联网+"行动计划,旨在促进互联网与各产业融合创新,在技术、标准、政策等多方面实现互联网与传统行业的充分对接的话;那么,"互联网+创客",恰好就是政府倡导的"大众创业,万众创新"。

"互联网+"指明了创新创业的方向，提供了创新的条件和创业的环境；互联网、开源技术平台降低了创业边际成本，促进了更多创业者的加入和集聚；而"创客"则是"互联网+"的伙伴和推动者，"创客"的创新、创业对于推进"互联网+"向各个传统行业、各个垂直领域、各个价值环节的渗透提供了坚实的支撑。"通过网络信息平台，创业者的奇思妙想可以和使用者、用户进行直接的接触，缩短了创业者和用户的距离，也加快了创新的步伐。"中国科技部部长万钢说。

两会刚刚闭幕，中共中央、国务院就颁布了《关于深化体制机制改革加快实施创新驱动发展战略的若干意见》，加上国务院办公厅颁布的《关于发展众创空间推进大众创新创业的指导意见》，它们与政府工作报告一起，是"两创"的纲领和指南，是最大的政策红利、改革红利，必定会激发人力资本红利，反过来释放"互联网+"的结构化红利、跨界融合红利！

"两创"计划与"互联网+"行动计划之间也存在必然的关联，"两创"计划是"互联网+"行动计划的核心。国家拟发挥"两创"计划的力量，鼓励众创空间、孵化器、社会服务、市场检验等综合性要素，系统化、生态化发展"两创"，补齐要素，优化环境，加强引导，透明支持，+互联网、+社会化之力，真正发育创客智慧化生存、各得其所的生态环境，营造"价值正义"的机制与条件。

新常态·新范式：创新驱动发展

"互联网+"与"双引擎"是"克强经济学"中一个最新而且颇具份量的模块。信息经济、数据经济、连接经济，中国粗放的资源驱动型增长方式早就难以为继，必须转变到创新驱动发展这条正确的道路上来。这正是互联网的特质，用所谓的互联网思维来求变、自我革命，才更能发挥创新的力量。

直至两会期间，还有一些人误读报告，称政府认识到房地产是经济发展的引擎，会对房地产业重拾支持。其实种种信号、政策已经非常明确表明，中国未来的发展之路是创意、创新、创业、创造驱动型发展之路，要依靠打破机制的藩篱，是要依靠更多的个人发挥创造精神，还要依靠协同创新、跨界创新、融合创新，这才是最不应该被忽视的"新常态"!

这种发展方式转型的风险已经部分有所释放，如出口不振、个别行业凋敝、经济增速下行等，但更具挑战性的在于驱动要素的动能如何被发现、激活、放大甚至产生质变？因此，"互联网+"被选中绝非偶然。

资源、客户、创新，靠什么来驱动，其路径不同，结果迥异，影响差距殊甚。改革开放以来我们有了值得骄傲的成就，但发展质量不高、创新后劲不足、可持续性不强。驱动要素的选择不能再停留在被 GDP 推动、被利益集团携裹、被失速风险制约的传统模式了，要逐步形成新范式。同时，要敢于打破垄断格局与条框自我设限，破除束缚生产力发展的因素，建立可跨界、可协作、可融合的环境与条件。

科技创新在国家发展全局中居于什么位置？《关于深化体制机制改革加快实施创新驱动发展战略的若干意见》指出，把科技创新摆在国家发展全局的核心位置，统筹科技体制改革和经济社会领域改革，统筹推进科技、管理、品牌、组织、商业模式创新，统筹推进军民融合创新，统筹推进引进来与走出去合作创新，实现科技创新、制度创新、开放创新的有机统一和协同发展。

央视就此发表的评论非常贴切：把增长动力真正从要素驱动转换为创新驱动，才不会在过分依赖投入、规模扩张的老路上"原地踏步"；充分激发各类主体参与创新活动的积极性，建立以企业为主体、产学研用协同的创新机制，让科技创新在市场的沃土中不断结出累累硕果，中国这艘大船才能更有动力、行稳致远。

向创新大国学创新

我们倡导创新驱动发展，但旧范式积重难返，实际发展的线路，不会马上步入正轨。我们是一个经济大国，但创新与经济发展还不能匹配，创新投入低，创新效能一般，所以创新的产出与投入并不相称。我们要保持面对创新、面对未来的谦卑，向那些创新"大"国学习。

一个国家，"人民过着幸福而有意义的生活，工作、生活等通过技术无缝连接"，新加坡总理李显龙在 2014 年 11 月提出"智能之国"计划时，这样描述他对这个菱形岛国的未来愿景。作为全世界人口第二稠密的主权国家，新加坡的智能之国计划不只是一个智能城市项目；在它的创造者心中，渴望其成为一场心灵之旅。它把全世界的年轻创业人聚集在一起，提高创造力的整体水平。这一切都是围绕着三件事情——连接、收集和理解数据。

另一个在创新上值得尊敬的国家是以色列，被称为"创新的国度"。以色列国土面积仅相当于半个珠三角，人口不到北京的 1/3，这样一个战火纷飞、资源匮乏的小国家，在纳斯达克上市的新兴企业总数超过欧洲的总和，甚至超过日本、韩国、中国、印度四国的总和！

以色列创新者每年创立 500 家以上风险企业，创新密度甚至远超美国！为什么以色列创新那么牛？以色列所有创业都围绕人来做，大都以技术为驱动。其加速器、孵化器围绕高科技形成了一整套配套产业，产业集群也带来非常有效的协同效应。

美国作为上次金融风暴的始作俑者，其经济却先于欧洲复苏，也不是无来由的幸运。最大的原因在于刻画在血液、骨子里的创新基因和催动创新产业化的生态。例如，美国 1980 年通过的《拜杜法案》就对创新产业的推动起到关键作用。截至 1980 年，联邦政府持有的近

2.8 万项专利技术只有不到 5% 被商业化。很多人认为，政府资助产生的发明被"束之高阁"的原因在于该发明的权利没有进行有效地配置，包括：政府拥有权利，但没有动力和能力进行商业化；私人部门有动力和能力实施商业化，但没有权利。而《拜杜法案》成功地通过合理的制度安排，为政府、科研机构、产业界三方合作并共同致力于政府资助研发成果的商业运用提供了有效的制度激励，加快了技术创新成果产业化的步伐，使得美国在全球竞争中能够继续维持其技术优势，促进了经济繁荣。

美国最近出台的《乔布斯法案》，其背景就是小公司越来越受到市场融资环境的冷落。其出台的目标是通过修改有关法律法规，改善小公司的融资环境，提升小公司的融资能力。

在这次以对接小型公司与资本市场为目的的改革中，《乔布斯法案》提出了公众小额集资的合法化，并对小额公众集资规定了有条件的注册豁免。《乔布斯法案》受到很多人的欢迎，认为这一举措不仅为很多有志创业的人提供了有效的融资方式，同时为投资者提供了新的投资方式。

风起于青苹之末，止于草莽之间。风起于大地，轻舞飞扬，但是遇到阻碍则会风消云散，创业亦如是。好的生态激活创造性，放大创造力，孕育创意，促进转化，带来社会价值创新；坏的环境、阻碍的规制、欠缺的生态则会扼杀创新。

一个人本质上隶属于什么组织，就看他在哪里自愿花费更多的时间或者是"优质时间"。"自愿"不是企业组织能够完全雇佣的。"优质时间"要看他是否处于激活态在做事情、在创新、在持续提升。这其实就涉及到人力资本的实质，也是今后企业管理面临的最大的挑战！

世界每天都是新的。一个时间点的具象，只不过是多维因素复杂影响的阶段性结果。在全球化与创客运动并行不悖的节点上，要廓清路径、沉淀管理的确不是一件易事。但是，商业大未来潜力无限。

管理世界的变革同样令人兴奋。Paulsaffo 指出，最成功的企业一定是那些利用好创造者本能的企业，最大的赢家一定是那些最小地利用创造者劳动的人。我可能只赞成他说的前半句话。IBM 每年都有打破边界的"创新周"，获得创新启发与创造性人才。宜家通过举办"天才设计"大赛，吸引顾客参加多媒体家居方案的设计，得奖者获得奖励之外，其作品还将投入生产和市场。宝马开设了客户创新实验室，为用户提供在线工具帮助他们参与宝马汽车的设计。奥迪也有与宝马类似的虚拟实验室。更极端的例子是香港拍摄的电影《3D 肉蒲团》，有人评价其火爆不仅仅归功于它香艳的场景，它让受众卷进到参与、互动和分享之中的"卷进式创意营销"（Involved、Creative、Marketing，ICM）也同样功不可没，他们一系列的推广动作完全切中这个时代的互动沟通精神。

厘清新趋势，让"组织"更具贴近变化的生态服务能力显然是必需的，创客服务及其平台本身也具有很大的价值想象空间。Facebook、YouTube 和 Twitter 等自媒体取代大众媒体成为重要的传播平台；价值中国、腾讯开放平台、猪八戒网、起点文学网等，也都是创客的聚集平台和生态化生存平台。

反观中国长期以来重物质财富、轻知识产权，并把劳动和剥削作为经济活动的两个基本范畴和经济活动的参与者，非此即彼。"创造"从来没有独立的地位，它是劳动或剥削的附庸。而对知识产权制度的保护使这种非组织化、大规模协作成为可能，知识产权制度是创造者获取经济独立的权利宪章。

在这种大背景下，治理、管理越来越需要前瞻性、包容性与动态调适能力，并要做到各得其所。

中共中央国务院《关于深化体制机制改革加快实施创新驱动发展战略的若干意见》有比较多的突破性安排。例如，将科研人员视为创新的核心，为了激励成果转化，提出要提高科研人员成果转化收益比例，对用于奖励科研负责人、骨干技术人员等重要贡献人员和团队的收益比例，可以从现行不低于20％提高到不低于50％。相信其效能定能超过《拜杜法案》。

"互联网+"让"创客"迎来黄金时代

创新型国家，先要有"创客"中国。不是说企业、科研机构这些创新主体不能发挥作用，而在于每一个个体的创新精神都被激活，主体间就会连接、融合、协同，并形成更具爆发力的自主创新。

克强总理点赞创客不是偶然的。据报道，目前，中国民间的创客团体正如雨后春笋般崛起，形成了以北京创客空间、深圳柴火、上海新车间为三大中心的创客生态圈。业内人士认为，如今传统的工业化量产模式不能很好地满足多种多样的需求，而创客这种自下而上的科技创新者能够弥补和拓展大工业模式，促进新科技和新需求更快对接。但是，从创客到真正创业，完成这个过程还需要资金、技术、产业链以及品牌营销等方方面面的配合。

那么，究竟什么是创客呢？其实，创客是不安分的那么一群人。

他们搞分享，他们玩创新；

创造是他们的信仰，"创活"是他们的生活方式；

他们有属于自己的沟通与互动方式，也更中意于自己认可的管道与界面；

他们乐意称自己是"数字牛仔"或者是互联网"土著"，但又不愿意被标签化；

他们一面展示着对世界的责任和优雅，一面愤世嫉俗甚至恶毒诅咒意见相左者；

他们有些讨厌传统意义上的"组织"，但对类似于创客空间、创客公会又有很强的接纳力；

他们更敢于不断尝试用不一样的方法找到解决原有问题的思路，或者他们推己及人，试错解决悬而未绝问题的方法；

他们追求独立，享受创新，乐于分享，喜欢标新立异；但他们也可能对拥戴某些"部落"首领、技术精英、意见领袖有着异乎寻常的激情……

其实，创客与其说是一种称谓，不如说是一种信仰，一种精神，一种生活方式。创客就是你，或者在你的身上也能找到创客的影子。

当斯坦福大学的预言学家Paulsaffo将美国经济发展历程概括为生产者经济、消费者经济、创造者经济时代三个阶段之后，人们开始接受这个"创造者社会"，仔细观察这个"自媒体"的世界，逐渐思考创造者经济的规则与创客时代的管理。

创客并非是创造者经济时代到来之后才产生的。创客具有自发性、自我主导性、乐于分享、希望肯定，他们可能并不受雇于任何组织，他们的特质正如TED（Technology, Entertainment, Design）大会受邀者要具备条件所描述的那样，"有好奇心、创造力，思维开放，有改造世界的热情"。其实，孔子、老子、释迦摩尼都是创客；古希腊三大哲学家苏格拉底、柏拉图、亚里士多德也称得上活跃的创客；每一位作家其实都是一个创客；大家耳熟能详的好莱坞其实就是创客协作工场：投资人花钱请人写剧本，定导演，选演员，制作场景，组织表演，并用摄影机将表演记录下来，压缩成胶片，再把经过取舍、剪辑、合成的影片放给观众看，观众甚至在制作前和观影中都可以参与、主导这种创造。

但是，出现克里斯·安德森《创客：新工业革命》描绘的"创客运动"则是今天的事情。因为全球化、数字化、交互实时化、管理文化变革、知识产权制度让人人成为创客变得可能，想来这些大体是创客时代的驱动因素。安德森预测，"创客运动"是让数字世界真正颠覆现实世界的助推器，是一种具有划时代意义的新浪潮，全球将实现全民创造，掀起新一轮工业革命。

创造者经济时代的开放性、连接性、生态性的影响是深远的。理查德·斯托尔曼（Richard Stallman）的振臂一呼与开放合作践行，催生了自由软件基金会，并于 20 世纪 90 年代诞生了源代码公开的操作系统平台 Linux。纳斯达克上市公司红帽大中华区总经理陈实如此形容"开源"的魅力："抓起手来，什么都没有；张开手，你将得到一切。"Linux 的意义决不仅限于鼓励开放附有源代码的软件这件事情本身，从 Wiki 到 Facebook、Twitter，从 App Store 到安卓，从众包（Crowdsourcing）到众筹（Crowdfunding），从微信到亚马逊 Kindle 电子书店，我们都不难发现它的影子。

类似案例数不甚数。可汗学院（Khan Academy）的创办人萨尔曼·可汗是一个创客，他几乎影响了全世界的一代青少年。TED 则由在精英中口口相传的沙龙，变成了网络流行的知识分享平台。TED 的理念是"创意值得传播（Ideas Worth Spreading）"，TED 大会的宗旨是"用思想的力量来改变世界"，大会参加者称之为"超级大脑 SPA"。

创造者经济时代的一个重要特征是分散性、自主性、交互性。关系结构的变化，交互的要求与过去不可同日而语，交互的界面更是日新月异。同时，众包与创客都大量充斥着虚拟性、动态性、陌生合作。组织、团队、边界、协同、能力、资源、价值、优势等都可能被重新界定与看待。此外，创客时代对开放、社区、关系也进行了重新定义，我们已进入了一个"人人自媒体，个个麦克风"的透明时代。

美国麻省理工学院斯隆管理学院 Eric von Hippel 教授指出，我们忽略了一种重要的资源——消费者创新的热情和能力。在进行了大量案例研究的基础上，他提出了"创新的民主化"，认为消费者创新不应被忽视。他倡导以用户为中心的创新，产品设计应由原来的以生产商为主导，转向以消费者为主导。那么，我们不得不思考：生产者和消费者的交集有多大、有多深，怎样有效衔接、互动、均益？企业所有者之间的关系如何处理，所有者与合作者如何各得其所？企业组织生态、业务生态、知识生态怎样去协同构建？最首当其冲的工业设计、文化产业、互联网与移动互联网等，其组织结构、管控模式、关系管理方式、协作协同机制等如何相互影响？

创意、创新、创业，生态为上

我想先讲一个故事。首先请教大家一个问题，电话的发明人是谁？相信很多人给出相同的答案贝尔。下面这个故事会给你一个不一样的答案。

安东尼奥·梅乌奇，意大利人，1808 年出生于佛罗伦萨。他自幼学习美术，起初在佩戈拉（Pergola）剧院当舞台技工，曾在佛罗伦萨美术学院学习机械工程设计。1834 年，当他得知古巴哈瓦那的塔孔

（Tacon）剧院需要一位布景设计师时，没多加考虑就带着年轻的妻子一起移居至古巴。1850 年，又移居到美国纽约斯塔腾岛并加入了美籍。

移居到美国之前，为了增加收入以改善生活环境，他开始对自己很感兴趣的电生理学进行研究。不久，他研究出了一种用电击治疗疾病的方法，这使他在哈瓦那名声大震。我们不知道这种非正规的治疗方法是否真的取得了成功，但值得一提的是，就在 1849 年的一天，当他准备好一套器械要给在另外一个房间的朋友治疗时，意想不到的奇迹出现了，通过连接两个房间的一根电线，他清楚地听见了从另外一个房间里传出的朋友的声音。

情况是这样的，他把一块与线圈连接的金属簧片插入了朋友的口中，线圈连接导线，通到另一个房间。实际上，金属簧片在这里起到了传感器的作用，正是由于与线圈相连接，才能把它的振动转变成一种电流。梅乌奇马上意识到这一现象有着不寻常的意义，并立即着手研究被他称之"会说话的电报机"的装置。那时，他未来的竞争对手亚历山大·贝尔才只有两岁。这充分说明，他们之中谁第一个构思了电话的雏形。

由于妻子瘫痪在床，梅乌奇就装配了一个通话系统把妻子的卧室和他的工作室连起来，以方便联系。

1860 年的时候，梅乌奇向公众展示了这个系统，当时纽约一家意大利语的媒体曾报道了这件事情。

但是，不会英语的梅乌奇融不进美国主流社会，得不到应有的认可。更不幸的是，他在一次乘坐蒸汽船时被严重烧伤，穷困潦倒的他无法把实验继续下去。为了筹措资金，梅乌奇甚至不得不把他原来的电话模型卖给了一家二手货商店，仅卖了 6 美元。但是经过不懈努力，梅乌奇取得了很大突破，新模型也越来越精巧。他那以线圈绕在铁芯周围的做法在数十年后更是成为了长途通信的一项核心技术。

但是由于穷困潦倒，梅乌奇甚至无法支付 250 美元，为他的"可谈话的电报机"申请最终专利权。在 1871 年，梅乌奇只能发布声明保留了一种需要一年一更新的专利权利。但是 3 年后，梅乌奇就连为继续保留这一权利而不得不支付的 10 美元也拿不出来了。

梅乌奇向西部联合电报公司寄去了模型和技术细节，但是没能和该公司的主管人员见上一面。当他于 1974 年向西部联合电报公司要求拿回这些材料时，却被告知这些材料已经不见了。

两年之后，也就是 1876 年 2 月 14 日，和梅乌奇共用一个实验室的贝尔向美国专利局提出申请电话专利权。巧合的是，就在贝尔提出申请两小时之后，一个名叫 E. 格雷的人也走进了专利局，也要申请电话专利权。从而发生了电话专利权之争，不过他们二者电话的发明原理略有差异。1877 年，爱迪生又取得了发明碳粒送话器的专利。三者间专利之争更加错综复杂，直到 1892 年才算告一段落。造成这种局面的一个原因是，当时美国最大的西部联合电报公司买下了格雷和爱迪生的专利权，并与贝尔的电话公司对抗。长时期专利之争的最终结果是双方达成一项协议，西部联合电报公司完全承认贝尔的专利权，并不再染指电话业，交换条件是 17 年之内分享贝尔电话公司收入的 20%。在此之前，梅乌奇愤而提起上诉，并准备了一纸上诉状，但为时已晚，他已将近 80 岁，且穷困潦倒，病魔缠身。当时最高法院同意以欺诈罪指控贝尔，但就在胜利的曙光快要显现时，梅乌奇却于 1889 年带着遗憾离开了人世。

梅乌奇是电话的发明者，最初是美国众议院 2002 年 6 月 16 日的一项决议通过的。决议称，梅乌奇于 1860 年在纽约展示的名为 teletrofono 的机械已经具备了电话的功能，从而证明了电话的发明者应该是梅乌奇而不是贝尔。只是后来贝尔从各种渠道获取了梅乌奇的成果，并在 16 年之后申请了专利。决议说："梅乌奇的一生及其成就应该得到肯定，他在发明电话过程中的工作也应该得到承认。"

经过这项决议，贝尔被永远钉在了历史的耻辱柱上。决议一经公布立刻引起多方强烈反应，意大利裔美国人纷纷欢呼这一迟来了一个多世纪的道获取了梅乌奇的成果，无法把实验继续下去。为了筹措资金，梅乌奇甚至不得不把他原来的电话模型卖给了一家二手货商店 2002 年 6 月 21 日正式通过决议，重申贝尔是电话的发明者。

（摘编于百度百科，原著者不详）

这个故事读起来让人颇为感怀。当创意、创新被条件所困、被环境制约，创新的努力只会变成一个悲伤的故事。创意、创新是生态的一个要素，生态既要有种子，还需要土壤、空气、水分。

积极鼓励"大众创业、万众创新"的目的就是孵化、培育一大批创新型小微企业,以期从中成长出能够引领未来经济发展的骨干企业,形成新的产业业态和经济增长点,而达到目的的最重要条件就是创意、创新、创业的生态。构建生态既需要精心设计,又需要发挥要素的连接性和能动性;生态内外必须形成有机信息交换,而不是封闭的自我构筑;要素间交互、分享、融合、协作随时自由发生,同时还要保持独立、个性与尊重。

在南方,有这样一个城市,曾经被称为"山寨之都",现在他们把自己的名片印成了"创客之城"。福布斯中文网援引美国硬件创业团队SPARK 创始人扎卡利·克洛基博士的话,"如果你是一个工程师,想在 5 天或 2 周的时间来实现一个创作理念,在哪儿可以实现?在深圳!你能在不超过 1 千米的范围内找到实现这个想法需要的任何原材料,只需要不到 1 周的时间,你就能完成'产品原型—产品—小批量生产'的整个过程。"

这就是深圳。深圳不会满足于"创客之城"这样一个称谓,其实他们更大的野心是希望成为全球"创客梦工厂"。就在 2015 年 1 月 4 日,李克强总理刚刚考察了深圳,也是 2015 首个视察地,他称赞并鼓励那些年轻的创客们——"你们的奇思妙想和丰富成果充分展示了大众创业、万众创新的活力,这种活力和创造将会成为中国经济未来增长的不熄引擎。"

当前,创新、创业特征发生了根本性变化,呈现出从政府主导向市场发力，从小众主体到大众群体，从创新能力内部组织到开放协同创新，从供给导向到需求导向转变等许多新特点。一大批像创新工场、创业咖啡、创客空间为代表的新型孵化器如雨后春笋般出现，这些创新型孵化器充分发挥了政策集成和协同效应相结合、实现创新和创业相结合、线上与线下相结合、孵化与投资相结合等优势，为广大创新、创业者提供了良好的工作空间、网络空间、社交空间和资源共享空间，构成了低成本、便利化、开放式、全要素的众创空间初步形态。

《关于深化体制机制改革加快实施创新驱动发展战略的若干意见》对清除障碍、营造激励创新的公平竞争环境给予了充分关注，成为打破行业垄断和市场分割的关键，势必破除限制新技术、新产品、新商业模式发展的不合理准入障碍。火炬中心副主任杨跃承强调，当前中国发展已进入以互联网为特征的新经济时代和以大众化为特征的创业黄金时代，党中央、国务院就大国创新的路径选择和经济发展新常态的特征变化进行了明确指示。

关于"互联网+"，生态是非常重要的特征，而生态的本身就是开放的。我们推进"互联网+"，其中一个重要的方向就是要把过去制约创新的环节化解掉，把孤岛式创新连接起来，让研发由人性决定的市场驱动，让创新、创业并不懈努力者有机会实现价值。

清除阻碍创新的因素是一个方面，另一个重要的方面就是以人为本、以市场为基础，让创新与产业化、技术与资本化、知识产权价值化等方面符合创新中国的要求，符合发展的要求，符合社会价值创新的要求，要实现创新与创业、线上与线下、孵化与投资相结合。科技部还出台了推动众创空间的指导性文件，制定"创业中国行动纲要"，启动创业创新示范工程等。

创新文化是创新创业生态的最重要组成部分。李克强总理在 2014 年度国家科学技术奖励大会上发言时强调，"要营造鼓励探索、宽容失败和尊重个性、尊重创造的环境，使创新成为一种价值导向、一种生活方式、一种时代气息，形成浓郁的创新文化氛围。"

其实，"双引擎"在这里可以产生神奇的交汇。北京市科委主任闫傲霜表示，建设众创空间，根本目的是服务于大众创新创业，这就需要调动各方面的力量，充分发挥市场配置资源的决定性作用，政府着重提供公共产品和公共服务，营造适宜众创空间发展的政策环境，形成发展合力。

"互联网+"行动计划的核心是生态计划，要重塑教育生态、创新生态、协作生态、创业生态、虚拟空间生态、资源配置和价值实现机制、价值分配规则。最亟待关注的生态包括而不限于：内在创造性激发导向的教育生态，专业教育与职业教育并重，消除高中前与大学教育、大学教育与应用教育的鸿沟；社会价值创新导向的创意创新生态，搭建创意创新与价值创造之间的桥梁；协同创新、融合创新、价值网络再造的生态，让知识产权、人力资本和努力与可预期结果匹配。这的确将引发一场越来越深化的改革。

众包、众筹、众创，连接伙伴

● ● ● ● ● ● ● ●

如果说我们刚刚揭开了众筹神秘面纱的话，大家对众包的了解相对而言要清晰得多。生态化帮助降低创业门槛的同时，也提供了多种合作、协作的可能，并进一步降低了运行的成本。做自己最擅长、对竞争优势最有影响的事情，而把能够与伙伴合作的事情外包出去，这对于创业公司来说很有必要，也很重要。外包的思维对于政府、对于孵化器、对于众创空间等，其实也值得借鉴。比如，众创空间不可能自己拥有所有的服务资源、服务能力，完全可以与外部第三方合作。

众筹发源于美国，种类涵盖分股权众筹、债权众筹、产品众筹、公益众筹等。后几种在国内已有尝试，股权众筹有机构在偷偷试水，但尚未成气候。近日，关于股权众筹监管的意见即将出台，创新创业即将迎来多元化融资的阶段。

加之国家在大力推动天使投资的发展，即将停止 IPO 审批制，新三板开始发力，知识产权可以换股权，创新资本对价，引导基金、科技创新基金助推，使得融资格局出现突破性变化。现在，全国活跃的创业投资机构有 1000 多家，资本总量超过 3500 亿元。技术交易也很活跃，2014 年，全国技术交易成交额达 8577 亿，近年来持续以 15％的增速增长。此外，国家已设立 400 亿元新兴产业创业投资引导基金，并计划整合筹措更多资金，为产业创新加油助力。

与此同时，众创空间顺应网络发展，借助推动大众创业、万众创新的势能，构建面向人人的创业服务平台，对于激发亿万群众的创造活力，培育包括大学生在内的各类青年创新人才和创新团队，带动扩大就业，打造经济发展新的"发动机"，具有重要意义。

在这里，最重要的是建立一种思维，即努力提高自己的可连接性，在价值网络中找到定位的节点，逐步放大连接流量，开展交互，建立信任，进行合理的导流。

众创空间就是一个连接器，是创新创业生态中一个举足轻重的环节，是由创新价值到商业价值的转化器、放大器。一个没有创意的世界是令人恐惧的，而有创意没有试错纠错的平台，没有研发、创新到产品、产业转化的生态催动是可悲的。众创空间一是实现了产业聚集甚至集群，形成溢出效应；二是让创意创新创业的力量有可能跨界融合，产生协同效应；三是有些创客空间可以就"互联网+"展开更有深度、更有针对性的创新，让创新驱动发展走得更坚实、更加富有成效。

北京互联网金融中心由过去的酒店转型而来，现在入住率已经超过 90%，蚂蚁金服等多家互联网金融机构入驻，海淀区政府为入驻企业提供房租补贴（第一到第三年分别减免 50%、50%、30%）及其他支持。中心和政府一起设立了 5 个亿的基金，并和四大投资机构一道为入驻企业提供综合性服务。因为都是和互联网金融有关，跨机构的交流、协作随时在发生。

互联网+产业主体+众创空间

我一直在思考这样一个问题，现有孵化器、产业园升级的路在何方？传统产业和互联网企业能不能打破对立、猜忌，找到一个公共空间，二者既解决了合作、融合，又有利于产业升级，更有利于创新创业？

创新这件事不能仅仅发生在孵化器、众创空间，而应该是有几条不同的路线。比如，孵化器、众创空间这些是路线一；路线二，要促进企业内部的创新，并鼓励与外部（如科研院所、客户、伙伴等）创新相结合；路线三，互联网+传统行业。回到刚才的问题，有没有路线之四？

互联网+产业主体+众创空间的内涵

这样的众创空间就是互联网企业与传统企业一个更好的结合点。这里，产业主体作为社会责任的平台，作为内部试错纠错的平台，作为"互联网+"的实验室，作为创业者寻求的在产业环节创新与合作的众创空间。互联网企业和传统企业可以共同指派导师，可以是创客自己感兴趣的，也可以由产业主体定向招标，或者经过海选再重点支持。这样，可以让多方面受益，整体价值得以大大提升。

这不是纸上谈兵，其实，有些企业的实践已经带有这样的影子。我准备了两个案例给大家以启发。当然，这两个案例并非完美无瑕，它们都还有提升空间，特别是和另外一方结合还不够，但至少有些探索已经呈现了其价值。

第一个案例，号称"连接器"的腾讯。2011 年 6 月 15 日，腾讯正式宣布开放，要建立开放、共享的互联网新生态。

这里，先简单罗列几个数据，让大家对腾讯开放平台有一个全面的了解和认识。

开放前 3 年，腾讯给开发者的分成达到 50 亿元；预计在之后的 2 年再分出 100 亿元。从 2013 年 6 月到 2014 年 6 月，腾讯开放平台上合作伙伴获得的收益同比增长超过 1 倍，其中，总流水超过 1 亿元的创业团队有 22 家，月流水超 5000 万元的创业团队有 7 家，月流水过 1000 万元的创业团队 22 家，月流水超过 100 万元的创业团队 83 家。

腾讯开放平台已有 500 万创业伙伴，其开放平台上的应用已经达到了 240 万款，涵盖了娱乐、生活、教育等内容；截至 2014 年 6 月，腾讯开放平台接入应用累计数是 2013 年同期的 6 倍多。

腾讯开放平台的开发者已达到 500 万家，并且在 2013 年上半年，二三线城市的创业者增长率超过 200%以上；2014 年接入腾讯云的开发者同比增加 3 倍；同时，新增开发者中有 7 成为移动开发者，开放平台移动化趋势明显。

所有合作伙伴的市值已接近 2000 亿元，实现独立上市和正在上市流程的公司超过 10 家，被其他上市公司收购的公司超过 10 家。

腾讯移动广告联盟日曝光量达到 5 亿元。

截至 2014 年 10 月，应用宝的单日分发量已经突破 1 亿元大关。

腾讯开放平台优秀开发者受到投资者的青睐，收入 Top 150 的 PC 开发者中有 35%成功获得各轮融资，腾讯开放平台创业基地合作孵化的移动开发者中有 61%获得了各轮融资；总融资额超过 100 亿美金。

马化腾说，过去确实很多不放心、不信任，出于本能很多事情百分之百自己做，包括搜索、电商等。现在我们真是半条命，我们把另外半条命交给合作伙伴了，这样才会形成一种生态。

腾讯开放平台近四年多的创造性实践结下了累累硕果，尽管在"互联网＋"的新背景下，开放平台的模式还有创新优化的巨大空间。这不，马化腾刚刚提出，要在四年的开放基础上打造全要素众创孵化平台，"我们希望将腾讯已有的资源，包括账号体系、社交关系链、应用分发、支付能力、流量、云计算等都开放给创业者。"为创业者提供一站式服务，让"大众创业、万众创新"成为一种"新常态"。

再来看另外一个案例，这个是偏传统产业的公司——海尔。海尔在"互联网＋"上走得比较早，动作也比较大。前一阶段公布的四家互联工厂，实现客制化空调，是非常有益的探索。不为大家所知的是海尔创客实验室的故事。

"互联网+"样本：创建创客实验室 海尔探索新模式

假如你有一个智能家电创意的好点子，但苦于没有开源软件、没有机械工具、不会写商业计划书、找不到天使投资……没关系，现在，你也许可以去海尔 M-LAB 创客实验室试试。

海尔今年探索公益新模式，把公益与海尔的互联网转型结合，建立海尔创客实验室，鼓励支持社会上的创客，尤其是大学生的创意、创业，将他们的好点子转化为生产力。

这是一个开放创新、协作共享的社会化智造平台；这里聚焦高校大学生群体，搭建线上交互平台及线下实体实验室，并整合国内外知名的创客空间、创投机构、供应链资源和全网营销渠道等，为高校学生提供跨专业、全流程的项目孵化体系，包括样本制作、生产制造、营销推广；这里同时也是教育部万企千校工程的承接平台。

"雷神"的启示

随着海尔向互联网转型的深入推进，创客成了传说中的"英雄"。

2014年30岁的海尔，已在全球拥有5大研发中心、24个工业园，2013年全集团收入1803亿元，利润总额首次突破百亿。互联网时代，"大象"如何起舞？海尔2012年12月起进入"网络化战略"阶段，要打造平台化企业，将员工变成创业者，快速响应用户需求。

至今，海尔的创业平台上已经运行着2000多个自组织团队，其中成熟的团队已转化为小微公司。截至2014年6月底，海尔共有169个小微公司。

海尔认为，"企业平台化、员工创客化、用户个性化"将是趋势。"雷神"游戏本（游戏功能较强的笔记本电脑）就是海尔"员工创客化"的典型案例。

"雷神"游戏本诞生于30万条评论与6个QQ群；"雷神"创客团

队从 3 万条差评中，归结出了 13 个核心问题；上市一周在同行中排名热卖品牌第四、单品第三；二代产品的京东预约用户 18 万，3000 台"雷神"游戏本 20 分钟内被抢完。

"雷神"游戏本的创客团队，是海尔的几名员工。他们依靠贴吧、论坛、QQ 群等渠道，通过与用户交互，聚集粉丝 80 余万，在交互中发现用户的痛点，从而看到产品机会。

之后，他们整合上游资源和内部的无边界团队，针对用户的需求提出产品创意，经过研发及广大玩家测试，再到互联网预约销售，最后再次回到交互平台进行痛点交互，形成循环往复的产品上市闭环。

目前"雷神"已经"玩大"了，在海尔的创业平台上，"雷神"已经吸引了创业导师和风投资金，开始正式进入小微化运作。"雷神"的下一步目标是成为游戏本行业第一品牌，吸聚粉丝 200 万以上。在硬件做强后，"雷神"计划 2016 年完善游戏软件生态圈，吸聚粉丝 300 万以上；未来打通游戏产业链，代理游戏运营、游戏推广，逐步进入游戏文化产业，吸聚粉丝 600 万以上。

"雷神"的启示是：人人都是创客，让在一线"听得见炮声"的员工来决策、创业。

创客的乐园

海尔集团董事局主席、首席执行官张瑞敏认为，互联网时代，一定要跟上用户点击鼠标的速度。所以，员工从听领导的变为听用户的。员工变为自主满足用户需求的"创客"，企业变为服务于员工的平台。

海尔转变为平台企业后，不仅服务于员工，还可服务于社会上的创客。

所以，海尔近来组织、参与了多项创客活动，包括创业大赛、全球创客马拉松深圳站海尔专场、卡萨帝第四届创艺大赛、百度 91 开发者大赛、安卓全球开发者大会、创意蛇口的创意科技和手工制作嘉年华、开发者大赛等。

2014 年就有 300 所大学、1000 支团队、5000 多人参加了海尔的校园开发者大赛，其中 6 支团队获大奖，北京邮电大学学生的"智慧网关"项目夺得冠军。

为了搭建一个常态化的创客平台，海尔专门成立了"M-LAB 创客实验室"，希望凝聚一群志同道合的伙伴，通过思想碰撞产生创意，并一起动手将想法实现。海尔为"创客"们提供创意展示、开放交流、项目孵化、经费支持等服务。

如果创客有了一个好的产品创意，海尔可以提供软硬件设备的支持及供应链整合的服务，涵盖从研发设计，到试制与中试，再到模具设计，甚至生产、销售、物流配送的服务支持。海尔网上商城、日日顺及海尔的渠道伙伴国美、苏宁、京东、天猫等都可合作对接。

平台的力量

作为全球大型家电第一品牌，海尔集团在互联网时代积极变革，通过转型平台型企业踏准时代发展的节拍。

按照以往金字塔式的企业组织架构、从研发到生产销售的传统流程，很难快速满足互联网时代个性化的细分需求，难以感受到用户需求的真正痛点。所以，海尔要打破常规，建立平台型企业，让"小微企业"自主寻找并满足需求"痛点"。

除了鼓励员工成为创客，思维活跃的大学生也成为海尔创意的新来源。M-LAB 创客实验室主要以丰富的活动、充足的经费以及先进的设备，支持大学生自己成立创客组织。目前创客实验室已经在北京、上海、青岛、广深、西安、成都、武汉、长春成立八个联络区，并分别与上海交通大学、北京理工大学、浙江大学、东华大学、中南大学、山东大学、武汉理工大学、清华美院、同济大学、湖南大学等多所高校展开合作。

其中，具体的合作形式分为两种。一种是创客实验室，由合作校方提供固定空间、相应设备或由教育部提供设备标准，海尔家电提供设备、经费等支持，同时配备核心学生成员、专门辅导老师，海尔家电与校方进行深入合作。每个创客实验均有单独的编号，并挂牌。另一种是创客组织，由学生群体发起，老师辅导，并联动当地创客空间资源，由海尔家电为创客组织提供活动经费，可组织、赞助该校或当地的创新、创客或创业活动，以实现创意方案、作品、创客群体的线上输出与交互。

通过联络区接口人的沟通、选拔，海尔 M-LAB 创客实验室总部任命各高校创客实验室的总负责人，由后者选拔、任命三名核心团队成员，任命两名辅导老师，三名核心团队成员分别负责运营、企划和研发，核心团队下面可以有 10 名骨干成员和其他普通成员。

经过逐步发展，海尔最终希望打造一个公共科技服务平台，形成从"创客市场"（帮创客找到市场）、"创客实验室"（帮创客生成满足用户价值的创意方案）、"创客微工厂"（帮创客把创意变成现实产品），到"创客银行"（帮创客找到钱、帮资金找到好项目）的生态链。

（来源：第一财经日报　作者：甄妮 2014-12-12 略有删节）

海尔的创客实验室还处于探索阶段，后续值得再纳入更多的"互联网+思维"，变成更好的连接器，与其他互联网企业、其他连接型企业展开深入合作，则其创意生态性将大大提高。

跨界融合给到的是丰富的价值空间。一个智力资本时代的来临，需要我们善于思考，勇于实践，敢于跨界，长于连接。比如，腾讯创新基金和类似于海尔这样的产业基金怎么样协同？能否让其他创新主体或产业主体受益？诸如此类的创想可能都自有其意义。

第三部分

"互联网+"对中国意味着什么

第十五章

15

从社交、购物的互联网升级为生产制造的
互联网，全面拥抱互联网红利时代

追溯起来，互联网最初是作为一种特殊的通讯方式，主要为美国军方所用，后来逐渐演变成拥有海量信息的信息海洋，广泛应用于社交、购物甚至生产制造领域。互联网在生活、生产两个方面均推动着人类社会的进一步发展。一方面，互联网通过与人类生活的融合，降低了生活成本，给人类生活带来了极大的便利；另一方面，通过互联网与产业的融合，降低了产业的运营成本，提升了产业发展潜力。通

过上述融合，有效延缓了潜在经济增速在资本积累和深化过程中的下降趋势，这就是互联网红利。

社交红利

随着互联网技术的兴起与发展，古人"海内存知己，天涯若比邻"的美好愿望已然成为了现实。Web2.0 时代的到来，形成了互联网平台上用户与用户、用户与用户群之间进行信息交流的通道；继美国社交网站兴起后，随着宽带技术、视频技术的发展，视频社交、虚拟社交逐渐成为主流，中国社交网站亦迎来了黄金蜜月期。

社交网站的重要特点是其开放性和创新服务。Facebook 的流行和人人网在国内获得大额风险投资都给社交网络的进一步发展树立了榜样。这种允许第三方软件（插件）参与并丰富社交网络平台功能的模式将个性化消费和社会化服务完美地结合起来。借助社交网络平台的人气，参与者可以在此甚至于与第三方网站的用户进行交流。从互联网到智能手机，从 PC 端到移动端，科技的飞速发展带来了一路惊喜，社交分享成为了现代生活的重要部分，各种购物、图片、音频、视频、美文分享网站或应用纷至沓来。移动互联网的发展加剧了这种社交分享和应用共享的滋生，并且带来更多的应用堆积，互联网带来的"社交红利"成为一场全民共享的盛宴。

电商红利

2014 年，电商的发展呈现出两大趋势——跨境与移动。

跨境电商

跨境电商的快速崛起，给中国乃至世界范围内的传统贸易带来了强烈的冲击，其价格红利和行业红利已经逐渐显现。未来，在政策的扶持下，跨境电商亦将给外贸带来新的红利。

2013 年被认为是跨境电商发展元年，无论是政府支持的"正规军"还是民营电商企业都全力布局跨境电商领域。商务部统计数据显示，2011 年，中国跨境电子商务交易额约为 1.6 万亿元，2012 年约为 2 万亿元，2013 年突破 3.1 万亿元，到 2016 年将增至 6.5 万亿元，年均增速接近 30%。

如此迅猛的增长速度与跨境电商带来的价格红利有直接关系。摩西网董事长张红辉在发言中用一款日本进口的保温杯向人们直观地展示了跨境电商的价格红利。在上海的某商场中，这款进口的 80 毫升的保温杯，售价是 628 元，同样一款商品在一般电商旗舰店里的售价是 469 元，而在跨境电商网站上，售价仅为 142 元。据他介绍，线下店铺和一般电商、跨境电商在进口商品上的价格差距，是由于供应链不同而带来的普遍现象[1]。

相对于显而易见的价格红利，跨境电子商务带来的行业红利也正在逐渐显现。天猫国际总监赵晨介绍说，目前中国消费者从海外购物的种类主要有四种，箱包和服饰、母婴类、化妆品和护肤品、保健品；购物种类地区分化明显，从美国购买的产品主要是箱包和服饰，从欧洲主要是购买奶粉和婴儿车。

随着中国消费者海外购物数量的增多，海外的跨境电商对中国市场、中国消费者也逐渐熟识，这也成为他们进入中国市场的重要渠道。据赵晨介绍，很多海外的中小企业认为直接到中国开公司成本非常高，不仅需要懂得中国的法律，还要涉及到工商、税务、员工等各种事务，但是通过跨境电子商务的方式进入中国市场，他们觉得非常简便，并且成本较低。

海外电商企业投资中国之路通常分为三步走。在跨境电商做强做大之后，他们通常选择在国内的电商平台注册一家公司，进入中国的整个电商体系，并把库存放在中国。随着对中国环境的了解，他们再逐步进入中国的零售体系。

移动电商

资本不仅左右着电商企业的崛起、价格战及流量战，还推动着商

---

[1] 跨境电商红利明显，行业将呈快速发展趋势. 国际商报，2014.6.24.

业模式的不断创新和行业时代的变迁。近期，微博、途牛、聚美优品、京东及阿里相继走上了 IPO 之路，在业内人士看来，这意味着电子商务的 PC 时代已经走上巅峰，未来中国电商的 PC 业务将很难再有新机会，创业机会将向移动端靠拢。

一大批电商企业赴美上市，被看作一个时代的终结，同时也是移动电商红利时代的开启。目前甚至已经有一些互联网企业披上移动互联网的外衣，走上了 IPO 的道路，并在概念上占得先机。在业内人士看来，对于移动互联网企业而言，现在的市场环境与十年前 BAT 遇到的传统互联网环境极为类似：流量、交易额和市场认知度都在高速增长，资本也给予颇为强力的支持。

制造业红利

当前我国 GDP 总量里，九成是传统企业贡献的，但未来四成的 GDP 将由传统企业的互联网化来完成。中国工业 4.0 或许就是制造业的下一个红利期。

到 2020 年，中国要基本实现工业化，这是第一个百年目标；到 2050 年实现第二个百年目标，迈入世界工业强国的前列。由此，工业肩负着两个百年目标的重任。

与海外消费的热络相比，中国国内消费不尽如人意。据报道，春节期间国内零售额增幅逐年下降，2014 年，零售额同比增长 13.3%，是自 2005 年有统计以来的最低水平。在内需疲弱的当下，中国的中产阶级却拼命到国外扫货，这看似反常的现象自然引起舆论的反思[2]。

其实，买东西不外乎几个参照指标：价格、品质、品牌。有人只买便宜货，有人重视好品质和安全性，有人迷信并盲目追随名牌。

新加坡《联合早报》表示，没有人会和钱过不去，土豪式非理性消费心态不占多数，中国人聪明得很，不可能每个人都崇洋媚外。同样的产品，如果在中国的售价更便宜，谁会傻到花钱去国外当搬运工？

说到底，就是不信任。中产阶级消费者用脚投票，对"中国制造"和"中国监管能力"投下不信任票，他们就爱到日本买小家电，跑香港去买奶粉，上网购买各式各样的外国货。

"中国制造"最大问题在于，长期依赖低廉人工和土地等价格优势，忽略技术投入和研发，企业之间又打价格战，结果是造出一大堆廉价品，毛利不断压低，产业陷入红海。这么大的经济体要转型升级，肯定困难重重。

就外需来看，在 2008 年次贷危机、2009 年和 2010 年欧债危机接连爆发后，其不仅直接减小了中国制造业产品的进口量，而且"重振制造业"、"再工业化"也成为其施政之要。

---

[2] 王盈盈. 中国工业 4.0 将是制造业下一个红利期. BWCHIN ESE 中文网，2015.3.6.

　　就内需来看，在 2010 年地方债问题显性化之后，中国经济延续多年的投资拉动模式不得不进入转轨期，而这也使得相当一部分身处产能过剩行业的制造业企业，无法通过国内市场消化其生产能力。

　　但是，如果从更长远的周期来看，当前中国制造业所遭遇的系统性困境，上述表象其实都不是核心要点。这是因为，无论是对一国经济，还是对全球经济，其经济增长以及产业结构的变迁，均存在无法逃避的周期性，也就是说，外部需求和内部需求等市场端的弱化，这一周期早晚都会到来。

　　应该说，中国制造业困境的日趋严峻，其根源在于，在历年的经济高速发展之下，中国制造业此前一直赖以推动的两大红利，均已不复存在。其一是人口红利，与 15 年前相比，中国传统制造业的用工成本上涨了近 4 倍，且中国人口出生率持续处于低位，更导致了适龄制造业工人数量的降低。其二是环境红利，与 15 年前相比，中国对经济增长相伴随的环境污染容忍度，在天灾和疾病频发之下，已经进入不得不高度重视的阶段。

　　然而，传统制造业低廉劳动力的"人口红利"正在消失，适应高端制造和科技行业发展的新型"人口红利"却在悄然兴起。例如，在制造业就业市场出现了一些新变化，接受高等教育、具备创新能力的中高端人才正在迅速增加，这种新型"人口红利"就是"工程师红利"。据测算，对比欧洲、日本等地区的情况，中国"工程师红利"至少可以维持 20 年，必将成为引领经济发展的新引擎。

　　对于任何人口大国而言，制造业的重要性均是其他产业无法替代的，这不仅基于其对经济总量的巨大占比，更在于其强大的就业吸附能力，而对于全球人口第一大国、劳动力人口高达 8 亿的中国而言，则更是如此。

实际上，中国具备拓展"工业 4.0"的优势。中国是世界上唯一拥有联合国产业分类中全部工业门类的国家，形成了"门类齐全、独立完整"的工业体系，这个庞大完整的工业体系依托众多工业企业的集聚效应而具备了高度灵活性，为将来实现"工业 4.0"做好了有效铺垫。

与此同时，中国不仅是重要产品生产国，还是世界最大的消费市场之一，这种双重角色将使国内市场与工业生产产生更为强劲的互动，从而促进社会经济发展，并有助于抵御世界经济波动的冲击。

加快互联网与工业的融合发展对推动中国的工业转型升级，尽快实现工业 3.0 时代向 4.0 时代的转变都将起到积极的促进作用。

当前互联网呈蓬勃发展之势，其应用由社交、购物升级至生产制造领域，将显著提高整个人类社会的劳动生产率，从而推动社会进步。回顾历次科技革命，无论是蒸汽机、发电机还是信息技术与互联网的发明和应用，都曾带来生产力的飞跃。最近的一次劳动生产率的提高就来自信息技术和桌面互联网的广泛应用。自 1996 年开始的近 10 年间，美国劳动生产率增速与之前 25 年相比提高了将近 2 倍。美国联邦储备委员会在一项有关研究中提到，信息技术产品及其普及在这一加速中发挥了决定性作用。

考察 1996 年前后，桌面互联网行业发生了四起标志性事件：①浏览器公司 Netscape 上市；②微软 Windows95 大获成功；③Web 超过 Telnet 成为最主流的互联网应用；④互联网主机数爆发式增长。这四件大事的共同意义在于，1996 年桌面互联网才真正具备了社会普及的关键条件。根据斯坦福大学经济史学家保罗·戴维 1989 年的著述，重大创新往往需要数十年的时间才能普及到显著提高小时产出率的程度。美国第 13 任联邦储备委员会主席格林斯潘在《动荡的年代》中也提到，在托马斯·爱迪生于 1882 年实现点亮下曼哈顿区的壮举后，又用了大约 40 年时间，才让半数的美国工厂用上电力。回顾历史，我们可以确信，随着移动互联网在生产中应用广度和深度的不断拓展，其对劳动生产率的促进作用将无可置疑地展现出来[3]。

"移动改变生产"这一命题对于今天的中国显得尤为重要。

一方面，转型期的中国经济亟需寻找新的增长驱动力。影响经济增长率的变量主要有劳动力、资本以及技术进步率。从劳动力来看，中国的人口红利正在逐渐消失。2011 年中国劳动人口占比为 74.42%，同比微降 0.1 个百分点，结束了之前多年上升的趋势。另外，根据有关机构估算，农村可转移的富余青壮年劳动力已从 1990 年的 1.3 亿下降到目前的 0.3 亿。随着人口老龄化和"刘易斯拐点"的到来，中国人口红利正走向衰竭。同时，投资对经济拉动的边际效应正在递减。根据全国人大常委会原副委员长成思危先生的计算，1992 年~2001 年，平均一块钱的投资可转化为五六毛的收入，现今只可转化为 2 毛多。

---

[3] 吕廷杰，李易，周军. 移动的力量. 北京：电子工业出版社，2014.

中国的下一波经济增长必然由技术进步带动。

另一方面，中国在"移动改变生产"这一领域已经具备了赶超发达国家的基础条件。首先，中国的移动网络基础设施在全球并不落后，3G 和 4G 移动宽带网络已经实现广泛的国土覆盖；其次，根据尼尔森的数据，2013 年中国智能手机的普及率已经超越美国；最后，中国移动互联网应用的创新和普及早已与发达国家同步，截至 2013 年底，微信已在全球拥有 6 亿用户，成为全球拥有用户数量最多的移动互联网应用，而 2014 年开始如火如荼发展的互联网金融更是超越了美国。

纵观全球，作为全球第二大经济体和"世界工厂"的中国，其经济为互联网提供了最广阔的发展空间，致力于此的中国产业界人士和投资人无疑是非常幸福的。

2014 年，中国宽带产业基金董事长田溯宁发表演讲时提出："过去的 20 年称为消费互联网的时代，未来的 20 年应该说到了产业互联网的时代，每个行业都要被这样的一种互联网所改变。"

田溯宁提到的"产业互联网化"主要体现为互联网的技术、商业模式、组织方法将成为各个行业的标准配置。三项关键技术与应用为产业互联网时代的到来创造了变革的基础。一是无所不在的终端，包括智能手机及各种信息传感设备（如智能眼镜）的普及；二是空前强大的云计算能力，包括计算与存储能力，从 GB 到 PB 甚至 EB 级的跨越；三是不断升级的宽带网络。

这三项技术的成熟让每个行业都具备了收集、传输及处理大数据的能力。如果说 18 世纪工业革命的生产资料是以物理的矿产、化学元素为对象的话，产业互联网时代的生产资料就是大数据。新的计算技术与应用正将过去的以"流程"为核心带向以"大数据"为核心，大数据及大数据处理的能力会成为每个企业、每个行业的"新大脑"。

产业互联网时代的到来，意味着各行业，如制造、医疗、农业、交通、运输、教育，都将在未来 20 年被互联网化。互联网不仅改变企业的组织和生产方式、重构产业的边界和商业模式，还将带来整个社会经济和生活方式的大变革。

无论是 GE 推动的"工业互联网"，还是德国政府提出的"工业 4.0"，还是田溯宁倡导的"产业互联网"，这些新概念的本质都反映了以移动互联网为主要标志的新一代信息技术向生产形态的渗透。

众所周知，蒸汽机、电力、电话、计算机及互联网等历史上划时代的科技创新都在生产和生活两个方面极大地改变了人类社会。但不同的是，前几次大的技术革命都是先改变生产形态，而当前互联网则首先在消费形态兴起。生产力的提升可以推动人类社会的进步，互联网如不能对生产形态产生重大的革命性影响，就不能称之为改变人类历史进程的重大技术革命。因此可以预判，随着互联网的进一步发展，我们必将经历互联网技术从消费到生产的再平衡过程，而这个过程将会对生产制造，甚至人类的整个社会、经济形态产生重大影响。

2000 年之后，尤其是 2007 年 iPhone 诞生以后，互联网已经从桌面互联网开始步入移动互联网的新阶段。传统桌面互联网的发展路径是从科研、教育机构到生产形态，最后走入家庭和消费形态；而移动互联网的发展则是先从消费形态开始，再逐步向生产形态渗透。

从图 15-1 可以看出，移动互联网发展至今，主流应用都集中于消费形态。

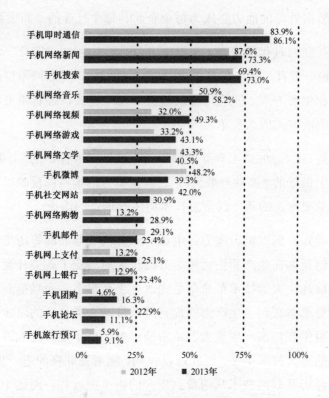

图 15-1　中国主流移动互联网应用示意图

（资料来源：CNNIC 中国互联网络发展状况统计调查，2013.12）

这些消费形态的移动应用，更多地是对传统线下和传统桌面互联网应用的一种替代，本身并没有产生出新的生产力。同时，消费者线上决策、支付，然后在线上或线下消费的模式已经成熟，消费形态的互联网发展主要体现为渗透率的提升，是一种量的增长而非质的变化。

消费形态的移动互联网发展逐步看到天花板，未来必将向企业级移动互联网发展。中国互联网络信息中心的调查显示，2013 年中国网民人均每周上网时长达 21.7 小时（即平均每天上网 3.1 小时），各种应用之间的排挤效应非常明显。相较而言，企业级移动互联网应用在大部分领域仍是空白。移动计算技术的进步，带来了消费形态的移动革命；与之类似，移动计算技术也必将带来生产形态的移动革命。消费级移动互联网与企业级移动互联网技术对比如表 15-1 所示。

表 15-1　消费级移动互联网与企业级移动互联网技术对比

	消费级移动互联网	企业级移动互联网
网络通信技术进步	从低速 2G 网络升级为 3G 网络	从 ZigBee 等到 3G/4G 无线网络，网络覆盖无处不在，提供无限可能
终端技术进步	从功能机到智能机	从 RFID 等无源被动器件到各类先进的有源传感器，充分识别生产形态多样化参数
新应用的出现	手机游戏、手机社交、手机电商	企业级大数据分析、物物通信、智能控制、云计算

从前面的分析可以看出，移动互联网向生产形态的再平衡对人类的生活和工作状态、产业内部的商业模式乃至人类社会的分工和组织构成都产生了或即将产生重大的影响。这显然是一次可以和工业革命及信息革命相提并论的产业革命，是对生产力的重大提升。

16

第十六章

自此，互联网从"车轮"向"发动机"演进

　　伴随着网络购物、移动互联网、移动通信、大数据、云计算等新技术、新产业的发展，网络经济近年在国内异军突起，并带动信息消费高速增长。但仍有一些传统行业的从业者，甚至是一些成功企业家，还认为互联网仅仅是一种提高效率的工具。2014年8月，联想集团董事长杨元庆在中国企业家峰会上的演讲中就直批互联网思维颠覆论："互联网并没有改变大多数传统行业的本质，也不会改变传统行业，因

为它无法取代它们的核心价值，它只是传统产业改进业务流程、提升效能的工具。通过互联网的喧嚣，我们可以看到其内核仍然是服务好客户，做好产品。"2015年3月18日，格力董事长董明珠在广州中山大学演讲时说："互联网就是个工具。什么是互联网思维，谁也说不出来，互联网属于时代，要积极参与，拥抱变化，但还是要脚踏实地干。格力从来就不是传统企业，我也从来不传统。线上接单多又能怎么样，退货也多又奈何？最终还是要把产品质量做好。互联网最大的特点是便利。"

互联网可以打破信息不对称、降低交易成本、促进专业化分工和提升劳动生产率，无疑是一种提高效率的工具。但如果仅仅将互联网视为工具就低估了互联网在社会经济转型升级中的价值。在桌面互联网时代，互联网催生了社交、电子商务、网络媒体等新兴经济，并跟传统行业共同生存、和平共处；到了移动互联网时代，互联网开始改变甚至颠覆部分传统行业，例如，传统销售的互联网化、渠道的互联网化、产品的互联网化；"互联网+"时代，互联网将全面融入金融、教育、旅游、健康、物流等传统行业，成为新常态下经济增长的新引擎。

互联网由于其本身拥有的规模经济效应、平台经济效应以及对于长尾理论的应用，使得相关产业通过互联网平台，可以在边际成本几乎为零的情况下实现质和量的飞跃[1]。

---

[1] 刘英. "互联网+"将成为经济增长新引擎. 经济参考报，2015.3.13.

　　"互联网+"行动计划将促进产业升级，并催生出无数的新兴行业。比如，互联网+金融激活并提升了传统金融，创造出包括移动支付、第三方支付、众筹、P2P 网贷等模式的互联网金融，使用户可以在足不出户的情况下满足金融需求。再如，互联网+基金、互联网+证券、互联网+保险等，都在过去两年内得到长足发展。

　　"互联网+"行动计划可以促进传统产业变革。"互联网+"令现代制造业管理更加柔性化，更加精益制造，更能满足市场需求。互联网+工厂=智能工厂，制造业的"互联网+"行动计划是现代制造业与移动互联网、云计算、大数据、物联网的结合。这将成为一个大趋势，移动互联网对传统制造业的变革，对企业竞争力的提升前所未有。目前，很多国际企业为适应瞬息万变的市场变化而将生产制造的设计都放在云端，使得市场的变化需求能够通过互联网实时传递到智能设计制造上，以最快速度完成制造并经过现代物流第一时间送达消费者。尽管美国有工业互联网，德国有工业4.0，但相较于这些国家，由于我国尚处在工业化阶段，存在庞大的市场需求，我国工业信息化和现代化对经济的促进作用将更为明显，"互联网+"行动计划有望将中国制造提升为中国智造，实现我国传统制造业的改造升级，并将其在全球产业链中的地位向中高端转移。

　　"互联网+"行动计划将帮助传统产业提升。互联网+商务=电商，互联网与商务相结合，利用互联网平台的长尾效应，在满足个性化需求的同时创造出了规模经济效益。而互联网+物流所实现的现代物流业，以互联网为载体、线上线下互动的电商实现与消费者的无缝对接，帮助个体消费的小溪汇成大河，让亿万群众的消费潜力成为拉动经济增长的强劲动力。互联网+工业让制造业服务化成为产业发展新趋势。制造业服务化发展有三种主要形态。一是工业企业利用互联网开展远程运维、远程监控等信息服务，实现制造服务化转型。例如，装备制造企业利用互联网开展装备的远程运维业务，不仅提高了产品附加值，而且实现了从制造产品为主向提供工程承包和远程运维服务的转变。二是工业企业在推广应用互联网的过程中，衍生出信息系统咨询设计、开发集成、运维服务等一系列专业性信息服务企业。三是工业互联网在应用中产生各类平台型服务业，专门为工业企业提供研发设计、生产制造、经营管理、市场销售等互联网信息平台服务，衍生出众筹、众包、众设、行业电子商务等新型信息服务企业。

"互联网+"行动计划推动产业组织创新，网络化和扁平化成为企业组织结构的新特征。通过利用互联网，工业企业生产分工更加专业和深入，协同制造成为重要的生产组织方式，只有运营总部而没有生产车间的网络企业或虚拟企业开始出现。例如，小米公司总部只有研发设计人员，其生产、物流、销售等业务全部外包给合作企业，并通过互联网与合作伙伴进行业务联系，运营着庞大的企业网络。网络众包平台改变了企业的发包模式，发包和承包企业呈现网络虚拟化，承包企业得到了精准遴选，分包项目管理更加精准。电子商务的发展使得企业营销渠道搬到了网上，丰富了产品的销售渠道，拓展了销售市场，降低了营销成本。供应链集成创新应用，使每个企业都演化成信息物理系统的一个端点，不同企业的原材料供应、机器运行、产品生产都由网络化系统统一调度和分派，产业链上下游协作日益网络化、实时化。

"互联网+"行动计划推动产业创新方式变革，协同创新成为产业技术创新的新模式。互联网突破了地域、组织、技术的界限，整合了政府、企业、协会、院所等优势资源，形成了跨领域、网络化的协同创新平台。越来越多的跨国公司通过互联网，将分布在全球各地的研发中心连接在一起，有效提升了跨国研发效率，形成了创新资源配置国际化、响应市场需求快速化、整体运行高效化的全球研发创新网络。由德国工程院、弗劳恩霍夫协会、西门子公司等组成的创新网络，整合了基础研究、应用研究、技术开发等多种资源，成为德国实施工业4.0 战略的中坚力量。美国推出国家制造业创新网络计划，准备在 10 年内建成 45 个面向不同领域的扁平化和自治型的联合创新研究所，目的就是通过建设协同创新网络，确保其在先进制造领域的领先地位。

"互联网+"将使得传统产业具有更多的可能性。互联网时代，企业不再是简单地听取用户需求、解决用户的问题，更重要的是与用户随时互动，并让其参与到需求收集、产品设计、研发测试、生产制造、营销服务等环节。"云"、"网"、"端"越来越成为制造企业发展的新基础设施，用户、原料、设备和产品之间可以通过互联网实现实时交互和有效交流，极大地促进了产品、装备、管理、服务和产品智能化水平的提升。正如互联网+农业的范围远大于农业信息化，互联网+医疗也不只是实现远程医疗，互联网+教育更不只是网络教育，"互联网+"对各行业的变革和提升存在无限可能。"互联网+"模式已成为信息经济条件下传统企业增强竞争力、提升附加值的有力手段。

"互联网+"行动计划本身就是一个创造具有无穷魅力实体产业的过程。互联网与传统企业对接，可以压缩库存，甚至实现零库存，不仅加速了资金的周转速度，而且由需求引导的生产，将避免过剩产能的出现。随着互联网与各行各业融合的不断深化，电子商务、众包众创、线上到线下（O2O）等新业态、新模式层出不穷，大数据、云计算、物联网、移动互联网、数字医疗、远程教育、位置服务等新产业迅猛发展，成为区域经济发展的新亮点。例如，上海发展"四新"经济、浙江发展信息经济、福建发展互联网经济，重点都是抢占互联网时代孕育的新的增长点。

"互联网+"为促进消费升级和激励万众创新创造了良好条件。信息技术特别是互联网的创新应用推动了智能终端、电子商务、在线服务、远程培训等领域消费需求的快速增长。目前，我国拥有 6.5 亿网民，是美国的 2 倍；3.6 亿网购用户，超过英、德、意、法四国人口总和。如此巨量的市场规模，是任何国家都无法比拟的。若能充分利用好这一优势，培育出几十家甚至上百家阿里巴巴这样的互联网企业，将会极大地提升"中国制造"在全球的竞争地位。根据麦肯锡的研究，每 100 元网络交易额中，有 39%的消费是完全新增出来的。按照这一比例计算，淘宝网 2014 年 2.3 万亿元的交易额，激发的新消费贡献将近 9000 亿元。与此同时，互联网也正在成为大众创业、万众创新的新工具。在网络经济下，不仅供应商、合作伙伴等利益相关者越来越多地参与到企业的价值创造活动中，消费者也可以通过"创客"、"众筹"、"众包"等方式获取大量知识信息，参与创新创业。"互联网+"行动计划，在满足每位网民中国梦的同时，还可以加速实现中国经济的转型，甚至能够帮助中国经济实现弯道超车，抢占世界经济的制高点。

"互联网+"是互联网功能的增强和应用的拓展，是互联网的应用从面向网民个体到面向企业的拓展，是从消费互联网到产业互联网的跃升。可以说，"互联网+"是互联网技术演进和互联网化深入的新阶段。中国政府在 2015 年提出"中国制造 2025"和"互联网+"行动计划，既顺应了互联网技术与应用的发展趋势，也是打造新常态下经济发展新引擎的战略决策。

随着"互联网+"行动计划的实施，互联网将以开放、融合的态势渗透到各领域，影响经济社会发展，为我国经济结构调整、产业转型升级提供了新机遇。

中国互联网协会理事长邬贺铨在 2015 年（第五届）中国互联网产业年会上曾预测："预计 2013 年至 2025 年，互联网将帮助中国提升GDP 增长率 0.3~1.0 个百分点，对中国 GDP 增长贡献份额 7%～22%，对中国劳动生产力水平提高的贡献份额最高可达 22%。到 2025 年可创造 4600 万个新的工作机会。"到那时，互联网将成为引领消费增长、扩大内需、提升产业竞争力、带动经济增长的"新引擎"。

17

第十七章

任何"传统企业"都必须成为"互联网企业"

近几年来，随着大数据、移动互联网、云计算等技术的应用，互联网企业正逐级深入地将业务向传统行业延伸，并对传统企业的传统盈利模式形成了巨大冲击。例如，电商、O2O业务的出现冲击着传统实体零售业，快递公司改变了中国邮政的垄断地位，支付宝、余额宝等抢夺了传统银行的储户和资金，微信等OTT业务威胁着三大运营商的利润。在互联网企业的颠覆之下，传统手机巨头诺基亚销售不断萎缩，直至彻底退出手机行业，而一些尚存的传统企业也患上了"互联网焦虑症"，开始思考转型。

布莱恩•阿瑟（Brian Arthur）在思考经济社会和技术时，经常使用生物学的术语来比喻技术对组织、对经济的适应性，经过进化，有些物种（企业）以变应变，提前应变，更加适应环境；有些物种（企业）循规蹈矩，保守停滞，随时处于灭绝边缘[1]。

从某种意义上来说，传统企业如同进化的物种，虽然体型庞大，但不适应互联网时代的竞争环境。正如谷歌所说，今天的大多数企业，庞大、官僚、迟缓的身躯，目的是让风险最小化，而不是让自由和速度最大化。

纵观诺基亚、柯达等巨头倒下的历史，它们所犯的基本错误，绝对不是资金、技术、市场的问题，而是组织、文化和管理的问题；不是被别人颠覆的问题，而是被自己所颠覆——产业在不断发展，而企业的组织、文化和管理依然停留在工业时代。

在互联网时代，企业若要生存下来，就不得不进化，完成"互联网化"转型。这种进化不仅仅是思维层面，更不仅仅是策略层面，而是对传统企业的理念、文化、组织、结构、产品、创新、管理、营销等一系列的重新构建，需要将原来机械性的生产组织变为更具活力的

---

[1] 王吉斌．彭盾．互联网+：传统企业的自我颠覆、组织重构、管理进化与互联网转型．北京：机械工业出版社，2015．

生态型创新组织。

"互联网+"行动计划的实施，意味着互联网与传统产业的融合，促进了传统产业和互联网产业两种基因的交融，帮助传统企业完成"互联网化"转型，实现其自由和速度最大化。

传统企业的"互联网化"转型不可能一蹴而就，企业的战略方向、商业模式、产品设计、营销方式、组织架构等都须做出重大改变。具体实施策略可分三步[2]。

第一步，在线（Online）。互联网利用技术尽可能把所有人、所有事在任何时间、任何地点都联结在一起，所以传统企业走向互联网化的第一步就是"触网"。淘宝十年前最早起家的时候，就是将义乌小商品市场搬到网上，实现在线销售而已。所以，对中国广大的传统企业，尤其是制造业企业来说，如果产品本身没有特别大的创新，那他们的最大突破就是利用互联网渠道进行销售和服务，把传统的门店展示转变为在线展现。而企业在完成产品营销业务的互联网化之后，会促进企业完成售后服务、物流、流程管理的互联网化。因此，在线是企业"互联网化"的基本要求。

近年来电子商务的便捷优势日益凸显，传统经销商通过借道电商，能有效地压缩流通环节费用并迅速实现全国、全网覆盖。例如，在白酒行业，"电商化"已成为行业发展的趋势。传统白酒行业面临着渠道

---

[2] 曾鸣. 互联网的未来：在线、互动、联网、创业家，2014.7.

费用居高不下、品牌间地域争夺激烈、大量客户被电商渠道分流等巨大压力。如何突破发展瓶颈，成为传统白酒企业及经销商思考的问题。在这一背景下，传统酒业流通企业寻求电商渠道成为必然。北京市糖业烟酒有限公司与北京酒仙电子商务有限公司就宣布进行战略合作。酒仙网将成为京糖旗下酒水的独家线上代理，并通过八大商城平台为京糖推广其全线代理经销的百余种酒，包括其自有品牌"京酒"。同时，酒仙网将为京糖旗下产品提供热门酒类文字链、通栏宣传等推广支持。通过合作，双方实现了优势互补。一方面，酒仙网通过京糖的优质资源扩充了产品线，进一步扩大了与上游企业的合作；另一方面京糖利用酒仙网成熟的电商平台，通过其渠道销售、推广自有品牌及代理产品，将销售区域扩大至全国。

第二步，互动（Interact）。传统的传媒技术（例如，报纸、广播、电视等），其核心技术都是单向传播的。互联网第一次实现了信息双方的互动，所有的信息交流都是双向的，而且是实时的、无滞后的。比如，现在有很多的手机视频，可以一边看视频一边发评论，还可以建群组讨论。对于年纪稍微大一点的人来说，这种看视频的行为很古怪，但是对于 90 后，这样一种完全互动情况下的浏览行为，或者说一边评论一边看视频的行为，才是他们觉得正常的行为。所以，互动对消费者的意义非常大。

对于一个传统的制造企业，在工业化思维下，企业主导生产，卖方更有话语权，生产什么卖什么，生产管理弱化差异性，追求同质化带来的生产高效率，企业管理尤其是制造类企业管理追求的是标准化，企业的创新模式也大多是 In-house Innovation，其产品销售一般通过多级分销渠道实现，企业只知道销售了多少产品，却不知道谁买了产品以及对产品的评价如何。到了互联网时代，利用互联网技术，企业第一次可以清楚知道他的产品最终使用者是谁、多大年龄、什么职业、教育背景如何、一般浏览什么网站，还可以及时获得使用者对产品的使用反馈。互联网化的传统企业强调"用户主体性思维"，即以用户为中心，用户需要什么就生产什么，是经营用户而非产品，因此产品要更多地满足用户的定制化需求，企业创新模式也更多地强调民主的众包、公创（Open Innovation），企业与用户的关系变得史无前例的平等与民主，用户主体性所产生的情感资本甚至能够借助互联网成为推动企业发展的重要行动力量。

"NIKE FREE？人人都是设计师"的创新理念极好地诠释了"用户主体性思维"。用户在耐克的微信号上，上传一张自己的运动情景照片，就能即刻收到一张根据运动情景照片量身定制的 FreeID 设计图。运动及生活中任何一个场景，都能转化为一双双定制的、风格各异的跑鞋。耐克的定制不仅仅针对用户本身，而是延展到用户使用产品的任何情景，情景的定制化才符合人们的本原需求，耐克将"用户主体性思维"发挥到了极致。

传统网球拍制造企业 Babolat France 则通过在球拍中植入芯片，由传统的制造企业转型为以网球运动数据为核心的创新型服务企业，网球拍可以智能感应并记录用户每次击球的速度、位置、方向，并通过手机或者 Pad 将这些数据可视化展现，帮助用户管理自己的网球运动训练数据，并让用户更好地设计运动目标，用户不再需要单一的网球拍产品，用户需要的是提升网球运动水平和技能的整体解决方案。

Babolat 帮助用户实现了这一核心价值，利用互联网技术实现了与用户的交互。

第三步，联网（Connect）。互联网最终是一个大网，可以把越来越多的点连在一起。单个企业完成了在线和互动之后还是线性结构，还是用原来的方法服务客户，只是跟客户的关系是直接的。当大量的企业都实现了互联网化，企业跟上下游伙伴合作组成了一个新的生态体系，实现了整个产业链的互联网化。例如，根据工业 4.0 技术打造的智能工厂可以实现根据订单数量的改变，及时地调整整个产业链各个零件的生产进度，最大限度地降低库存，提高生产效率。

早期的工业生产，是作坊式小规模的定制化生产；伴随着工业革命与技术发展，工业生产逐渐演变为大规模标准化的生产模式；而现在，随着用户个性化定制需求的日益增强，生产模式又将向大规模柔性定制方向变革。利用互联网、云计算技术进行大数据分析，企业可以更快、更好地了解客户需求，处理生产环节产生的大量数据。利用物联网等技术，企业可将产品与生产设备联网，通过软件控制，对生产要素与生产流程进行动态化、智能化的配置管理，实现定制化生产。例如，海尔推出的个性定制服务，允许用户选择材质、容量、样式、附加功能等多个项目，并将用户的需求反馈至生产系统，实现了家电的量身打造，成为家电行业的创新性尝试。

"互联网+"以及移动互联网的到来，并不仅仅意味着产品开发思维的变化、传统产业与互联网产业的此消彼长及资源的重建与整合。互联网的影响远远超过工业革命，并带动了战略要素、管理方式和竞争环境的全面变化。"互联网+"是网络经济新常态对传统企业的倒逼，传统企业淘汰传统企业将会是未来几年内的一个常态。如果你是一家传统企业，无论是零售、金融、电信，还是轻纺、制造、能源、快消、交通，几乎任何一个行业都在与互联网产生强关联，不能用互联网的创新思维来指导和改造业务的话，结果必然是在游戏规则改变后失去竞争优势。谁先适应互联网时代的新技术、新环境，谁先在战略、组织、结构、文化等多个领域率先进行转型和变革，谁就能在"互联网+"的进程中重塑适应新环境的新管理体系，谁就能率先实现企业互联网化转型。"互联网化"的目标即赋予传统企业创新的"中枢神经网络"，来指挥和调度产品研发、生产、销售、运营等业务组件，该"中枢神经网络"依托新的管理系统，并给予其更高权限的赋权，再造组织架构、业务流程，帮助传统企业建立一个足以驾驭新市场环境的"互联网化"的营运体系。

在国内企业界，家电制造企业被看作向互联网转型的先行者。TCL集团宣布向互联网转型，发布了全新的经营转型战略——"智能+互联网"与"产品+服务"的"双+"战略，并将施行"抢夺入口与经营用户"、"建立产品+服务的新商业模式"、"以 O2O 公司重构线上线下业务"的转型举措。

再看海尔，"传统制造企业以生产能力为中心的体系正在消解，海尔不再只是一个制造工厂，而在构建一个生态系统。"也正因为这个信念，海尔被业界称为从传统企业向互联网化企业转型的典型案例，不仅海尔物流体系正式与阿里合作，业界传闻说海尔正在内部启动物流体系的"滴滴打车"，为每位司机的手机进行 APP 安装。除了物流之外，海尔还在产品的生产制造环节大量引入机器人，并计划将集团分解为小微企业。通过这些措施，海尔在逐步进行企业的互联网化。据海尔互联网应用创新经营体长孙根介绍，从研发到生产，从营销到售后，从电商到物流，海尔已进入一场全员性质的互联网模式革命，此次革命席卷了全海尔 8 万名员工，没有人可以置身其外。

而作为零售企业的苏宁也正处于全面向互联网转型的关口，公司上下已经下决心彻底转型为互联网服务商，目前已经完成了互联网公司的架构体系调整。苏宁将全面转型互联网零售，不仅仅是实体店和虚拟店的融合，而且要从企业的底层结构和经营模式上实现向互联网公司的转型。此外，苏宁还正筹划开放云计算、数据、金融、物流等平台，以期成为真正的互联网服务商。

尼古拉斯·卡尔曾指出，因为技术的可复制性，当任何领先的专业技术都演化为基础性技术时，便无法再为企业带来竞争优势。这就意味着，虽然互联网企业可以依靠互联网和移动互联网这种先进技术而取得竞争优势，但传统企业一旦掌握这种先进技术，一旦"互联网+"实现传统产业和互联网技术的深度融合，传统企业将获得和互联网企业一样的竞争优势，互联网将成为企业竞争的基本条件。到那时，世界上就不存在所谓的互联网企业和传统企业，所有的企业都将是"互联网企业"。

第十八章

"互联网+"成为促进新一轮改革的倒逼利器

创新驱动发展：没有回头路

●●●●●●●

时代特征不同决定了驱动经济增长的要素不同

马克思把生产方式和社会经济制度的变化视作区分时代的基本标志。马克思认为生产力是社会发展中最革命、最活跃的因素，它的发展推动着生产关系的不断变更，促使政治、法律等社会制度不断变革，并导致社会意识形态发生变化。

农业文明的兴起是人类社会发展的第一个转折点，科学技术在其后开始产生并逐渐形成。在农业社会，土地是人们最主要的劳动对象。

18 世纪 60 年代蒸汽机的发明和广泛应用，拉开了工业革命的序幕，建立起了机器生产的工厂制度，形成了以机器为主的大工业生产体系，其核心特征是"标准化基础上的规模经济"。传统工业化中，工业思维占据主导：以"福特制"为基本特征，即生产标准化、作业化、大规模生产、大规模销售。这种典型的工业生产方式基于大规模生产而产生了规模经济效益，整个生产过程完全依赖于装配线上的专业化机器和工人的熟练操作。

如果说农业文明时代最重要的资产是土地和农民的话，工业时代最重要的资产则是资本、机器（机器是固化的资本）以及流水线上被异化了的人。福特很有名的一句话是"我根本不需要你们的脑袋，我只需要你们的手和脚"，所以人只是流水线当中的螺丝钉。资本和异化了的人，是工业时代最重要的生产要素。

互联网时代最核心的资源是信息，任何高新技术都离不开信息的参与，而计算机信息网络则是信息传递、加工、处理的最好载体。同时，在计算机信息网络的帮助下，技术传播和扩散的速度大大加快，各种创新性的思维不断碰撞，推动着生产和科研的不断发展。在互联网时代，信息已不再是经济增长的外生变量，而是经济增长内在的核心因素，并成为参与产品分配的重要因素之一。随着信息技术的广泛应用和信息化进程的不断推进，人们所需要的不再是强制性的标准化商品，而对商品有了个性化的需求。从市场角度看，定制化是企业生产满足市场需求的最基本的特征，旨在满足客户多样化、个性化需求[1]。

cGDP：以创新驱动经济增长——理论解释

习近平总书记说："唯改革者进，唯创新者强，唯改革创新者胜。"中央经济工作会议也指出，经济增长将更多依靠人力资本质量和技术进步，必须让创新成为驱动发展新的引擎。未来我国经济发展将从要素驱动、投资驱动向创新驱动发展，这是我们战略选择和转型升级的必经之路。因此，未来的 GDP 考核应该转化为 cGDP 考核，即应该重点考察创新对 GDP 的贡献度。

创新理论构建至今已有百年历史，在古典经济学家们那里，经济发展更多被视为是投入的函数。亚当•斯密的《国富论》强调的也是一国生产过程中劳动和资本的投入多寡，经济增长方式主要是以不断投入要素作为经济增长的动力，这种讨论属于粗放式经济增长范畴。步入 20 世纪，人们才真正将创新与经济增长有机联系起来并展开理论探讨。美籍奥地利经济学家熊彼特（J. A. Schumpeter，1912）最先将创新的概念引入经济学，其经典著作《经济发展理论》一书中指出，

---

[1] 周子学. 互联网冷思维. 产业经济评论，2014.3.

经济增长的根本动力和原因，来自企业家从内部革新经济结构的"创新"活动。熊彼特最初对创新的定义为，创新是要素的新组合，也就是利用知识、技术、企业组织制度和商业模式等无形要素对现有的资本、劳动力、物质资源等有形要素进行新组合，以创新的知识和技术改造物质资本，提高物质资源的生产率，从而形成对物质资源的节省和替代。正因为创新驱动减少了物质资源投入，从而可促进经济增长。他还提出，创新必须能够创造出新的价值。20 世纪 80 年代中期，以罗默（Romer）、卢卡斯（Lucas）为代表的经济学家，对新古典增长理论进行了重新思考，提出了以内生技术变化为核心的内生经济增长理论，认为知识、人力资本和技术的积累可以促进要素报酬递增，从而解释了经济增长可持续和永久的源泉和动力。

iGDP——互联网经济对经济增长的作用

麦肯锡全球研究院发布了《中国的数字化转型：互联网对生产力与增长的影响》报告，提出了 iGDP 的概念，即互联网经济占 GDP 的比重。报告认为，2010 年，中国的互联网经济占 GDP 的比例仅为 3.3%，落后于大多数发达国家；而到了 2013 年，中国的 iGDP 指数升至 4.4%，已经达到全球领先国家的水平。在全球互联网企业十强中，来自中国的互联网企业占据了四席。麦肯锡还对中国的 iGDP 计算进行了补充说明，即在大部分国家的二级市场交易中，C2C 线上零售模式主要是个人在进行，且比例可以忽略；但在中国，主要是没有公司注册的小微企业从事C2C，如果 C2C 被计算在内，中国的 iGDP 会达到 7%，超过七国集团的任何一个国家。中国互联网公司的崛起及其在世界上的影响力令人震撼，中国互联网领先企业越来越多地拥有原创技术应用和商业模式。互联网对于全球经济的重塑，已可以和工业革命相提并论。

伴随着互联网和信息技术的快速发展，互联网经济正成为驱动世界经济增长的新引擎，引发人类生产方式、生活方式、消费方式前所未有的深刻革命，所以，"互联网+"是中国抢占未来发展制高点的战略选择。

向创新标杆学创新

寻找创意宜不拘一格。虽然有创收压力，但并非所有大企业都固步自封。欧美企业界就有一些正面例子[2]，在它们的创新实践中，开放性是一个关键因素。

美国通用电气，公司在全世界建立研发中心，为改进产品和服务提供创意，更将创新"外包"——邀请外部人才参加设计竞赛。2013

---

2 沈敏. 大企业：创新举措各有千秋. 新民晚报，2015.4.2.

年，通用电气公司向机械设计工程师网络社区 GrabCad 发出英雄帖：为通用生产的喷气发动机设计一款更轻更结实的支架。GrabCad 收到大约 700 份 3D 模型参选方案，通用奖励了一些最优秀的方案，其中一份方案来自印尼大学生，他们设计的支架重量比原来直降 84%。

硅谷银行英国分行行长菲尔·科克斯说，"创新外包"绝对是个趋势。大公司面临创新经济日新月异和成本高昂这两重压力，会越来越青睐"开放式创新"。通过与学术机构或其他初创期小企业的合作，大公司能够更快更轻松地引进新产品和新策略。

英国巴克莱银行业也是"创新外包"的实验者和受益者。它与美国著名创业孵化器 TechStars 合作，在伦敦东区成立一家"加速器中心"，合作开发新型金融工具，改善金融服务体系。在 340 家申请加入"加速器"项目的企业中，有 11 家被选中。巴克莱银行内部的研发团队也没闲着，2012 年推出的个人支付平台 Pingit 大获成功。

运营方式也要创新。英国天然气公司原属国有垄断企业，目前仍是拥有大约 1000 万客户的英国最大能源企业，按说不愁没饭吃。但随着智能电表、物联网等新鲜事物的到来，这家老牌大公司的江湖地位面临着前所未有的挑战。英国天然气公司也有自己的初创企业项目"蜂房"，主要开发智能计量设备。公司智能家居部主任卡西尔·侯赛因介绍，"蜂房"根据埃里克·里斯在《精益创业：当今创业者如何不断创新以打造超成功企业》一书中的"精益创业准则"，这意味着开发新产品或服务不要指望一举成功，而须步步为营，不断征询用户意见，避免把钱浪费在开发用户根本不想要的功能上；每完成一个阶段的开发都要经过测试，获取顾客反馈，借以改进。如此一来，成功已铺垫在开发过程中的每一步。依据这一准则，"蜂房"开发出一套让用户通过智能手机远程调控家中温度的自动暖气系统，目前已有大约8万名用户。侯赛因认为，要是还按集团原先那套庞杂的运营机制做事，新产品的推出不会那么顺利，蜂房将近四分之三的业务都由集团外的数字技术人员承担。

亚马逊公司大概是最能体会精益创业精髓的大企业，它的云计算服务平台AWS 2014年推出了280项新功能。伊恩·马辛厄姆如此概括AWS的运营理念：研发团队规模必须够小，用两张大披萨饼就能喂饱；给他们自主权，让他们直接接触客户；鼓励冒险和创新意识。

纽约"硅巷"的崛起，也与美国重新振兴制造业的战略构想相辅相成。创新正是美国重新振兴制造业的重要内容。2011年6月，美国总统奥巴马公布了多项振兴美国先进制造业的措施，计划向社区大学投资近10亿美元，为先进制造业培养合格的蓝领工人。同时，扩大在新兴、交叉学科应用性研究方面的投入。迄今，已经建成4个先进制造业的研究所，还有4个在筹建中。

2014年10月27日，美国先进制造业联盟（AMP）指导委员会在《振兴美国先进制造业》报告2.0版中指出，加快创新、保证人才输送管道、改善商业环境是振兴美国制造业的三大支柱。美国总统奥巴马还宣布了新的振兴美国先进制造业的行政措施，采纳了这份报告中关于加大对新兴交叉学科发展的投入、为先进制造业领域的中层职位培养合格的劳动力、让中小制造厂商也拥有尖端技术设备等建议。

在确保人才梯队方面，美国劳工部将设立 1 亿美元的"美国学徒奖金竞赛"，以促进新的学徒模式发展，在先进制造业等领域产生规模效应。先进制造业指导委员会的成员陶氏化学、美国铝业公司和西门子公司等知名企业已经开始进行学徒制试点，并为参加学徒制培训战略项目的雇员发放指导手册。在改善商业环境方面，政府决定推出新工具和一项 5 年的初始投资，促进供应链上小型制造企业的创新。美国商务部的制造业扩展联盟项目每年为 3000 个以上美国制造商服务，该项目将于未来 5 年投资 1.3 亿美元资金，帮助小型制造企业发展新技术，推广新产品。

破垄断、清障碍、倡公平

互联网平等、开放、共享的精神决定了"互联网+"就是要破垄断、清障碍、倡公平。

要营造激励创新的公平竞争环境。积极发挥市场竞争激励创新的根本性作用，营造公平、开放、透明的市场环境，强化竞争政策和产业政策对创新的引导，促进优胜劣汰，增强市场主体创新动力[3]。消除市场准入中的所有制与企业规模歧视，让不同所有制、不同规模的企

---

[3] 中共中央国务院关于深化体制机制改革加快实施创新驱动发展战略的若干意见. 新华网, 2015.3.13.

业具有公平进入市场的权利。

　　应着力打破制约创新的行业垄断和市场分割。目前，我国许多垄断领域准入门槛高，一直没有完全对国内民营企业开放。垄断行业的大型国有企业产权改革推进步伐较慢，企业提供产品或服务的经营性和公益性的矛盾未能有效解决。以电信行业为例，据有关研究报告显示，在对16家美国、英国、日本年收入在10亿美元以上的电信运营商和国内4家企业进行的DEA（实证数据包络）分析中，日本、英国、美国和中国企业的平均DEA值分别是100、78、68和45，中国电信运营商得分与发达国家同类企业相比差距十分显著，运营成本和服务收费均偏高。互联网时代，应加快推进垄断性行业改革，放开自然垄断行业竞争性业务，建立鼓励创新的、统一透明的、有序规范的市场环境。切实加强反垄断执法，及时发现和制止垄断协议和滥用市场支配地位等垄断行为，为中小企业创新发展拓宽空间，促进大众创新、万众创业。

　　要积极改进新技术、新产品、新商业模式的准入管理。改革产业准入制度，制定和实施产业准入负面清单，对未纳入负面清单管理的行业、领域、业务等，各类市场主体皆可依法平等进入。破除限制新技术、新产品、新商业模式发展的不合理准入障碍。深化审评审批制度改革，多种渠道增加审评资源，优化流程，缩短周期，支持新的组织模式发展。对新能源汽车、风电、光伏等领域实行有针对性的准入政策。改进互联网、金融、环保、医疗卫生、文化、教育等领域的监管，支持和鼓励新业态、新商业模式发展。

健全企业主导的产学研协同创新机制。要建立政府与企业创新对话机制，让更多的企业参与科技发展战略、规划、政策和指南的制定。支持大中型企业建立健全高水平研发机构，牵头组织实施关键共性技术和重大产品研发项目，引导其加大基础前沿技术研发投入。激发中小企业创新活力，制定科技型中小企业标准，开展科技型中小企业培育工程试点，完善区域性中小企业技术创新服务平台建设布局，发展壮大一批"科技小巨人"。促进产学研用深度融合，建立产业技术创新联盟形成市场化、运行规范化、管理社会化的发展机制，制定技术标准，构建产业创新链，提升产业核心竞争力。

此外，还要建立起有助于创新的财税、采购政策。从财税的角度看，要提高普惠性财税政策支持力度，坚持结构性减税方向，逐步将国家对企业技术创新的投入方式转变为以普惠性财税政策为主。要统筹研究企业所得税加计扣除政策，完善企业研发费用计核方法，调整目录管理方式，扩大研发费用加计扣除优惠政策适用范围。要完善高新技术企业认定办法，重点鼓励中小企业加大研发力度。从采购政策看，要健全优先使用创新产品的采购政策，包括建立健全符合国际规则的支持采购创新产品和服务的政策体系，落实和完善政府采购促进中小企业创新发展的相关措施，加大创新产品和服务的采购力度，鼓励采用首购、订购等非招标采购方式，以及对政府购买服务等方式予以支持，促进创新产品的研发和规模化应用。同时，还要研究完善使用首台重大技术装备鼓励政策，健全研制、使用单位在产品创新、增值服务和示范应用等环节的激励和约束机制。

让人性的光辉在创新中国梦中闪光

政府要勇于自我革命，以体制创新推动科技创新

从政府层面来说，要推动"大众创业、万众创新"首先要做的就是加快改革步伐，简政放权，给市场主体创业创新留出空间，搭好舞台。通过政府放权让利的"减法"，来调动社会创新创造热情的"乘法"。

企业是技术创新的主体，应推动企业竞相创业创新。2015年政府工作报告中，李克强总理也提到了"创客"这个网络新词，《创客：新工业革命》一书中提到："所谓创客，就是那些有创新想法，并乐于将其付诸实践的人，他们往往依托网络想象创新、实现创新，是一群'玩'创新的新型人群"。在当前经济下行、亟需转方式和调结构的背景之下，"创客"应运而生，这种由个体迸发的创新精神，能够汇聚成经济转型升级的巨大动力，尤其是推动中国工业转型升级，化解众多"难以为继"，需要我们把握好创新驱动力。创客充分展示了大众创业、万众创新的活力。这种活力和创造，将会成为中国经济未来增长的不熄引擎。创客空间提供场地和基本的工具，不同年龄、不同行业的人们因为兴趣聚集到一起，分享彼此的想法，并一起动手，将想法变成现实。

我国有13多亿人口、9亿劳动力、7000万企业和个体工商户，蕴藏着无穷的创造力。要大力鼓励草根创业创新，鼓励支持利用闲置厂

房等多种场所、孵化基地等多种平台、风险投资等多种融资渠道开展创业创新，努力形成小企业"铺天盖地"，大型企业"顶天立地"的格局。企业主体要发挥敢于创新、敢于突破、敢于担当的精神，将市场竞争提高到新的高度、新的层次。

互联网最本质的文化是尊重人性

人性中最本质的需求是渴望得到尊重和欣赏。平等、开放、协作、分享是互联网文化的精髓，极致体验与平台思想是互联网精神的体现，它恰恰契合了人性中最核心的追求，不仅符合社会的文明进步的方向，而且会成为社会文明进步的驱动力量。

人是创业创新最关键的因素，创业创新关键要发挥千千万万中国人的智慧，把"人"的积极性更加充分地调动起来。必须充分尊重人才、保障人才的权益、最大限度地激发"人"的创造活力，吸引和激励更多人投身创新创业，让人们在创业创新中不仅创造物质财富，而且也实现精神追求和人生价值。

当前，支持中国向技术前沿发展的科技和人才基础仍然薄弱，增加创新机会、强化创新动力、端正创新行为的创新体制机制和政策尚待形成。

要培养创新文化，优化资源配置。要营造鼓励大胆探索、包容失败的宽松氛围，使创业创新成为全社会共同的价值追求。要增强大众创业、万众创新的意识和能力，鼓励人们讲道德、重诚信、循法治、守契约，使创业创新成为人们普遍的生活方式，成为社会纵向流动的强大动力。政府工作报告中提出，着力促进创业就业。坚持就业优先，以创业带动就业。把亿万人民的聪明才智调动起来，就一定能够迎来万众创新的浪潮。

被称为"淘宝第一村"浙江义乌青岩刘村，凭借着"全球小商品集散地"的货源优势，电子商务犹如雨后春笋，在义乌遍地开花。这个原本仅有 1486 名村民的村庄，现在容纳了 8000 多人，淘宝网店超过 2000 家，年成交额达数十亿元，成为中国名副其实的第一淘宝村。短短三四年的时间，从青岩刘村起步的淘宝店主，其中很多都发展成了千万级的大网商。这些创业者成为义乌电子商务领域的"偶像"，也为后来源源不断到青岩刘村创业的新手们提供了无穷动力[4]。

大力发展众创空间，让每个人的成长成为中国梦的重要组成

多年前，欧美"创客"们用不到波音公司 1%的成本研制了无人机，这架无人机实现了众多的功能，人们由此看到了创造的力量。如今，这股创造风潮正在席卷中国，并被官方命名为"众创空间"。经过多年的发展，国内外已经把众创空间推到了一个比较成熟的历史阶段。十多年前，国外 Hackspace、TechShop、Fab Lab、Makerspace 等各种类似形式的众创空间就已经逐步形成，对科技创新产生了深刻的影响。此后，Maker 的概念被引入中国，形成了"创客"的概念，国内也产生了类似的空间，如北京创客空间、上海新车间、深圳柴火空间、杭州洋葱胶囊

---

[4] 孙博洋. 大众创业万众创新：你我都是中国经济增长新引擎. 人民网财经频道，2015.3.5.

等，这些空间大小和背景各不相同。"众创空间"的提出，反映出当前我国经济新模式、新业态不断涌现的新局面，为全民创新创业提供了良好的政策环境。一个有利于全民创新创业的政策环境正在形成。

当前，"众创空间"进入一个全新的发展阶段，如何更好地引导"众创"，激发他们的活力，需要有更加明确的目标和方法。应推动"众创空间"朝着更加市场化、专业化、集成化、网络化的方向发展，使其成为中国经济未来增长的不熄引擎。

坚持市场导向。充分发挥市场配置资源的决定性作用，以社会力量为主构建市场化的"众创空间"，以满足个性化、多样化的消费需求和用户体验为出发点，促进创新创意与市场需求和社会资本有效对接。

加强政策集成。进一步加大简政放权力度，优化市场竞争环境。完善创新创业政策体系，加大政策落实力度，降低创新创业成本，壮大创新创业群体。完善股权激励和利益分配机制，保障创新创业者的合法权益。

强化开放共享。充分运用互联网和开源技术，构建开放创新创业平台，促使更多创业者加入和集聚。加强跨区域、跨国技术转移，整合利用全球创新资源。推动产学研协同创新，促进科技资源开放共享。

创新服务模式。通过市场化机制、专业化服务和资本化途径，有效集成创业服务资源，提供全链条增值服务。强化创业辅导，培育企业家精神，发挥资本推力作用，提高创新创业效率。

总结推广创客空间、创业咖啡、创新工场等新型孵化模式，充分利用国家自主创新示范区、国家高新技术产业开发区、科技企业孵化器、小企业创业基地、大学科技园和高校、科研院所的有利条件，发挥行业领军企业、创业投资机构、社会组织等社会力量的主力军作用，构建一批低成本、便利化、全要素、开放式的众创空间。发挥政策集成和协同效应，实现创新与创业相结合、线上与线下相结合、孵化与投资相结合，为广大创新创业者提供良好的工作空间、网络空间、社交空间和资源共享空间。

推进智慧民生

把信息孤岛连成一片陆地，连接的是数据，方便的是民生。

目前，全球已经步入移动互联网连接一切的时代。移动互联网就像电一样，正在给经济社会发展带来翻天覆地的变化。人们不约而同地看到了移动互联网在提供公共服务、惠及民生方面的潜力：中国有全球最多的网民、最多的手机用户，移动互联网渗透率远高于全球平均水平。这使得中国具备了得天独厚的基础，可以率先利用移动互联网把"人与公共服务"全面连接起来，实现智慧民生[5]。

在手机上滑动指尖，就能方便地查询政务信息、水电费用、交通状况……其实，移动互联网与公共服务的连接，不仅能提高公共服务的使用效率，而且为解决复杂难题提供了新的可能。但凡医疗、教育、交通、

---

[5] 马化腾. 用移动互联网推进"智慧民生". 新华网, 2015.3.11.

环保等问题，都可以通过移动互联网探索破解之方。比如说医疗问题，医患之间的信息不对称问题突出，利用医疗类 APP 软件有助于填平这一鸿沟，患者不用凌晨起来排队，通过手机就可直接预约挂号、交费候诊、查询报告，有些小病在线咨询医生就可以解决；再比如交通拥堵，路况信息的不明朗是导致塞车的重要原因，如果利用大数据提供及时的路况信息，人流车流就会自动选择最优出行路径，从而减少拥堵。

移动互联网还可以解决政府部门之间信息孤岛的问题。过去政府各个部门都做了大量的信息化建设，有大量的基础数据，但是由于没有直接互联起来，利用率并不高。移动互联网可以构造一种更简洁、更人性化的人机接口，并且有效解决数据交换问题。用户通过各类政务微信、政务 APP 等应用，在移动端也能享受行政服务大厅的一站式服务。例如，广州市通过开通微信"城市服务"功能，将医疗、交通、公安户政、出入境、公积金等 17 项民生服务汇聚到统一的平台上，市民通过一个入口即可找到所需服务。随着公共数据的逐步开放，微信在连接、整合公共服务方面将有更大的想象空间。把信息孤岛连成一片陆地，连接的是数据，方便的是民生。

国企改革打破坚冰

国企在"互联网+"上要率先垂范

在新的竞争形势和市场环境下，如何推进国有企业转型升级转变发展方式？越来越多的企业家开始陷入迷茫，不知道企业下一步该往何处去。这一切的变化，都是因为本土企业所处的市场环境和竞争环境已经发生了根本性的变化，这种不可逆转的改变，对企业提出了新的挑战，转型已经成为大多数中国企业尤其是国有企业的必然选择！

"互联网+"时代已经扑面而来，企业转型升级的核心是企业的思维转型、思维升级。谁率先转变思维、抢占先机，谁就可以顺势而为、站到风口飞起来。

在"互联网+"行动计划中，作为国民经济重要支柱的国有企业应发挥重要作用。国有企业要发挥主导作用，顺应数字化、网络化、智能化发展趋势，加速推进信息化与工业化深度融合，加大对传统产业的更新改造力度，加快重大装备产品升级换代。

中国制造 2025+企业

《中国制造 2025》是着眼于整个国际国内的经济社会发展、产业变革的大趋势所制定的一个长期的战略性规划。其创新之处在于：通篇贯穿了应对新一轮科技革命和产业变革的内容，重点实施了制造业创新中心建设、智能制造、工业强基、绿色发展、高端装备创新五大工程，编制了高端领域技术路线图的绿皮书。

《中国制造 2025》的总体思路是坚持走中国特色新型工业化道路，以促进制造业创新发展为主题，以提质增效为中心，以加快新一代信息技术与制造业融合为主线，以推进智能制造为主攻方向，以满足经济社会发展和国防建设对重大技术装备需求为目标，强化工业基础能力，提高综合集成水平，完善多层次人才体系，促进产业转型升级，实现制造业由大变强的历史跨越。

《中国制造2025》如何和企业协同[6]

一是实施国家制造业创新中心建设工程。我们需要建设一批产学研用相结合的制造业创新中心，以产业联盟的形式来承担制造业强国建设的核心任务，市场化的组建、阶段性地形成成果。突出创新驱动发展战略，始终把创新作为核心竞争力，因为中国制造业的产能已经很大，220多种产品的产量位列世界第一，有些产品的产量已经达到全球生产能力的50%～60%或更高。所以，产能扩张不是主要目的，主要是创新、创新再创新，缩短在高端领域与国际的差距。

二是大力推进智能制造。智能制造是新一轮科技革命的核心，也是制造业数字化、网络化、智能化的主攻方向，通过智能制造带动国企和民企的数字化水平和智能化水平的提高。

三是绿色发展工程。我们经济发展的最大制约是环境和资源，中国成为世界第一制造大国以后，经济发展的质量和效益已经成为中心任务。非常重要的就是要节约资源、保护环境。绿色发展在工业领域里有许多重大任务，因为工业占我们国家整个能源消耗的73%，在节能减排降耗、提高资源利用率方面有巨大潜力和空间。我国煤炭、电力、钢铁等大型能源企业应加大力度推动绿色发展，早日实现转型升级。

---

[6] 吴刚.详解《中国制造2025》：以加快新一代信息技术与制造业融合为主线.人民邮电报，2015.3.30.

四是高端装备创新工程。有一些工程我们已经在做，比如说"核高基"、互联网、数控机床、大飞机等专项，我们还要推进一些新专项的启动，以提高整个装备制造业的水平。

如何打破国企改革的坚冰

开放、平等、协作、共享、去中心，是互联网的核心精神。作为传统企业尤其是国有企业，要积极用互联网价值观武装自己，用互联网企业成形的方法论指引自己，不断打破旧的、僵化的思维定势，通过自我否定、自我批判、自我提升，构筑强大内省、激励机制，推动组织快速形成思路，把思路变成产品，把产品变成商业模式，实现颠覆性的突破成长。

创新国企管理模式。传统产业体系下，企业之间的协同是单向的、线性的控制关系。传统意义上企业价值创造和分配模式正在发生转变，借助互联网平台，企业、客户及利益相关方纷纷参与到价值创造、价值传递及价值实现等生产制造的各个环节。企业数据应是全方位、实时的、海量的，企业间的协作必须像互联网一样，网状、并发、实时的协同，企业改革必须扁平化。要以互联网思维，打造企业统一的营销平台，提高经营管理效率。在传统企业管理模式中，领导者都非常注重等级制度、激励制度、末尾淘汰制度等管理制度，以期最大程度地激发员工潜能，使其为企业创造更多价值，但现在来看可能往往事与愿违。互联网具有特别的精神和价值、先进的技术与方法、新颖的规则与模式、开放的机会与发展空间。而这些，正是互联网的思维精髓，即共享、高效、协作、开放、专注。互联网具有"我思献人人，人人助我思"的精神，这是一种与传统企业管理迥然不同的全新管理理念，若将此思想融入到员工管理理念中，充分体现人文关怀，则必然能够为企业员工营造一个和谐积极的工作环境，从而激发员工的责任心和归属感，为企业做出更大贡献。同时，要着力打造适应互联网环境的产业组织体系和依托互联网的产业链协同体系，促使合作伙伴企业集中资源，提升产品质量，优化用户体验，实现全环节创新升级发展。

坚持以顾客为导向，与顾客一起进行创新。应将客户需求与制造产品的过程融合在一起，提高定制化服务能力。在企业与顾客之间的关系上，唯有与顾客共同创新才能真正满足他们的个性化需求。传统家电巨头海尔，提出"用互联网思维做制造业"，挖掘用户痛点，不断推进产品创新，以"私人订制"为用户打造个性化体验，促进了企业的不断转型升级。海尔讲究的是"企业平台化"、"员工创客化"、"客户个性化"；华为说"让听得见炮声的员工做决定"。"互联网+"以用户为导向的趋势已经十分明显。小米让用户参与研发，将用户培养成粉丝的做法，已经成为众多后来者效仿的模式。而一些传统企业，也开始了用户导向的探索。

坚持融合创新，保持国有企业在产品技术上的活力和竞争力

目前来看，保持国有企业活力和竞争力唯一的解决途径就是融合。部分央企已经在信息化、工业化融合基础上走出了自己的"智能制造"新模式。如今，"互联网+"正在推动实体央企转型升级：企业加快推动电子商务，以互联网思维和方式布局全渠道营销，冶金铸造、装备制造企业要做强生产资料电商，扩大B2B类外贸和民品市场大宗订单、推动"线上引流＋线下成交"。

利用"互联网+"积极推动国企技术和商业模式创新

"互联网+"是新模式的孵化器。以互联网为依托和纽带，能够实现涵盖技术研发、开发制造、组织管理、生产经营、市场营销等方面的全向度创新，为驱动国民经济提质增效发展提供重要驱动力量。要积极发展基于互联网思维的研发创新模式。通过互联网搜集研发创意灵感，依托互联网平台建立用户广泛参与的协同设计（众包）模式。通过大数据、云计算深度探析市场需求，增强研发设计环节与用户需求的匹配度和精准度。鼓励发展具备互联网功能或与互联网紧密结合的新产品，提高产品的网络化、智能化水平，不断向价值链高端跃迁。

发挥产业资本作用，以"互联网+"推动国企混合所有制改革

国企改革核心思路包括：提升企业资产证券化、促进同业整合以做大做强、在竞争性行业积极推进混合所有制（包括引进战略投资者）等。思维跟得上时代，资本跟得上市场，工艺跟得上制造，这才是传统行业的出路。引入社会资本和民营资本，有利于在公司内部进一步构建由国有资本与其他社会资本和民营资本共同持股、相互融合的混合所有制经济实体，有利于通过各种所有制资本取长补短、相互促进、共同发展，有利于推动企业改变产业结构，提升产业价值链。国企改革中真正的组合应该是一种资源、资金的优化，一种技术创新力量上的融合。不能以简单的扩张式重组、并购来代替国企改革。如果不能实现跨界融合，不能提高企业的连接能力，所有的单纯"做大"导向的重组都将是无用功。

创新政府治理和社会治理，发育思想智慧

●●●●●●●●

互联网+政府治理

政府治理能力现代化要求政府在治理思维、治理模式、治理工具、治理手段等方面不断寻求创新和突破，但需要找到一个创新和突破的切入点。在政府治理中要积极引入互联网思维和现代信息技术，显著提高政府科学决策、监管市场、公共服务、社会管理水平，建设透明、服务、责任型政府。

一是虚拟空间与现实空间的不断融合需要引入互联网思维。信息化是现代化的重要内容。当前，全球信息技术创新快速发展，各种信息网络已达到无处不在的状态，引起了全社会各领域的重大变革。一个高效率、跨时空、多功能的网络虚拟空间已经形成，人类在网络空间的活动大量展开；网络空间的活动正在替代现实空间的活动，并对当代政府治理流程产生深远影响，甚至出现了以网民为核心的虚拟公共治理空间"倒逼"政府治理的新态势。在这种背景下，政府需要用一种区别于传统公共治理方式的新思维引导虚拟公共空间的健康良性发展。

二是政府治理新突破需要利用互联网思维。传统的治理手段和治理工具已经很难满足新形势下公共治理的需求，政府需要引入新思维创新治理手段。此时，将互联网思维"跨界"运用于公共治理，利用互联网思维"开放、平等、协作、分享"的天然基因、"便捷、参与、

数据思维、用户体验"的属性特色，以做互联网产品的思维提供公共服务和产品，可能会为破解政府公共治理难题找到一条创新之路[7]。

互联网+社会治理

在经济体制改革不断深入的背景下，社会治理创新也亟待推进。经济发展带来了一系列社会问题，如民生问题、社会公平正义问题、社会矛盾等，这些问题的解决亟待社会治理创新的同步推进。社会治理创新是在提升党和政府治理能力的同时，进一步还权于社会，激发社会活力，使社会组织参与社会治理，同时通过各治理主体的合作治理来保障和改善民生、促进社会公平正义、预防和化解社会矛盾、确保公共安全。社会治理创新对于加强党的领导、构建和谐社会、实现国家治理体系和治理能力现代化都有着非常重要的意义。

互联网以其开放性、交互性、即时性以及网络权利的平等性使得它具有一种难以控制的生命力，它颠覆了传统政治方式和政治过程的隐秘和封闭，使政府单方面控制和垄断信息越来越难。网络为公众参与政治营造和发展了新的公共空间、途径与方式，使以往在传统大众传媒无法实现的个人表达和言论自由得到展现，被压抑的参与热情重新得到了释放，从而提高了民众政治参与的兴趣和能力，增加了公众的话语力量，并创造了一种全新的对政府的互联网监督模式。

互联网舆情成为整个社会风气的风向标，是中国在转型时期的特定社会现象。若要使网络成为政府社会治理的一个工具，发挥化解矛

---

[7] 李致群，刘叶婷. 基于互联网实现政府治理能力现代化的思考. 领导科学, 2014.11.

盾、促进社会和谐稳定的积极作用，政府就必须有互联网思维，按照网络的特点去使用和管理网络。无疑，各级政府和领导干部，要把公民的知情权、参与权、表达权和监督权上升为执政理念加以保护，提高行政透明化的力度；创造条件，从制度和机制上确保民众对公共事务的参与。只有对民众的意见和建议，择其善者而从之，其不善者而改之，社会才能出现真正和谐稳定的局面。

社会活力的源泉在于人民。人民是创新的主体，社会治理创新要围绕满足人民的需求，发挥人民的积极性、主动性、创造性，在社会治理体制创新上做文章。

创新互联网治理的思路和方法

当今社会，互联网已成为人类重要的信息媒介、发展空间和社会形态。伴随着其对经济社会各领域产生的积极影响越来越巨大，互联网也正不断给社会发展带来新的挑战，尤其对传统的社会治理形成了极大的冲击，这些都使得互联网治理成为各国十分关注的焦点问题。

互联网治理与社会治理同源一体、相互作用。客观认识互联网社会与现实社会、互联网治理与社会治理之间的关系，是做好互联网治理工作的基础。互联网社会确实有着高度流动、快速扩散、跨越时空、结构松散等特性，许多人、组织或团体在互联网上的表现也与在现实中的表现有着很大差别。然而归根结底，互联网社会的主体与现实社会的主体相同——都是"人"，这也决定了互联网社会是现实社会在互联网环境中的反映和延展。由于社会治理和互联网治理都要以人为本，所以二者也必然同源一体[8]。

与此同时，我们也要看到，互联网治理的新特征、新难点并不完全由互联网本身所催生，而更多是由互联网提供新的表现形式。例如，电子商务、电子支付、在线教育、在线医疗等活动，是对传统商务活动、金融活动、教育活动、医疗活动的创新表现，对当今社会经济发展起到了巨大的促进作用。而另一方面，网络谣言、网络色情、网络诈骗、网络暴力等内容往往与现实社会中的违法违规活动密切相关，而且由于互联网的隐秘性、复杂性和多元性，使得对其进行有效治理的难度加大。但是，负面活动和内容即使是经由互联网表现了出来，也可能比不表现出来要好。对于谣言，虽然借助互联网，其传播速度变得更快、范围变得更广，但只要反应及时、举措得力，依托互联网进行辟谣，也能取得更迅速、更广泛的效果，较任其在现实中隐秘传播要好得多。此外，对于突发事件，尽管互联网为其提供了扩大影响的渠道，但诸如美国波士顿爆炸案的侦破、雅安地震救灾等实例都证明，互联网作为一种信息媒介、传播媒介和社交媒介，能够为科学应对突发事件做出独有贡献。

全面深化改革的本质就是全面推进治理创新，是从国家管理、政府管理、社会管理到国家治理、政府治理、社会治理、互联网治理的全面提升。社会活力的源泉在于人民。人民是创新的主体，社会治理创新要以满足人民的需求为目标，发挥人民的积极性、主动性、创造性，从而在社会治理体制创新上做出精彩的文章。

---

[8] 安晖. 以互联网思维完善互联网治理体系. 国家治理，2015.08.

19

第十九章
从"互联网大国"到"互联网强国"的
必经之路

从 1994 年正式全功能接入互联网，我国已经成为全球首屈一指的网络大国。就网民数量来看，中国互联网用户数和移动用户数均居世界首位。中国互联网络信息中心（CNNIC）发布的《中国互联网络发展状况统计报告》显示，截至 2014 年 12 月，我国网民规模达 6.49 亿，互联网普及率为 47.9%；手机网民规模达 5.57 亿，较 2013 年年底增加 5672 万人，手机上网人群占比由 2013 年的 81.0%提升至 85.8%；我国

IPv4 地址数量为 3.32 亿，IPv6 地址数量为 18797 块/32，域名总数为 2060 万个。就网络活跃度来看，中国网站访问流量仅次于美国，居全球第二。在中国最常使用的 25 个网站中，中国自身网络公司产品已高占 92%；在全球网络访问量排名前 20 的网站中，中国有 7 家上榜；全球使用最广泛的 10 个社交媒体网站中，中国就占据了 6 家。就网络经济规模来看，中国网络经济发展成绩喜人。目前，中国已建成全球最大的 4G 网络，拥有全球最大的用户规模。2014 年，电子商务交易额突破 12 万亿元；在全球市值最大的十家互联网企业中，中国占有四席（阿里巴巴、腾讯、百度、京东），中国互联网企业在价值创造、模式创新、产业融合等方面取得了长足发展。

正如国家信息化专家咨询委员会委员、国家行政学院教授汪玉凯所言，中国现在已有五个第一：网络规模全球第一；网络用户全球第一；手机用户全球第一；互联网的交易额全球第一。这五个第一说明中国确实已经成为一个网络大国。

但是，网络大国并不等于网络强国。网络强国需要的是硬实力和软实力的综合体现，不仅仅意味着网民数量的超大规模和网络技术的广泛应用，更意味着将网络应用转化为经济生产与国家治理的超强能力，以及为维护自身安全而享有网络治理规则和治理目标上的主导权和话语权。目前，中国距离网络强国还有很长的路要走。中国在互联网综合实力上，与这一领域的"霸主"美国仍有着较大差距，包括核心技术缺乏、创新匮乏、诚信缺失、行业法规缺位、国家级制网权落后、全球网络治理规则话语权弱等问题。

核心技术缺乏。目前，互联网所应用的核心技术，主要由国外厂商把持，我们还不能自主可控，比如说操作系统：移动终端操作系统基本被苹果 iOS 和谷歌公司的安卓霸占；台式电脑和笔记本电脑基本被美国微软公司的 Windows 系统垄断；我们现在还没搞出来一个中国操作系统。此外在高端芯片领域，我们现在也受制于别人，桌面芯片主要由英特尔和 AMD 控制，移动芯片主要由 ARM 设计，高通、三星等国外厂家提供。

创新匮乏。中国虽然有很多成功的互联网公司，但互联网依然没有根本的技术创新与商业模式创新。在技术上，绝对比例来源于美国；在商业模式上，门户、在线拍卖、付费搜索、团购等商业模式均来自于美国。近年来几乎海外所有互联网热门应用，都很快能在中国找到孪生兄弟，例如，QQ 是以色列人开发的 ICQ 的翻版，淘宝是 eBay 的国产化，百度是中国版的谷歌，京东是对亚马逊的模仿，微博是对 Twitter 的抄袭。中国对知识产权保护的不重视，让中国的创业者可以大胆地抄袭国外的成功模式，但这也限制国内创业者创新能力的培养。创新能力的缺失，一方面让中国的创业者在向知识产权保护较严的市场拓张时面临法律问题；另一方面也限制了中国互联网发展的高度。当中国的互联网基础已经达到世界先进水平的时候，是否能拥有初创性的技术和产品是中国互联网能否引领世界互联网产业发展的一个标志。

诚信缺失。我国互联网在快速发展过程中，江湖习气在业界蔓延，似乎成为业界接受和默认的一种现实，弄虚作假、违规经营、抹黑对方、抬高自己、掩饰过失、混淆是非等风气盛行。从阿里巴巴的假货危机到百度被央视炮轰提供虚假信息，从微博上的谣言四起到团购行业的欺诈丛生，从虚假广告难止到网络水军横行，诚信问题困扰着中国亿万网民，也考验着中国大大小小的互联网企业。诚信问题也影响到了互联网企业在资本市场的表现。由于多家中国企业被曝光出现财务、业绩造假等问题，已上市的中概股股价大跌，急于 IPO 的互联网创业公司则面临融资困境，上市受阻。互联网企业缺乏诚信的开发和经营行为不仅突破了网络道德的底线，也违背了法律，与中国成为 "负责任的大国" 的目标相冲突。

行业法规缺位。在互联网产业发展迅猛的同时，互联网管理却仍相对滞后。互联网行业中至今仍然没有一部完善的法律法规。从 "3Q" 大战到支付宝事件，再到 P2P 网贷乱象以及交管部门对专车软件的严管，似乎都源于行业管理的缺失，以及法制的不完善。我国应明确监管机构及职权，加快电子交易、信用管理、安全认证、在线支付、市场准入、隐私权保护、信息资源管理等法律法规的制订和修订，不能让因规则缺失、管理缺位导致的内乱阻碍了中国互联网产业的发展。

国家级制网权落后。随着互联网的日渐普及，网络已经成为维持一国政治、军事、经济秩序正常运转的重要手段。而基于计算机的互联网的脆弱性，可以为军事硬件弱国提供以较小代价创造军事不对称优势的可能，同时获得一种强有力的攻击手段，即制网权。作为互联网的发源地，美国不仅拥有大量具有国际影响力的互联网企业，也主导着 IP 地址和顶级域名等互联网基础资源，具备通过互联网影响其他国家政治、军事、经济的实力。俄罗斯拥有举世闻名的黑客，针对制网权的技术储备也动手较早；在 2008 年 8 月的俄格冲突中，俄罗斯在军事行动前攻击格鲁吉亚互联网，控制制网权后，格政府、交通、通讯、媒体和金融互联网服务瘫痪。相比之下，中国尽管网民众多，也拥有多家市值排名前列的互联网企业，但在制网权方面，中国缺乏足够自主专利的互联网安全标准，无法给予互联网多层次、多方面的保护。一方面，中国网络核心技术能力与西方国家差距较大，我们由于信息技术方面起步较晚，在芯片、操作系统、数据库等核心技术长期依赖西方技术，没能形成完备的网络信息技术的创新体系和创新能力。另一方面，以美国为首的西方国家利用技术产业优势，通过研发和定制各种网络攻击武器实现网络监控、网络攻击和网络威慑。试想，如果在核心技术无法自主可控的情况下，我们所建的网必然是"没有防范的网"，是易窥视和易被打击的"玻璃网"，加之我国网民个人信息素养发育不够成熟，我国个人、企业（社会组织）、政府无不处于被窃听、干扰、监视、欺诈、泄露等多种信息安全威胁之中，网络安全处于极脆弱的状态。仅就网站来看，2013 年，我国被篡改的中国网站数量为 24034 个，较 2012 年增长了 46.7%；被植入网站后门的中国网站高达 76160 个，其中政府网站有 2425 个。面对国家网络安全、网络经济安全、网络社会安全以及个人隐私权保护等如此广泛的信息安全威胁，我们尚没有形成足够的安全保障手段和能力。

全球网络治理规则话语权低。美国等西方发达国家凭借其掌握的关键技术与标准，一方面，在话语上高调宣扬"先占者主权"原则下的网络自由行动，以期为其信息战、网络战开辟道路和提供法理依据；另一方面，在国际战略上已经建立起一整套涵盖网络空间战略、法律、军事和技术保障的网络防控体系，以期不断巩固并改善其自身对全球网络空间事实上的绝对控制。2012 年美国发布了网络空间国际战略，明确提出如果美国的网络受到攻击，可以像政治、军事和经济受到国外攻击一样动用武力对对方进行打击。同时，西方国家还频繁启动贸易保护安全壁垒，2012年美国对我国华为和中兴进行的长达一年的安全审查，问题的焦点无关产品价格也非产品质量，而是信息安全。我们在网络强国建设过程中始终面临着网络监管与网络自由的价值对立、既有大国的战略猜疑甚至抵制，以及我们在网络空间的能力尤其占领网络空间制高点的能力和实力还非常有限的严峻现实。

从网络大国到网络强国需要既有的物质条件支撑，更需要主动构建和积极争取。中国超大的经济体量和网民规模，决定了我们成为网络大国的前提条件，也决定了中国的任何一项决策变化都会对世界造成事实上的影响。中国离不开全球网络空间，网络空间全球治理也离不开中国贡献。2014年2月，中央网络安全和信息化领导小组宣告成立，习近平主席亲自担任组长，并在领导小组第一次会议中提出从国际国内大势出发，总体布局，统筹各方，创新发展，努力把我国从网络大国建设成为网络强国。

中央网络安全和信息化领导小组的成立，表明我国用举国之力，建设网络空间之强大国家的决心和魄力，同时标志着中国完成从网络大国到网络强国的初期制度设计。"从网络大国到网络强国"口号的提出，意味着新一届领导人充分意识到了互联网对中国社会的深远影响，并将互联网管理和建设提升到了一个战略高度。

从网络大国走向网络强国，不仅是一个关系民族复兴、国家强盛和人民幸福的历史任务，也是世界发展的福音。而随着建设网络强国目标的提出及其战略路线、步骤、举措的逐渐明晰，网络强国建设进入以执行促实效的新阶段。

从根本上说，美国能成为网络强国，有赖于先进的教育理念、人性化的企业管理、行业的规则意识和健全的监管体系等因素，而这些因素又与强大的综合国力密不可分。因此，我国从网络大国到网络强国的转变，核心是综合国力的升级，从大到强的一个根本动力是创新，我们要建设创新型的国家，推动互联网，推进信息化，对于我们整个国家的创新体系的形成也是至关重要的一个环节。所以，国家现在大力推进互联网发展，推进信息化。

工业和信息化部部长苗圩在 2014 年 8 月的"中国互联网大会"上就指出要从网络基础设施建设、发展新一代信息通信技术、深入实施两化（信息化和工业）融合、加强和改进互联网行业管理、网络信息安全五方面促进互联网持续健康发展，努力把中国建设成"网络强国"。

"互联网+"行动计划的提出是政府对"从网络大国到网络强国"战略的具体落实。行动计划的实施无疑将促进互联网与传统产业的融合，扩宽互联网的应用领域，提升互联网的应用价值，提升国家的网络技术能力，实现"网络强国"目标。

第四部分

"互联网+"的未来思考

20

第二十章

为何是"互联网+"而不是"+互联网"

人类过去 200 年的经济史，实质上就是商业演化的历史。商业演化不仅为我们创造了物质形态的新产品、新技术，而且从根本上改变了人类的生产方式、生活方式、交往方式和价值观念。商业演化的历史又由企业和企业家的焦虑来创造，若想不焦虑，或者彻底完蛋退出江湖，或者主动进取紧紧拥抱"风口"。

互联网时代，信息爆炸式增长、病毒式扩散、跨界打劫，在互联网商业模式的冲击之下，传统企业不仅是焦虑，甚至有点恐慌，纷纷寻求所谓的"互联网转型"。各领域的企业家均患上焦虑症：万科董事局主席王石担忧"下一个倒台的就是万科",腾讯的马化腾说"越来越看不懂年轻人的喜好",阿里巴巴的马云称"现在是阿里最危险的时刻",百度的李彦宏担心"百度有没有应对目前不确定性环境的机制",小米科技董事长雷军坦言"我们压力很大",新东方董事长俞敏洪强调"新东方要更换发展基因"……

完全的不确定性,只会恐慌;只有确定性之下的不确定性,才会导致焦虑。从产品创新、技术迭代、传播模式、人才结构、资本募集乃至组织体系,互联网的冲击是根本性的、观念性的以及系统性的。互联网是共性和基础,必须要用信息化的手段和互联网思维再造企业,这是确定的;但不确定的是,哪些企业需要互联网化,企业如何实现互联网化。

为了回答以上问题,消除企业家的焦虑和恐慌,在 2015 年召开的两会上,李克强总理在政府工作报告中提出要制定"互联网+"行动计划,推动移动互联网、云计算、大数据、物联网等与现代制造业结合,促进电子商务、工业互联网和互联网金融健康发展,引导互联网企业拓展国际市场。"互联网+"行动计划就是要推动互联网和传统行业的融合。

无疑,互联网正在成为我国经济转型升级的新引擎。但同样是互联网和传统行业的融合,为什么是"互联网+"而不是"+互联网"?

尽管广义上而言,不论是互联网+传统产业,还是传统产业+互联网,似乎都可以用"互联网+"来统称,最终目的都是促进全产业升级进而带动社会升级;但"互联网+"与"+互联网"还是大有不同的。从语法上看,两者的区别在于前者互联网是主语,后者互联网是宾语,主语代表主体,而宾语则是动作行为的对象。这其中既有基因的不同,也有主导权的差别。"互联网+"突出的是互联网对传统行业的改造，助力其带来创新和升级。而"+互联网"则指的是其他行业使用互联网技术，可以只是生成一个应用，或是构建一个新渠道，互联网在生产要素分配中的优化和继承作用并没有得到充分发挥，难以带来本质性的创新和变革。

事实上，有关"互联网+"还是"+互联网"的讨论早已展开。几年前，当互联网和金融行业撞出火花，手机支付应用开始兴起，余额宝、百度理财等"宝宝类"产品开始出现，业界就对究竟是"互联网+金融"还是"金融+互联网"展开了讨论。一部分观点认为，互联网和金融行业的融合，应该定义为"互联网金融"，互联网将推动金融业务创新，为整个金融行业带来变革；另一部分观点则认为，金融行业具有一定的特殊性，考虑到监管和安全，应该定义为"金融互联网"，互联网仅仅只是金融业务开展的工具和新渠道。

时至今日，这种讨论已经逐渐停止。就目前来看，"互联网+"处于攻势，而"+互联网"处于守势。传统企业探求互联网转型的速度慢得不只一点半点，无论是技术、人才，还是体制及运营管理都与互联网企业有很大的区别，尤其是传统企业的体制问题是根深蒂固的，很难通过简单的架构调整就能改变。反观通过互联网模式来倒逼传统企业的模式，迫使传统企业转型，这个方针与路线落实后的结果比企业自身的探索要快很多。比如互联网+理财的余额宝，胜于理财+互联网的银行理财产品；互联网+零售的阿里和京东，胜于零售+互联网的国美苏宁；互联网+家电的小米和乐视，胜于家电+互联网的海尔和长虹。

尤其大众创业领域，基本上都是在做"互联网+"，仅腾讯开放平台上的创业团队就超过500万；相比之下，那些"+互联网"的企业则明显要被动很多。马化腾把互联网比喻成"电"，但是对于很多传统企业而言，要对老房子进行"电路改造"谈何容易[1]。

如今"互联网+"行动计划被写入政府工作报告，表明"互联网+"正在成为一种新的经济形态，其本质上是发挥互联网在生产要素分配中的优化和继承作用，提升实体经济的创新力和生产力。当前，互联网正在加速与传统行业融合，互联网+零售、互联网+金融的创新成果已经显现，而互联网+农业以及互联网+工业等新的"碰撞"正在进行。如果说，原来互联网技术主要是在第三产业中应用，那么现在的互联网正在开始影响第二产业甚至第一产业。互联网+传统行业正在迸发出全新的平台、产业和生态。就好像第二次工业革命中，电力让很多行业发生翻天覆地的变化一样，当今的互联网可能也会成为一种前所未有的生产力工具。

拓展阅读：互联网金融 VS 金融互联网[2]

金融互联网与互联网金融表面上看是两个概念前后颠倒秩序，都是金融行业与互联网的结合，但实际上内涵有很大差别。可以用两个简化的公式来表示：

金融互联网 = 传统银行+代销非银行金融产品+互联网渠道

互联网金融 = 互联网电商+代销金融产品+第三方支付+小额贷款

---

[1] 贺骏. 互联网+、+互联网和微信+.

[2] 姜黎华. 金融互联网与互联网金融玄机各不同. 上海证券报, 2013.8.20.

21

第二十一章

为何只说"工业互联网"不提"工业4.0"

2015年3月5日，国务院总理李克强在十二届全国人大三次会议上作政府工作报告时，首次提出国家要制定"互联网+"行动计划，这是第一次在政府工作报告当中提到互联网技术的引领作用，并突出了互联网在经济结构转型中的重要地位。

总理在阐述"互联网+"概念时提到了"工业互联网"概念。所谓"工业互联网"，最初是由美国GE提出的概念。GE董事长兼首席执行官杰夫·伊梅尔特将"工业互联网"定义为：智慧的机器，加上分析的功能和移动性。GE认为，通过智能机器间的连接最终将人机连接，结合软件和大数据分析，工业互联网最终将重构全球工业。

而与"工业互联网"概念相对应的，还有近两年大热的德国的"工业4.0"概念。"工业4.0"是要把生产设备联网，实现生产的"一体化"。通过数据交互把不同的设备连接到一起，让工厂内部甚至工厂之间都能成为一个整体。如果说"工业1.0"是从第一台机械开始的，人类的手工劳动变为机械劳动，"工业2.0"是生产线的批量生产，"工业3.0"是工业自动化；那么，"工业4.0"就是工厂与工厂之间的企业横向的集成，以及从最终的材料到用户端到端的集成。

两个概念的基本理念一致，都是将虚拟网络与实体连接，形成更具有效率的生产系统。例如，此前在生产过程中每台机器都是独立存在的，而在未来通过在机器中加上传感芯片，机器的运转情况可以通过网络实时监控，同时机器间也可以交流通信，达到自我协调工作的目的，人与人之间的联网就变成人与机器、机器与机器之间的联网，最终实现工业生产自主的过程。

不过，目前来看，"工业互联网"和"工业4.0"的关注点依然略有不同。"工业互联网"的三要素是人、数据、机器，重点是工业产品的互联网化；"工业4.0"的关键词是智能化生产、协同的供应链，重点是工业生产流程的互联网化。工业互联网和"工业4.0"相比，更加注重软件、网络和大数据，希望促进物理事业和数字事业的融合，实际上是希望最终做到通信、控制和计算的集合，营造一个CPS的环境。

"互联网+"行动计划是立足于中国实际国情的行动方案。总理在阐述"互联网+"概念时只提到工业互联网，而未提及"工业 4.0"，是因为相对于更重视高端制造的德国"工业 4.0"，美国倡导的工业互联网无疑更重视互联网对制造业价值的提升，更加适合中国的国情。

中国工程院院士、同济大学经济与管理学院顾问院长郭重庆教授就指出，"德国人提出的"工业 4.0"太强调技术了，着眼点也太微观了，而且是自上而下的人为导向变革，这和当前互联网开放、共享的精神有出入，我不认为照搬德国"工业 4.0"那套就适合中国。"

德国一直以其高端制造业闻名世界，其制造业历史悠久、技术实力雄厚，产出的是高附加值的高端产品。而中国的制造业早期以劳动力优势取胜，产量大但技术附加值低。在劳动力成本不断上升的背景下，中国的制造业急需依靠互联网等技术实现产业升级。但如果只谈"工业 4.0"，就需要大量的设备升级，工厂智能化，这势必会耗用大量的资本，并增加失业率。因此，结合本国实际国情，中国的工业互联网变革应以中国"众人拾柴火焰高"的互联网哲理，聚集"全球大脑"与"万众智慧"为特征，以两个平台（开源平台和众包）释放全球智慧，促进创新、创业。

同时，不同于德国的制造业强国地位，中国虽然是制造业大国，但仍然不敢说是制造业强国，因为我国在核心的工业制造技术和科研能力上还存在很大的欠缺。从发展阶段上看，中国已经完成了第一次工业革命和第二次工业革命，但第三次工业革命却还处在进行过程中，甚至还是初级阶段，部分产业向"工业 4.0"转型是可能的，但整个工业体系整体转型是不切实际的。中国大多数企业还处在工业化生产的中期阶段，以成本控制为生产管理的核心，大规模集成化是未来的必然选择，但至少在最近五年之内不会有太大的改变。对一些已经跻身世界领先位置的企业，比如海尔、联想等，确实可以借助"工业4.0"提升企业能力，以满足电子商务和跨界融合产品生产的需求。但对于中国大多数制造业企业而言，"工业4.0"虽然美好但还很遥远。

此外，德国"工业4.0"缺乏"开源、开放、共创、共享"的互联网思维，"开源"是互联网时代的精神主旨，互联网的特征是开放、公众参与（Crowdsourcing）、共创、普惠、平等、脱媒、平台型整合。互联网是技术、经济、社会相互促进的结果，是市场化的产物，是"自发秩序"，不是人设计的结果。"工业4.0"研究项目由德国联邦教研部与联邦经济技术部联手资助，在德国工程院、弗劳恩霍夫协会、西门子公司等德国学术界和产业界的建议和推动下形成。可以说，"工业4.0"是由政府和产业巨头自上而下推动的一场技术升级，而升级后的工厂是否能够随机应变地提供市场所需要的产品尚不得而知。

与德国制造业强、互联网弱的国情不同，现在的中国社会是一个制造业和互联网平行发展的国家，制造业占据了世界第一的规模，而互联网经济也领先欧洲，几乎与美国平分天下。传统制造业的力量在中国很强大，产业资本的实力很强，向互联网转型的动力也十分充足。互联网资本在以BAT等为代表的网络公司带动下更是发展迅速，这些公司也在努力进军线下，智能硬件、汽车及其他的很多制造业都开始获得互联网资本的青睐。因此，中国没有必要完全效仿德国，通过扶持占据主导地位的制造业摆脱互联网公司的资本和资源控制，相反可以双向支持，即让产业资本通过互联网转型提高自身的能力，也就是走"工业 4.0"之路，使中国制造变成中国创造甚至中国智造。中国也要通过"互联网+"的战略让互联网企业积极投入到中国制造业改造中，将信息产业的优势转嫁到制造业上来。

工信部部长苗圩在接受媒体采访时就表示，"互联网+"与工业相结合的"工业互联网"是顺应新一轮工业革命和产业变革的一个重点发展领域，也是政府工作报告中提到的"互联网+"最早实现的行业之一。"工业互联网"有非常大的发展潜力，在现实中有很多企业也注意到应用互联网技术来提高企业的整体竞争能力。

过去，中国消费互联网企业基本上是复制美国互联网企业的商业模式，背靠中国的巨大市场和网络规模，获得巨大成功。现在，中国"工业互联网"完全可以跨越美国而抢先一步，依靠我国偌大的制造业生产能力和消费市场，"工业互联网"可为中国制造业的产业升级创造绝好的平台和机遇。"工业互联网"结合中国国情在中国有专门的行动规划——"中国制造 2025"。

2015 年 3 月 25 日，李克强总理主持召开国务院常务会议时指出，我国正处于加快推进工业化进程中，制造业是国民经济的重要支柱和基础。落实今年政府工作报告部署的"中国制造 2025"，对于推动中国制造由大变强，使中国制造包含更多中国创造因素，更多依靠中国装备、依托中国品牌，促进经济保持中高速增长、向中高端水平迈进，具有重要意义。会议强调，要顺应"互联网+"的发展趋势，以信息化与工业化深度融合为主线，重点发展新一代信息技术、高档数控机床和机器人、航空航天装备、海洋工程装备及高技术船舶、先进轨道交通装备、节能与新能源汽车、电力装备、新材料、生物医药及高性能医疗器械和农业机械装备等十大领域，强化工业基础能力，提高工艺水平和产品质量，推进智能制造、绿色制造。促进生产性服务业与制造业融合发展，提升制造业层次和核心竞争力。

中国工程院院士、中国互联网协会理事长邬贺铨表示，"中国制造2025"是一个制造业发展的战略，要以质量为先，重视基础，绿色发展，借势"互联网+"发展，创新驱动，推进强化工业基础能力，能够实现产业结构的调整和发展方式的转变，促进中国经济提质增效。

工信部产业政策司司长冯飞表示，"中国制造 2025"实质上就是中国版的"工业4.0"，而"工业4.0"的制高点在于工业互联网。这也是政府工作报告中"互联网+"战略的重要发展方向。

工业互联网将为各传统行业带来巨大效率改进，市场空间巨大。其将对通信、电子、计算机、机械、能源等诸多领域带来巨大的变革和机遇。据工业互联网领域权威机构 GE 测算，工业互联网有望影响46%（约32.3万亿美元）的全球经济。未来20年，中国工业互联网发展至少可带来3万亿美元 GDP 增量；且应用工业互联网后，企业的效率会提高大约20%，成本可以下降20%，节能减排可以下降10%左右。

互联网和传统工业的融合将是中国制造新一轮发展的制高点，中国版的"工业互联网"——"中国制造 2025"将成为下一阶段中国制造业转型升级的主攻方向。

第二十二章

从"互联网思维"到"互联网+"，
迈上信息社会之路

何必动辄谈颠覆，融合才是硬道理

● ● ● ● ● ● ● ●

　　近年来，伴随着互联网的迅猛发展，其对传统行业的冲击，常常被提及"颠覆"一词。步入"互联网+"时代，仍然有不少论调动辄谈"颠覆"，认为互联网、互联网思维对传统行业具有颠覆性，而我们认为"互联网+"时代，更多的应该是不断渗透、融合，这才是硬道理。

　　"互联网+"并非是简单的传统行业与互联网或者互联网思维相结合，真正意义上的"互联网+"是建立在高速、泛在的移动通信网络基础上，通过智能感应能力和大数据的收集、挖掘、整合与分析能力，形成全新的业务模式和商业模式。它的能力远远超过现在以信息无障碍传输为主要特征的互联网。因此，"互联网+"必须要渗透到传统行业中与之相融合。一方面，互联网通过自身的信息快速传输，强大的网络能力，来提升传统行业的效率与能力；另一方面，传统行业也通过网络能力本身的业务延展地更远，更强大。

　　不久的将来，在"互联网+"的行动中，很多传统行业会面临被完全改造的挑战，比如军事领域已经被智能互联网改造了。例如，智能交通体系、移动医疗和智能健康管理、智能家居、移动电子商务、电子支付和互联网金融、智慧公共服务等将会面临无限的机会。当然，对于传统行业而言，这并不是一个被互联网取代和颠覆的过程，而是二者通过不断融合而重建新业态的过程。

　　以智能交通体系为例，互联网被引进到智能交通体系中，成为智能交通的一个部分，但是，未来智能交通并不仅仅是简单地引进互联网，网络不过是最基础的一个组成部分。在未来的智能交通体系中，所有的车要被改造成为新能源车，所有车要通过网络在一个强大的中央控制中心的管理之下，所有的车什么时间出行，走什么路，车速是多少，不是由车自己，也不是由驾驶员决定，它要由中央控制中心来决定。而车不但要和中央控制中心联网，车与车之间也是通过网络相联，这样就可以进行距离控制、避让，甚至前面一部车刹车，会把安全距离内所有的车都刹了车。同时智能交通体系中的地图也要从一个模拟时代走向数字时代，地图都成为数字地图，它更加精准[1]。这样一个体系，就是在传统汽车产业本身与互联网的融合之中进行重构。

总而言之，如果说互联网颠覆传统行业，除了那些以信息传输为主要特征的行业，比如传媒业之外，互联网很难谈得上颠覆别的行业，它只能融合到传统行业中去，成为它的一个组成部分。因此，"互联网+"创造的真正机会是通过融合而进行的重构，而不是颠覆。

互联网在新一轮全球产业结构调整和经济增长中发挥着重要作用，正逐步成为信息时代人类社会发展的战略性基础设施，推动着生产和生活方式的深刻变革，重塑经济社会发展新模式。

"互联网已经是一个魔幻时代，很多人都做到了不可想象的事情。"百度公司董事长李彦宏发出感慨[2]。

从数据上看，接入互联网 20 年，中国已有网民 6 亿多；目前，全球最大的 10 家互联网公司，4 家是中国公司，与此同时，互联网代表企业市值也达到前所未有的高度：4 万亿人民币规模；据麦肯锡全球研究院分析，2013 年中国互联网经济占 GDP 比重达到 4.4%，已处于全球领先水平[3]。

这也许就是让李彦宏惊叹为 "魔幻时代" 的原因。但对于未来，尤其是对于互联网的未来，这样的 "魔幻时代" 仅仅是一个起点。

---

[1] 项立刚. "互联网+" 只有 "融合" 没有 "颠覆". 立刚科技观察，2015.3.31.

[2] 张晓斌，陈一平. "乌镇峰会" 信号 互联网下一轮红利在哪. 人民网，2014.11.22.

[3] 李彬. 互联网带来的变革：颠覆、跨界与融合. 人民政协报，2014.12.2.

　　国家互联网信息办公室副主任任贤良指出，互联网在新一轮全球产业结构调整和经济增长中发挥着重要作用，正逐步成为信息时代人类社会发展的战略性基础设施，推动着生产和生活方式的深刻变革，重塑经济社会发展新模式。

　　面向未来的 20 年，互联网的力量究竟将如何呈现，互联网产业自身以及对传统产业将会掀起怎样的创新和变革的浪潮？

互联网已成为经济发展新引擎

　　如今，互联网已日益成为创新驱动发展的先导力量，深刻改变着人们的生产生活，成为推动经济发展和社会进步的巨大力量。

　　"经过 10 多年的发展，互联网早已经不是小产业、新兴经济了，也有了非常庞大的规模，开始渗透进人们生活的方方面面，影响甚至改造中国很多行业和领域，最为难能可贵的是，互联网几乎是白手起家，依靠着草根和创业、自由竞争的精神成就了今天的局面。"曾担任雅虎中国 CEO 的谢文表示。

　　当前，互联网与传统产业不断渗透融合，再加上云计算应用的普及、大数据创新日渐活跃，都在不断服务于网民的新生活。在技术应用创新的驱动下，互联网已经不再局限于 PC 端和手机端，而是渗透到社会的方方面面，与人们的生产、生活和消费密切相关，同时也在深层次地影响着经济社会的发展，成为提振经济发展的新引擎。

"互联网会改变传统产业，产业互联网或行业互联网不仅仅是技术改变，它的商业模式也在改变行业本身的方式，包括产品的开发、营销、推广以及商业的模式，用时髦的话说就是 '互联网思维'。"百度总裁张亚勤表示。

尤其是互联网对商业的改变最为明显，互联网经济正成为拉动消费需求的重要力量，伴随着互联网的快速发展，电子商务快速崛起，实体经济与虚拟经济的结合产生了巨大的经济及社会效应。

数据统计显示：2013 年我国社会消费品零售总额实现了 23.78 万亿元，同比增长了 13.1%，其中，电子商务实现网购零售 1.85 万亿元，占我国社会消费品零售总额的 7.8%[4]。

"我们看到，在互联网和消费行业交汇的地方，中国的一批企业大大地简化了本地服务当中的很多环节，提供了一些非常优秀的产品。"红衫资本中国基金创始及执行合伙人沈南鹏表示。

从消费互联网到产业互联网的跨越

● ● ● ● ● ● ● ●

创新是互联网诞生发展的根本动力，由于互联网的介入，传统产业及企业发展秩序掀起一场爆炸式颠覆。

---

[4] 李彬. 互联网带来的变革：颠覆、跨界与融合. 人民政协报，2014.12.2.

在沈南鹏看来，中国的创新在于互联网对传统行业的拥抱与整合，尽管中美在移动互联网领域发展呈现出一些不同的兴趣点和方向，但共通点在于越来越多的领先企业拥有原创技术应用和商业模式，中国、印度、日本、韩国等国家都根据本土企业的特征和诉求开发出针对性的产品与应用。

"过去 20 年我们有幸参与了互联网的发展和创业，互联网改变了几乎全球每个消费者的生活。今后的 20 年，互联网将有力量改变和塑造所有的产业，例如银行、医院、教育、交通等，这些所谓关键领域都要被互联网化。"宽带资本基金董事长田溯宁表示，如果说过去 20 年，我们迎接消费者互联网时代的到来，我认为未来 20 年，我们将迎接一个更加激动人心的时候，就是产业互联网时刻的到来。

在田溯宁看来，云计算、大数据、移动互联网以及可佩戴计算这几种技术力量，正是推动互联网这场巨变的根源和力量。

"如果说云计算很像工业革命的电，大数据很像工业革命的石油化工，石油化工是把石油炼出汽油，那么大数据要把数据炼出这个时代各种各样的知识产品；我们新一代的 3G、4G 网络就像工业革命的交通网络；我们今天无所不在的智能终端，也可能像工业时代的汽车，汽车让我们物理空间到了很远，这些智能终端让我们的大脑到了很远。当这四种技术力量聚在一起的时候，我觉得产业互联网这个时代就到来了。"田溯宁说。

张亚勤也认为，产业互联网不仅仅是技术改变，它的商业模式也在改变行业本身的方式，包括产品的开发、营销、推广以及商业模式。通过大量的数据和很强的运算能力、存储能力，加上一些算法，能使整个人工智能有一个飞跃。

而大数据、云计算、移动互联网等新兴产业,也被很多专家认为不仅是未来互联网创新的热点与方向,而且将成为中国经济转型升级的新引擎,也将为中国的跨越式发展提供可能。

互联网思维对传统产业的影响

相对于以大规模生产、大规模销售和大规模传播为特征的工业化思维而言,互联网思维正通过对市场、用户、产品以及产业价值链的重构,把人类带入一个以开放、平等为特征的信息化革命的全新时代。

互联网思维改变着时代,也拷问着传统产业——互联网思维带来的是冲击还是机遇?互联网思维将颠覆传统产业还是将加速传统产业的升级?将互联网思维融入传统产业,意味着更大的风险还是更好的发展?

对我国而言,崭新的互联网模式的涌现,正好为传统行业的转型发展提供了难得机会。

互联网思维与传统产业的对接,会改变传统的商业模式。从结果看,大致会产生这么几个效应:长尾效应、免费效应、迭代效应和社交效应。

互联网思维开放、互动的特性,将改变制造业的整个产业链。传统制造业自动化、柔性化、模块化程度有望大幅提升,进而让低成本的定制化生产成为可能。

联想控股董事长柳传志认为，与西方发达国家相比，中国在互联网应用的某些方面占着"便宜"。众所周知，经过几百年的发展，西方发达国家传统制造业、服务业都已比较成熟，要实现传统业务与移动互联网崭新业务模式的对接，肯定会不太自然，也存在一定困难。而在中国，传统行业做得并不成熟，崭新的互联网模式的涌现，正好为我们转型发展提供了难得的机会。

比如，在欧美发达国家，像赫兹、安飞士等租车巨头，经过数十年的竞争，早已稳稳占据了市场。它们的线上预订、线下提车、异地还车等业务，已经非常成熟。但是，在中国，也就在几年前，这样覆盖全国的租车服务还没有。联想控股投资的神州租车抓住了机遇，快速打造了中国最大的租车网络。

再比如，联想控股的农业板块——佳沃集团，抓住了我国传统农业向现代农业转型发展的巨大机遇。借鉴联想30年来在IT互联网行业积累的成功经验，结合大数据、云计算、物联网、移动互联网等先进理念和技术手段，从果业切入，搭建起了一套全新的农业发展模式。这套模式的核心有三个：一是质量全程可追溯。利用物联网、射频技术等信息化手段，通过作业规范、标准、记录、汇总、审核、激励约束等一整套标准化的流程，将浇多少水、施多少肥、何时采摘、如何保鲜处理、谁负责冷链运输等从田间到餐桌的所有环节，都记录在案，清清楚楚，方便查询。二是生产种植过程分析。利用大数据，不仅可以了解一块地的土壤结构，知道它适合种什么、如何施肥，还能针对霜冻、病虫害等开展各种灾害演习，提高农户抗灾能力，确保将损失降到最低。三是电子商务以及与之配套的高效冷链物流系统，让从田间到餐桌这一过去复杂的供应链大大简化[5]。而中间环节的减少、物流成本的降低，不仅为农民增收、农业增长和农村稳定创造了条件，也为联想这样具备全产业链控制力的龙头企业做大现代农业提供了发展机遇。

互联网思维的核心是"开放、平等、互动、合作"，"互联网思维就是用户思维"、"互联网思维追求极致的用户体验"、"互联网思维强调数据驱动运营"、"互联网思维下产品和服务是有机的生命体"、"互联网思维推崇服务即营销"、"互联网思维的本质是去中介、去中心"、"互联网思维下的企业流行扁平化、轻资产"……站在不同角度，从战略、战术层面以及价值观、组织模式、经营理念等不同维度，1000 个人恐怕有 1000 种互联网思维。

互联网尤其是移动互联网开放、互动的特性，以及大数据、云计算等技术手段的应用，使得大量的中小企业和注重个性化需求的个别消费群体，成为了商业中的主要顾客。而在此前，除了大客户、大众市场受到重视外，企业虽然也强调 "个性化"、"客户力量"和"小利润大市场"等理念，但是，由于数据采集、精准定位、柔性生产以及点对点营销等技术手段的缺乏，企业很难满足这些小众市场的需求。

以联想集团为例，过去每当微软推出一个新的操作系统，或者英特尔上市了一款新的 CPU，联想就会根据自己对中国客户消费需求的调查，推出一款或几款主打的 PC 产品。尽管他们比竞争对手做得好，也不过是做了款计算机，大家使用而已。而现在互联网思维则将有助

---

[5] 柳传志眼中的互联网思维. 人民日报，2014.5.23.

于企业将产品做得更加柔性化，更加适合个体的个性化需要。以图书为例，印刷 5000 册甚至更少的书也能够在 Kindle 电子书上阅读，这就是长尾效应最直观的体现。

有观点认为，伴随着互联网思维在经济领域的深化，那些靠中间环节获取利润空间的企业形态将消失；那些靠闭环效应实现壁垒或垄断的行业将被颠覆；那些强制性中心制的生产与制造方式将被取代；那些通过信息不对称和特殊渠道建立的"差异化"优势将会消融。

其实，对传统产业而言，互联网思维的最大作用不是颠覆，而是改良和改善，善用互联网思维，抓住互联网时代的发展机遇。

我们认为，互联网思维开放、互动的特性，将改变整个制造业的产业链。因此，用好互联网思维，制造业链条上的研发、生产、物流、市场、销售、售后服务等环节，都要顺势而变。

首先是研发。互联网思维的互动特性，与云存储、大数据叠加，使得制造业企业真正实现对客户需求的直接了解，这将对企业的研发模式带来深刻的变革。那些充分把握个性化市场需求、灵活、高效、低成本的研发流程和体系，将迸发出更大的活力，并越来越得到市场的认同和接受。

研发流程和体系的变化，将改变 100 多年来一直占主导地位的工业化大生产模式。通过企业管理信息化与物联网、射频、传感技术相结合，传统制造业的自动化、柔性化、模块化程度将大幅提升，进而让低成本的定制化生产成为可能。

其次是市场营销体系的深刻变革。一方面，互联网尤其是移动互联网的普及，让信息的获取与传播变得更加容易，生产者与消费者之间的信息不对称被打破，由此带来的信息的开放、消费者话语权的增强，让过去单纯依靠媒体新闻发布、刊播广告树立品牌、推广产品的模式，无法适应市场的需要。另一方面，长尾效应带来的定制化、个性化需求，也要求企业主动与消费者搭建起沟通的桥梁。而无论借助现有电商平台，还是自己搭建全新的O2O（从线上到线下）销售体系，都将对传统的渠道概念、分销模式带来冲击。小米的互联网营销模式，尤其是它成功的粉丝营销、圈子营销，都值得传统企业认真研究借鉴。

研发、生产、市场营销领域的变革，当然对供应链提出了更高的要求。如何借助移动互联网、大数据、云计算，优化现有的零部件供应、库存、仓储、物流体系，进一步提高效率、降低成本，是摆在每一个制造业企业面前的大课题。

当然，互联网思维带来的改变不只体现在传统制造业，它对金融业的触动已清晰可见。阿里巴巴等企业在互联网金融领域的探索，对于解决我国中小企业融资难题具有一定意义，从而激发了中小企业的活力，促进了就业。

颠覆、跨界与融合

在互联网推动生产和生活方式的变革，不断创造新业态、新市场，重塑经济社会发展新模式的同时，也有一些业内人士担忧传统企业自身的盈利模式因互联网而被颠覆。但在腾讯公司控股董事会主席兼首席执行官马化腾看来，互联网更像蒸汽机和电力，不但不会打掉所有行业，相反很多行业都会利用互联网完成升华。谁用好互联网技术，谁就比较容易抓住机会。"最明显的特征就是原来互联网的行业，大家认为是新经济，现在大家认为是和传统的各行各业都能够结合。"马化腾说。

事实上，当前很多传统产业，如地产、食品、物流、教育、医疗等各个领域均在加速与互联网的跨界融合。例如，中粮集团推出了中粮我买网，迅速成为国内最大的食品 B2C 垂直网站；广东的尚品宅配是一个家具销售企业，但它不是一个简单的销售公司，实际上是提供家居产品的一条龙服务，它在网上有一个大数据库，按照顾客的户型，为顾客定制设计，并提供多种解决方案。

互联网改变的一个重要领域是工业。2013 年 9 月，工信部出台了《信息化和工业化深度融合专项行动计划（2013—2018 年）》，其中第七项就是互联网与工业融合创新行动。工信部电信研究院院长曹淑敏介绍说，目前已有 20 多家企业成为上述行动的第一批试点。

在曹淑敏看来，互联网与工业的融合，由浅入深可以分为四个层面。首先是向企业采购和营销等外部环节渗透。2013 年，我国电子商务交易额超过 10 万亿元，网络零售 1.85 万亿元，是全球最大的网络零售市场。

除了零售企业，互联网还向更多传统企业渗透。8 月 21 日，中国石化销售有限公司与国内 B2C 电商企业 1 号店签订业务框架合作协议。此举是中石化在电子商务领域探索的重要举措，也标志着电子商务向传统企业渗透的进一步深入。

其次，由于互联网连接的是广大的消费者，因此，必然会对上游的设计、制造环节产生影响。"互联网正在加快向企业服务和研发环节渗透，制造服务化、个性化定制、众包设计、众筹融资等模式不断涌现。"曹淑敏说。

此外，随着互联网向工业领域的渗透，网络协同制造、工业云等模式已初露端倪。以三一重工为例，目前该公司已有 10 万台设备通过互联网接入后台的网络中心，通过网络中心的大数据处理，实施远程监控、预警等功能。

"互联网将最终打通工业生产的全生命周期，实现融合发展，彻底改变现有生产模式。"曹淑敏说。

汽车遇到互联网

以汽车产业为例，当汽车遇到互联网，会产生怎样的化学反应？当现代化大生产的鼻祖、工业化思维的典型代表汽车产业，遭遇到移动互联网浪潮下崭新思维方式和商业模式的冲击，又会发生怎样的蝶变？

东风汽车公司总经理朱福寿明确表示，要正确看待移动互联网时代蓬勃发展的车联网、电子商务、互联网金融等技术手段和业务模式对汽车产业带来的冲击，互联网思维"开放、平等、协作、分享"的特质，更值得汽车行业学习。

未来的汽车将从传统的交通工具变成移动的、智能的生活载体。

人们常说，汽车是改变世界的机器。汽车诞生 120 多年来，改变了我们的出行方式，拉近了人与人之间的距离，改变了人们的观念和行为方式，促进了工业化和人类文明进步的进程。从这个意义上说汽车改变了世界，一点也不过分。但与此同时，互联网正在改变我们的未来。互联网与汽车的融合已经使汽车不只是一个冷冰冰的机器，它将更加智慧、更加人性化。

所有这些探讨和判断表明，移动互联网的接入让人们可以通过汽车进行任何形式的信息交流，汽车此时已经不只是简单的交通工具，而是名副其实的移动生活载体和终端。如果说，传统的汽车拓展了人的物理空间，互联网拓展了人的精神空间，汽车和互联网的叠加，则将全面升华人们的生活。

那么，未来 5～10 年，汽车到底会发生哪些改变呢？有人说未来的汽车是"IT+ET+ST"（智能+新能源+安全），其实，智能化、新能源和安全，是汽车永恒的主题。但是，有了移动互联网的引入，上述三大领域将取得飞速的发展，尤其是在安全领域。有统计显示，90%以上的货车交通事故都源自驾驶员自身，包括错误的驾驶习惯、疲劳驾驶等。车联网的应用，将在很大程度上提升汽车的主动安全性能，而等到自动驾驶变为现实，类似安全事故则完全可以避免。

那么，互联网思维的变革或颠覆作用，最先会体现在汽车行业哪些领域，又会向哪些领域蔓延？汽车企业究竟应该静观其变，还是主动迎接互联网思维的挑战？

毫无疑问，互联网思维对于汽车行业的影响正在逐步深入，并呈现加速状态。首先受到影响的是营销和服务领域。当前，汽车营销服务的主流商业模式依托 4S 经销店。对于企业而言，这种模式投资成本高、库存大、资金周转速度慢；对于消费者而言，无论是购车还是维修保养，都要付出更高的成本。一项统计显示，中国汽车经销商在过去 5 年增长了一倍，而美国和欧洲则减少了 15%。2013 上半年，我国汽车 4S 经销店的净利润率小于 2%，低于 3%的行业平均水平。这说明，传统的销售服务模式已经不适应市场发展的需要。如同电子商务对传统百货业的替代一样，汽车电商、移动端营销、打通线上与线下等新的营销服务模式，一定会对传统 4S 店带来冲击。

其次是研发领域。既然互联网思维要求汽车从代步工具转变为移动的生活载体，从研发开始就必须满足这一要求。目前，正向开发一款全新的汽车，大概需要 36 个月、投资约 10 亿元，而完成年产 10 万辆的生产准备，又要花费 10 亿元。为了尽可能保证 20 亿元投资开发的车型能在市场上取得成功，汽车企业在商品企划阶段，要耗费大量的时间和金钱去聘请专业的调查公司进行用户调研。即便如此，依然不能保证商品企划百分之百准确无误[6]。互联网思维开放、互动、分享、迭代等特性，以及大数据、云计算等技术，将彻底改变传统的用户调研模式，让汽车企业真正了解客户需求成为现实。这无疑会大大提升产品成功的概率。

当然，互联网思维的影响将贯穿汽车产业从研发、生产、物流、营销，到售后服务、汽车后市场的全产业链。对此，汽车企业要有高度的危机感，如果还是按照传统的思维方式规划企业的中长期发展，

---

[6] 王政. 不惧冲击，顺势而为——对话东风汽车公司总经理朱福寿. 人民日报，2014.5.26.

未来的竞争力便无从谈起。面对互联网的机遇和挑战，汽车产业应不惧颠覆，顺势而为。

新媒体"融合"旧媒体

"综观整场论坛，传统媒体代表大多侧重于谈新媒体战略，而互联网企业则侧重于谈内容建设以及与传统媒体的结合。"一名自媒体人对"新媒体新生态"分论坛的点评很有代表性，"这样一看，倒也体现出殊途同归、媒体融合的趋势。"

以人民日报、光明日报、财新传媒等为代表的传统媒体，其实早已在转型的路上。人民日报副总编辑马利介绍说，人民日报的法人微博粉丝现在已经超过6000万，人民日报客户端上线不到半年用户已经突破1000万，而人民日报系的社交媒体所有粉丝加起来，远远超过1亿。在马利看来，云时代媒体平台化、可视化和定制化将成为新的特点和新的趋势。不管时代怎么变，媒体的形态怎么改，媒体的使命都不会变，就是要利用最先进的手段，尽可能快、尽可能广、尽可能深入地把信息传播给受众[7]。

让光明日报副总编辑陆先高引以为豪的是，光明网与阿里巴巴、百度、腾讯、人民网、新华网等一批中国网站已经进入全球排名前100

---

[7] 马利. 新媒体的出现颠覆传统媒体. 人民网，2014.11.19.

的行列，中国网站已经成为网上优质内容的主要提供者，其原因有中国网民增长、基础设施不断改善，更有中国网络媒体在内容、技术、市场、业务模式等方面的创新。

较之传统媒体，互联网新媒体的焦点更多在媒体融合上。新华网总裁田舒斌谈到，目前新媒体产业生态系统缺乏足够的稳定与和谐，还存在过度媒体化带来话语秩序的失衡、透支商业化导致一些媒体选择性失衡、无序竞争化造成业态环境的失衡等多个层面明显的失衡。据田舒斌介绍，中国在社交平台上分享新闻的用户高达 78.5%，新华网已经建立了融媒体未来研究院，与荷兰 CWI 开展基于传感数据分析的用户体验研究，并相继与英国、美国的著名高校、科研机构开展深度合作。

百度副总裁朱光则着重阐述了百度促进媒体融合方面的努力。"在百度百家自媒体平台上，自媒体的平均收入一个月能到 1 万元，比较勤奋的记者一个月可以有 3 万元的收入。"朱光透露，百度 12 月将上线百度 Media 平台，着力解决传统媒体和新媒体融合的问题。据了解，百度曾尝试把电子版或者网站的内容拿到百度 Media 的平台上，且已经跟南方都市报签约。

作为近年发展迅速的互联网新闻 APP，今日头条的 CEO 张一鸣对今日头条在媒体融合方面取得的成绩颇为自得，"今日头条不仅帮助用户找到优质的内容，同时也帮优质的内容找到优秀的读者。"

清华大学从事新媒体研究的沈阳教授认为，新媒体的面貌正在越来越具有中国特色和国际范。"从内容到连接，内容工具化，服务平台化，关键是要把握用户的痛点。媒体的重塑不可避免，网络管理者应该与网络从业者积极接触，进行更有建设性的监管。[8]"

互联网金融，谁颠覆谁

从支付宝到移动支付，再到余额宝，互联网对金融的改变有目共睹。平安银行行长邵平指出，互联网提供了先进的技术手段，突破了空间、时间和服务手段的种种限制，延伸了金融服务的触角。

互联网技术近乎于零的边际成本，大大降低了金融服务的沟通成本和交易成本，将过去无法达到的低净值的长尾客户群变成银行的服务对象。此外，大数据、云计算等技术大大改善了信息不对称的问题，显著提升了金融业的风险管理能力，同时，由于互联网时代客户体验日益重要，银行业纷纷从过去的以产品为中心转向以客户为中心，服务水平大大提升。

"金融业只有将互联网技术融入服务手段之中，不断创新商业模式，才能实现智慧式增长和内涵式增长的新增长，这就是互联网时代的金融，或者叫新金融。"邵平说。

百度金融事业部总经理杨进认为，互联网金融在过去的两年里得到了长足的发展，同时也引起了社会的广泛关注。互联网和金融不是

---

[8] 首届世界互联网大会：颠覆还是融合 互联网思维交锋. 新华网，2014.11.20。

颠覆和被颠覆的关系，互联网金融发展迅速，给社会带来很多好处，同时也产生一些挑战和问题；解决这个问题，不是谁颠覆谁，更好的办法是融合，互联网和互联网金融多方面是互补的。

2013 年是互联网金融的元年，在此之前，大家对互联网金融的关注几乎很少，但在这一年有了爆发式的增长。

互联网金融其实有许多细分市场，比如说众筹、征信、P2P。众筹起步较晚，但是持续受到关注，且关注度一路升高。另外，由于前期发了 8 家牌照，征信引起了网民广泛的关注。整体来说，尽管细分市场的发展趋势有所不同，但是都显示了网民、大众、整个社会对互联网金融的关注，这种关注也暗示着互联网金融将来有很高的潜在客户和广泛的市场需求。

20 世纪 90 年代末的时候，美国的互联网发展可以说是突飞猛进，同时有一些行业，也通过互联网的手段发展了银行业务和金融业务，但 10 余年过去了，美国并没有形成互联网产业，相反是在大洋彼岸的中国，在十几年之后，爆发式地形成了互联网产业，这个原因可能不仅仅是我们互联网产业的发展，更重要的是我国金融服务市场供给和需求的不平衡。比如由于投融资渠道较窄，我国总体居民储蓄率在全世界是名列前茅的，我国有 90% 的低收入家庭不能得到有效的金融服务，中小企业、小微企业的贷款不足 5%，这些造成了强烈的不平衡，而互联网金融恰恰应运而生，一定程度上可有效弥补这些需求。同时，从互联网思维、互联网技术角度，给广大的网民和企业用户提供了差异化、普惠的金融服务。

因此，从这个角度来说，互联网金融的发展还是要遵循金融自身的一些规律，尤其对风险的关注度和控制。互联网金融需要发展，更需要长期健康、可持续的发展，不仅发挥互联网的张扬精神，同时也保持着金融的谨慎。

互联网和互联网金融多方面是互补的，比如说客户群，互联网当中是更广泛的客户，在数据方面，互联网多半是一些非结构化的数据，显示着客户的这种社会行为；而金融方面多半是结构化的数据，显示金融行为，还有人才的互补，风控的互补，技术的互补。所以应发挥互联网的开放精神，共同合作，共同解决问题，共同发展，实现人和服务的共同连接。

农业变得更智慧

"土里刨食"的农业遇到"高大上"的互联网会发生怎样的"化学反应"？在山东寿光的许多地方，各种小土棚已变身钢结构大棚。通过在精准智能大棚内布置光照、温湿度等传感器，配合喷淋、卷帘控制器以及视频监控摄像头，管理者可以随时随地通过手机或电脑，实时查看农业生产现场，并远程控制设备运行，实现智能化操控。

不仅农业生产向智能化发展，农业经营也在向网络化转型。农产品电子商务在促进产销衔接、倒逼农业标准化和质量安全可追溯等方面显示出明显优势。目前，农产品电子商务年交易额已超过 500 亿元，全国农产品电商平台已逾 3000 家，农产品网上交易量迅猛增长，全国涌现出一批"淘宝县"和"淘宝村"[9]。

如今，农业企业和农民的信息化意识不断增强。截至 2013 年底，3G 网络覆盖到全国所有乡镇，宽带在行政村的覆盖率达到 91%；农村网民 1.77 亿，占网民总量的 28.6%；农业门户网站群基本建成，涉农网站超过 4 万家。

农业生产智能化、经营网络化的梦想正在照进现实。大数据、物联网、云计算、移动互联等新一代信息技术加速向农业生产、经营、服务领域渗透。信息化与农业现代化融合发展取得初步成效，政府推动、市场运作、多元参与的农业信息化发展机制初步形成。

按照农业部全国农业信息化发展有关规划，农业农村信息化总体水平有望从 2011 年的 20% 提高到 2015 年的 35%，基本完成农业农村信息化从起步阶段向快速推进阶段的过渡。专家认为，今后农业与互联网的深度融合主要有两个增长点：一是生产领域的智慧农业，二是经营和流通的农产品电商[10]。

智慧农业方面，农业基础设施与信息化的深度融合有望加快。农业部门将研制推广智能节水灌溉系统，研发和推广基本农田整理、复垦和耕地质量监管保护信息化技术与装备等。

农产品电商方面，电商会不断掀起一轮轮的下乡大战和农产品狂欢。阿里巴巴召开"县长大会"，未来 3～5 年拟建 10 万个村级淘宝服

---

[9] 农业部. 农产品电子商务去年交易额超 500 亿元. 新华网，2014.10.25.

[10] 乔金亮，黄鑫，陈静. 传统行业因网而变. 经济日报，2015.1.8.

务站。此外，本地化生鲜电商也是农产品电商的一大方向，通过将物流外包给专业生鲜物流企业，可以同时解决标准化、安全性、冷链物流 3 大难题。

融合提速

2014 年是中国全功能接入互联网 20 周年。经过 20 年的发展，中国网民规模达 6.32 亿，互联网普及率达 46.9%，互联网产业也成为中国经济发展的亮点，涌现出一批市值百亿美元的上市公司。

随着互联网向越来越多的传统产业渗透，其对经济发展的贡献也更加凸显。"信息通信业垂直整合和跨界融合的趋势发展更加明显，特别是信息通信技术与产业的各领域技术融合创新，以前所未有的广度和深度推动了生产方式、发展模式的深刻变化。"工信部部长苗圩如是说。

工信部副部长尚冰也指出，互联网作为技术平台，正引领新一轮的技术和产业革命，带动传统制造业生产方式的新变革。

同时，医疗、教育、旅游、娱乐、社会管理等传统领域也不断与互联网相互交融渗透，有力地推动了生产消费的发展。"跨界融合已经迈入了实质性的高速发展时期。"尚冰说。

第二十三章

奔跑吧，中国的央企国企领导们

垄断者不想上"断头台"就得自我革命

　　国有企业改革是个世界性难题，尤其是原计划经济国家。就我国而言，涉及的企业、职工数量庞大，具备极大的社会风险，又无路可循，因此极具挑战性。然而，我国从根本上改变了国有经济的布局结构，也初步建立了国有企业优胜劣汰的机制。在此之后，进入了国有大企业改革的阶段。2003 年，国务院成立了国资委，对大型国有企业进行监管，启动了国有资产管理改革，明确了考核监督等一系列办法。通过改革和结构调整，我国的国有企业一部分退出了，而一部分在市场竞争中初步站稳了脚跟。

近年来，我国国有企业整体发展较快，如资产从 2002 年的 3.3 万亿元增加到 2014 年的 102.1 万亿元，净利润从 1622 亿元增加到 2.48 万亿元，上缴税收也从 2927 亿元增加到 3.78 万亿元。尽管如此，却仍然伴随着诸多问题，如企业经营者的行政化管理色彩依然存在、监管与改革分裂、改革不配套，企业领导人市场化程度较低，缺乏市场化退出通道，等等。

未来，国资国企改革走向还需向进一步深化国有资产管理体制改革、分类监管，改革国有企业干部管理体制，建立职业经理人制度、坚持和完善董事会制度，健全公司治理结构四个方向努力。改革的深化仍会受到各方面条件和因素的限制，仍极具探索性和挑战性。

国企改革之所以一再被提起，是由于国有企业的传统监管与经营模式已经越来越无法适应中国经济的发展速度。国企的问题是历史性的，也是政策性的。虽然相比 20 年前国企效率和经营思路已进步巨大，但现在的经济环境也与以往有着极大的不同。随着其他所有制企业，尤其是民营企业的快速发展和市场化程度的不断加强，国有企业的衰退速度只会越来越快，这就是以优胜劣汰、适者生存为基础的市场经济规律。然而，中国的社会主义体制决定了政府不可能放弃国有企业的主导地位；不管是国有资产的产权，还是国有资产的市场化经营，完全退出和大规模私有化都不太可能成为主旋律。

在这种情况下，国有企业改革的重要性不言而喻。但在此之前，我们必须先要清楚，国有企业与民营企业的差距在哪里，换言之，国有企业是否真的缺乏效率，其程度如何？在许多报道中，我国的国有企业都是光鲜亮丽的。新世纪以来，一度严重亏损的国有企业逐步复兴，一大批国有巨头在市场竞争中不断扩张。在每年的中国企业 500 强评选中，国有企业至少占据六成以上，并且无论是从企业数量，还是营业收入、资产总额或者实现净利润总额来看，国有企业相对民营企业都占据绝对优势。甚至在国门之外的全球 500 强排名中，我国国有企业也频频现身。

但细看下来，尤其那些相对规模较大、盈利更多的国有企业，无不是身处自然垄断行业或身处行业中的垄断地位，如银行、电力、石油、军工、通信、航空、公路、自然资源及基础设施建设等。最基本的经济原理告诉我们，在缺乏竞争的前提下，暴利是必然存在的，因此，任何效率指标在这种情况下都不能说明问题。为了将国有企业与民营企业放在一个相对公平的环境下进行对比，我们采用工业企业数据来做一个简单的分析。当然，即使是工业企业，国有企业也享受了各种政策的倾斜，例如，较低的融资成本和土地租金，税收减免及各种财政补贴，等等；同时，国有企业也受到了诸多政策束缚，让烦琐的行政审批拉低了效率。

2014 年以来，十八届三中全会所定调的"改革"关键词不断发酵，确定了经济体制改革的市场化方向与重点。改革的推进将主要围绕推动国有企业完善现代企业制度、提高企业效率；鼓励国有资本、非国有资本交叉持股、促进股权多元化发展；改革国有企业干部管理体制，建立职业经理人制度等重点内容展开。

国资委宣布了首批央企改革试点名单，在改革落地、顶层设计与试点先行方面同步推进，各地国资国有企业改革时间表也陆续出炉，国资改革大致方向和路径逐渐明晰。值得注意的是，2015以来，以南北车合并为代表的央企改革正在如火如荼进行。南北车合并旨在增加议价力，减少国内企业在海外恶性竞争。南北车合并更是打开了竞争性行业国企整合预期。有消息称，相关部门正在研究其他央企强强联合重组的可行性方案，目前处于调研和论证阶段。以南北车打头阵，未来可能有更多的央企巨无霸复制这一模式，走上合并之路。

关于国有企业改革顶层设计方案，被定义为"1＋N"，"1"是有关国有企业，全局的指导意见，"N"是在国有企业中或将涉及各方面的方案和细则。目前对于国有企业改革的具体方案和细则，仍难窥庙堂高奥，但我们以为深化垄断行业的国有企业改革，无疑对整体国有企业，具有示范和推动意义。剖析目前我国垄断行业的体制，大致有三类，应分类推进垄断行业体制改革。

其一，已全面启动的，需深化完善。这类行业包括电信、民航、邮政、石油、部分市政公用事业等。其基本特点是实现了政企分离，初步引入竞争，初步建立了行业监管的框架。今后的重点应该是放宽市场准入，允许更多的企业参与市场竞争，进一步提高市场的竞争性；积极探索政府与社会资本合作模式（PPP），吸引民间资本参与行业发展；完善行业监管机构，部分行业应建立相对独立的监管机构，实现政监分离；完善监管的法规，进一步明确行业监管的程序，提高社会公众参与监督的有效性。

其二，部分启动的，需要转入全面。电力行业是典型案例。电力成功实现了厂网分离，由于输配等环节破除垄断未到位，市场定价机制未建立，市场决定作用还未充分发挥。从此次新电改方案（中央 9 号文）来看，电改核心内容包括有序放开输配以外的竞争性环节电价，有序向社会资本开放配售电业务，有序放开公益性和调节性以外的发用电计划；规范电网企业运营模式，电网企业不再以上网电价和销售电价价差作为收入来源，按照政府核定的输配电价收取过网费等。

其三，改革未真正启动的，尽快推动改革。这类行业包括铁路、粮食、部分公用事业等。应根据产业发展规律和我国的客观环境条件，全面设计产业改革方案，择机启动全面改革[1]。

你不跨界，那就等别人跨你的界

案例 1：利润下降、国有电信运营商被迫转型升级

"现在很多人，到什么地方先问'有没有 Wi-Fi'，就是因为我们的流量费太高了！"李克强总理把这一"社会关切的顽疾"带到了 2015 年 4 月 14 日举行的一季度经济形势座谈会上。在当前中国经济下行的大背景下，总理提出了"互联网+"的概念，希望用新兴的移动互联产业带动传统产业，创造新的经济增长点。

---

[1] 范思立. 深化垄断行业国企改革更具示范意义. 中国经济时报，2015.3.31.

　　相较于其他国家，我国在通信网络上确实存在着资费偏高、网速偏慢的问题。与我国运营商一家独大、垄断式经营的状况不同，欧美国家的政策一直偏向于"打压"电信运营商，使得通信资费得以降低、服务质量提升，对依赖互联网的相关产业发展起到助推作用。据美国最大的 CDN 服务商 Akamai2015 年年初发布的"2014 年第三季度全球网速排行榜"显示，2014 年第四季度，全球平均网速增长到 4.52Mbps，韩国以 22.2Mbps 的平均速度位居全球首位，且韩国宽带普及率现已达到 96%。尽管中国网速也提升很快，但平均速度 3.42Mbps 仍低于全球平均水平，排名第 82 位，还有很大的提升空间[2]。

　　电信运营商远远跟不上互联网尤其是移动互联网的节奏，在腾讯等互联网巨头的冲击下，电信运营商日渐陷入困境。例如，在微信等的冲击下，电信运营商的移动短信业务大幅度下滑。根据统计数据，2014 年，全国移动短信业务量 7630.5 亿条，同比下降 14.4%；彩信业务量只有 647.4 亿条，由上年同比增长 23%变成同比下降 24.4%；移动短信业务收入同比下降 14.7%，收入规模同比减少 91.1 亿元[3]。

　　2014 年微信推出微信电话本之后，移动、联通、电信等大型国有电信运营商的短信业务开始下降，到 2015 年是加速下降的态势，从季度同比来看，短信同比降幅已经到了 20%，话音降幅是 5%或 6%，而数据业务营收增幅已经在 90%以上。而且在新的用户，尤其是年轻的用户里，话音这方面有增长的比例非常少，只有 5%左右的传统用户打

---

[2] 游苏杭. 李克强关注"网费贵网速慢"背后深意. 新华网，2015.4.16.

[3] 工业和信息化部运行监测协调局. 我国通信业经济运行状况分析，2014.

电话有增长，已经有 40% 以上的网民使用了各种免费的网络电话这样的业务。在移动互联网的冲击下，曾经炙手可热的短信如今几乎被微信取代，免费网络通话也正在蚕食传统语音的业务。在新的一年中，互联网企业与传统电信运营商的直面较量无疑将更加激烈。

面对被挤压的市场空间，中国移动主动求变。2014 年年底中国移动公布即将推出"融合通信"技术，全面升级手机中"通话"、"消息"、"通信录"三项基础功能，其中，"新消息"的应用体验就与微信非常相似。中国移动董事长奚国华直言，不想再做传统运营商。拥抱互联网的改革之心，可见一斑。

令人无比忧虑的是，电信运营商越来越"管道化"，即成为腾讯等互联网巨头的管道，管道化的后果则是收入增长率变低、销售收入净利润率更低。

互联网公司采取的是"免费+收费"的商业模式，通过各类免费的服务来积累规模巨大的用户，在巨量活跃用户的基础上，自然就可以通过各类增值服务来收费，例如，互联网巨头的收入来源主要是广告、网游等。

互联网打破了不同产业之间的界限，使得不同产业日渐有机融合，而互联网公司一方面可以借助自己的巨量用户来构筑壁垒很高的护城河，另一方面可以利用巨量的用户群向其他产业快速延伸甚至颠覆相关产业。例如，阿里巴巴颠覆的零售业、互联网金融业等；百度颠覆的传统媒体业；腾讯颠覆的电信业等。

以上种种原因表明：以互联网为纽带的国有电信运营商的跨界转型迫在眉睫。

案例 2：微众银行倒逼国有银行改革

2015 年 1 月 4 日，李克强总理视察中国第一家互联网银行：腾讯旗下的深圳前海微众银行，并称希望互联网金融银行用自己的方式来"倒逼"传统金融机构的改革，微众银行一小步，金融改革一大步。这传递出改革策略优化的重要信息。

但是，金融改革势必牵涉庞大的利益格局调整。以利率市场化为例，在利率管制格局下，银行坐享 2%～3%的稳定利差，唯一的兴趣是拉存款，根本没有动力去推动创新和服务。民生银行行长曾言：利润太高都不好意思公布了。国家统计局原总经济师姚景源痛陈：即使将银行行长换成小狗，银行也照样能赚钱。从 2004 年以来，中国一年期银行存款的实际利率为负。低估的实际利率，意味着存款人补贴借款人。而在国有银行主导的体制下，国有企业和地方政府又成为最重要的借款人，特别是在四万亿刺激之后。

因此，利率市场化意味着国有企业和地方政府享受隐性"利率优惠"的日子快要结束了，而存款人的收益将得到提升。实际利率每提高一个百分点，50 万亿居民存款的年利息收入将增加 5000 亿元（考虑到中国每年个人所得税 6500 亿元的规模，这是一个惊人的数字）。

在一个市场化的利率环境下，"利息差"不再是唾手可得的馅饼，存款成本的上升和银行争夺优质借款人的竞争加剧，将对利息差产生双重挤压。只有那些最为创新、管理效率最高的银行，才能获得良好的利润。

截至目前，三中全会重启改革已逾一年。不愿失去权力的官僚集团、不愿面对"真正竞争"的国有银行、梦想继续享受体制性优惠的国有企业和地方政府，结成了强大的利益共同体，力图阻止或延缓改革的步伐。迄今为止，IPO 注册制的改革方案依然在博弈之中、证监会依旧"公然地"操纵着新股发行节奏，利率市场化艰难地迈出了银行存款保险这个第一步。起初被寄予厚望的自贸区金融改革，也证明是一种幻觉。改革的风险成为既得利益集团最好的借口。其实，世上哪有只有收益、没有风险的改革呢？

2014 年国务院常务会议两次通过旨在缓解融资难、融资贵的"国十条"，但迄今并见到未显著效果：融资难、融资贵仍在持续甚至不断蔓延，影子银行贷款利率高达 15%～30%，越来越多的企业被迫开展"庞氏骗局式"融资。这一问题根源于僵化而低效的金融体制，不触动这一体制就难以根治。

回顾中国改革 30 多年的历史，"倒逼"始终是一种有效的策略。倒逼的重要性在于，它迫使既得利益者认识到"自己必须改变才能生存下去"。20 世纪 90 年代，朱镕基能将病入膏肓的国有企业、银行起死回生，这与 2001 年"入世"所带来的"倒逼压力"是分不开的。在入世将带来跨国公司强烈冲击的心理预期下，中国僵化的国有企业和银行不得不开展痛苦的改革自救。同样，"上海自贸区"构想的提出，也是旨在以开放倒逼改革。

对拥有几百家银行的银行业而言，两家银行是渺小的数字，但那些低估腾讯微众银行、阿里网商银行的人不久将感到后悔，因为这两家互联网银行将成为中国金融业的"颠覆式创新者"。

第一，腾讯和阿里分别拥有 8 亿和 2.3 亿活跃用户，很容易将其转化成其银行的客户。

第二，与国有银行遍布全国的营业网点不同，腾讯和阿里的银行不需要网点和相应的人员，成本不可同日而语。

第三，腾讯和阿里已经打造出一个"金融生态圈"，用户可以在其网上销售、购买、支付、投资，这样的一个"闭环"所产生的"大数据"是传统银行望而兴叹的金矿。

第四，阿里和腾讯是互联网企业，善于"倒立着看世界"，其创新的思维模式更令传统银行望尘莫及。余额宝、网络信用卡不过是小试牛刀而已[4]。

可以预期，拿到银行牌照的腾讯和阿里，将成为中国金融业未来竞争规则的塑造者。面对这两只凶猛的鲶鱼，中国的国有银行必须学会适应和创新。

第一，国有银行应该运用互联网技术自我再造，提升效率、降低成本，甚至可能出现大量的营业网点关闭和裁员。

第二，国有银行必须学会迎合客户需求进行金融创新，才能避免存款的大量流失。

第三，国有银行必须加快体制改革，才能避免人才不断流失。现在恐怕银行高管都梦想加入阿里银行和腾讯银行。

第四，最重要的是，互联网银行的市场化创新将加快利率市场化步伐，消除利率双轨制，从而推动金融改革。

---

[4] 刘胜军. 李克强视察微众银行的改革深意. 财新网，2015.1.8.

要想永远跑得快，全靠创新驱动带

国有企业在技术创新方面存在的问题

仍然受计划经济体制影响。大部分国有企业还没有形成以市场为导向的技术创新观念，无法建立起完善的以企业为主的创新体系。2014年，我国全社会研发投入（R&D）占 GDP 比重预计达 2.1%。由于企业不重视技术创新及其市场特性，所以对创新的信息源和创新成果的市场化方面重视不够，比较重视的只是技术开发、技术可行性及生产过程，加之不善于利用创新源，导致小规模、低水平重复开发，开发项目和成果不少，但转化率低、效益低。

科研单位与企业分离导致利益取向差异。近年来，我国政府不断加大科研经费的投入，年均增速在 20%以上，R&D 投入占 GDP 比重在 2013 年突破 2%，同比增长 15%，促进了我国科学技术得到迅猛发展。但是，在科技成果转化方面表现得不尽如人意，转化率仅在 10%左右。我国的科研机构大部分是独立的或设置在高校内，其研究活动很多是纯学术和技术的研究，与市场需求相脱节。即使有些实用性强、应用前景看好的产品、技术或工艺成果，也由于缺乏足够的资金和生产能力，无法进行中间试验和试生产，或由于缺乏市场信息和经验，没有时间和精力进行推广和转让。企业出于商业利益的考虑，只愿意接受成型的产品、成套的设备、成熟的技术和工艺，不愿意承担中间开发费用和风险。

技术引进比例低，某些产业的重大成套设备或关键设备引进比例大。由于有优惠政策的鼓励，绝大部分企业乐于引进设备和资金。据有关资料显示，为了享受优惠政策而引进设备和资金的企业分别占55.6%和31.5%，只有9.7%的企业是真正引进技术。由于我国技术创新任务主要由独立于企业之外的科研机构承担，国有企业还远没有成为技术创新的主体，因此，企业关心的主要是引进设备能否正常运转，对相关技术的消化吸收、改造创新不重视，而作为与企业无关的科研机构也没有能力引进成套设备专门用来进行研究。这最终导致我国对引进技术及相关技术消化吸收困难，改造创新慢，国产化能力低，使某些行业或产业的技术装备自主开发制造能力始终处于落后地位，技术装备的更新换代仍然依赖进口，造成了企业的大量重复引进。

目前，我国国有企业中，比较有竞争力的产品多为通过引进技术消化吸收形成的竞争力，企业原始创新、具有自主知识产权的创新技术并不多，新产品对产值的贡献率也比较有限。国有企业只有抓住机遇，顺势而为，坚定不移地推进自主创新能力建设，走创新驱动、内生增长的道路，才能实现跨越式发展。技术创新与体制机制创新相结合，立足当前和谋划长远相结合，掌握核心技术与提高系统集成能力相结合；实现"三个突破"，即在政策支持上有新突破，在创新成果上有新突破，在创新驱动上有新突破。

创新加速国有企业转型升级

商业模式创新。持续提升企业盈利能力，面对信息化、市场化、全球化对传统产业模式的巨大冲击，商贸企业必须在流程、客户、供应商、渠道、资源和能力方面进行整体重构，推动以机制创新为灵魂、以占领客户为核心、以经济联盟为载体、以信息网络为平台的商业模式创新。2015 年，部分"互联网+"龙头的商业模式逐渐清晰，形成榜样效应。高速发展的产业互联网和垂直互联网更容易变现。"互联网+"公司市值成长空间广阔，估值弹性显著，后续大型催化剂众多，能够与边际交易者风险偏好形成共振。"互联网+"不仅仅利好成长世界，也利好价值世界的传统行业转型实现价值重估。未来互联网+金融+产业领域能够确定孕育出万亿元市值的平台，以及多家千亿元级市值的公司。

投融资创新。创新信贷融资模式，增强对重大项目的支持力度，特别是加快国资证券化、资本化，拓展国资融资新渠道。通过开展资产证券化业务，不仅可以拓宽资金来源，分散集中于银行体系的信贷风险，还能够进一步降低投融资平台风险，提高资金使用效率。

管理创新。2003 年起，国有企业普遍步入了管理创新的深化期，这一时期国企管理创新的深化主要体现在如下三个方面。其一，国有企业基本形成了一种由外部环境力量驱动为主的，国有企业自觉、积极主动开展创新的、成熟的管理创新动力机制。其二，以战略管理、循环经济理论和可持续发展理念为主要内容的科学发展观逐步成为指导国有企业开展管理创新的主流管理思想。其三，管理创新领域和创新重点的发展。

技术创新。国有企业要突出技术创新的主体地位，发挥市场在资源配置中的基础性作用，要根据国民经济发展规划和产业政策，将国有企业发展与国家战略部署、行业发展紧密结合，统筹创新布局，在重要行业、关键领域、战略性新兴产业中发挥引领和骨干作用。